技工院校信息类专业工学一体化教材
技工院校计算机程序设计专业教材（中 / 高级技能层级）

MySQL 数据库应用

主　编　刘　珍
主　审　龙大奇

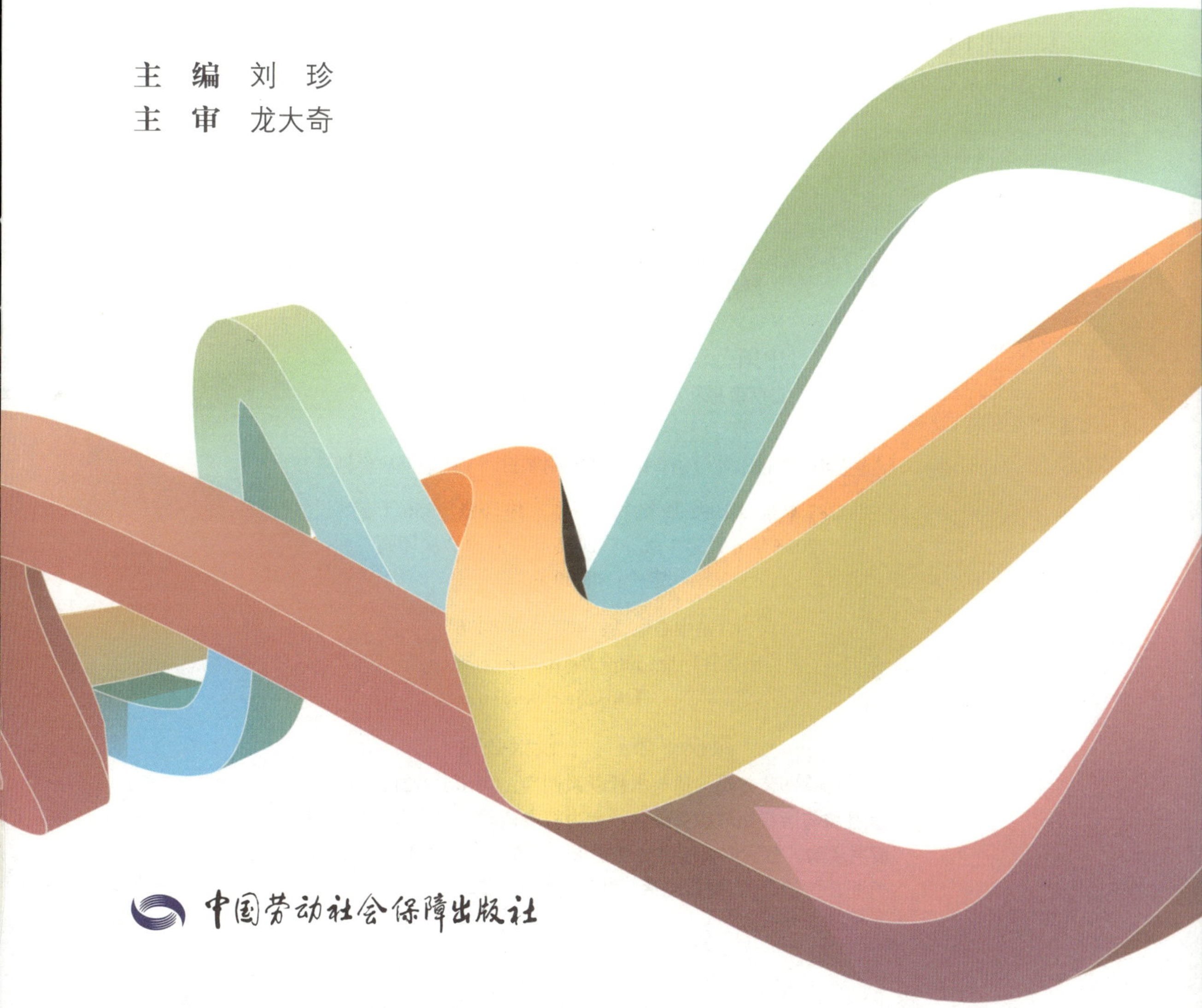

中国劳动社会保障出版社

简介

本书主要内容包括 MySQL 数据库基础知识，数据库管理，数据表管理，数据表记录检索，数据表数据的插入、更新与删除，视图与索引，存储过程与存储函数，触发器的应用，数据库安全，数据库备份与恢复等，最后通过政务平台数据库设计对全书的知识点进行综合运用。

本书由刘珍担任主编，代恒、胡兴铭、芦娅云、王明超、李新萍、章红燕参与编写，龙大奇担任主审。

图书在版编目（CIP）数据

MySQL 数据库应用 / 刘珍主编 . -- 北京 : 中国劳动社会保障出版社，2025. --（技工院校信息类专业工学一体化教材）（技工院校计算机程序设计专业教材）.

ISBN 978-7-5167-6863-1

Ⅰ. TP311.132.3

中国国家版本馆 CIP 数据核字第 20259M3S72 号

MySQL 数据库应用

MySQL SHUJUKU YINGYONG

中国劳动社会保障出版社出版发行

（北京市惠新东街 1 号　邮政编码：100029）

*

三河市华骏印务包装有限公司印刷装订　　新华书店经销

787 毫米 ×1092 毫米　16 开本　19 印张　356 千字

2025 年 6 月第 1 版　　2026 年 2 月第 2 次印刷

定价：48.00 元

营销中心电话：400-606-6496

出版社网址：https://www.class.com.cn

https://jg.class.com.cn

前言

近年来，在《"十四五"数字经济发展规划》等国家级战略的引领下，我国计算机产业蓬勃发展，不断壮大，为物联网、云计算、大数据、人工智能等前沿科技领域注入了强大的发展动力，实现了技术与产业的深度融合与相互赋能。这一趋势使市场急需大量从事计算机网站前端和后端开发、运维、测试、移动应用开发、售前售后技术支持等工作的人才，其需求量随着产业的快速发展而逐年攀升，为技工院校计算机程序设计专业提供了广阔的发展前景。为了满足市场对计算机程序设计相关人才的需求，各技工院校纷纷加强计算机程序设计专业建设，致力于培养适应市场要求的技能型人才。为了满足技工院校的教学要求，全面提升教学质量，我们组织了一批具有丰富教学经验和行业实践经验的教师与行业企业专家，深入调研市场需求、分析企业用人标准、总结教学改革经验，依据人力资源社会保障部颁布的《全国技工院校专业目录》及相关教学文件，开发了本套计算机程序设计专业教材。

教材体系

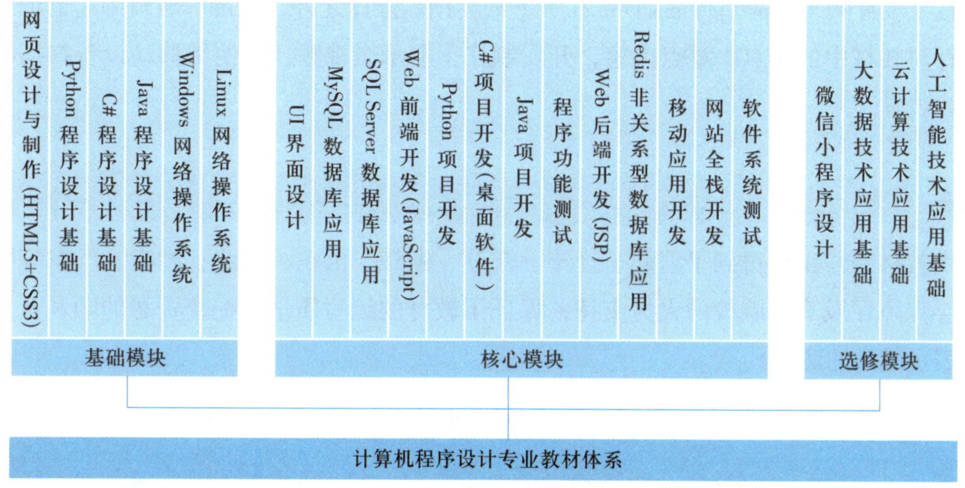

编写特色

1. 结合技工院校实际情况，制定专业教学标准

通过行业企业调研，分析技工院校地区差异情况，进行典型工作任务与工作岗位分析，

制定《技工院校计算机程序设计专业教学标准》，确定了中级、高级、技师（预备技师）技能人才的培养目标。基于工作岗位、职业能力和职业教育规律构建了“基础模块 + 核心模块 + 选修模块”的教材体系，确保学生既能掌握扎实的理论基础，又能具备较强的实践能力。

2. 创新编写形式，降低编写难度

在基础模块教材中，如 Python、C#、Java 等程序设计基础类教材，按照制定的教学标准构建教材内容，采用最新主流版本软件，从搭建基本开发环境入手学习基本语法，穿插若干实例引导学生进行程序设计，实例选取具有趣味性，充分考虑学生定位，避免介绍复杂的算法，编程思路采用流程图呈现，易读易懂，以激发学生学习编程语言的热情。

3. 充分吸收借鉴工学一体化教学改革的理念和成果

在核心模块教材中，如数据库类、项目开发类、测试类、前后端和移动应用开发类等教材，参照《计算机程序设计专业国家技能人才培养工学一体化课程标准》和《计算机程序设计专业国家技能人才培养工学一体化课程设置方案》，有一个或多个项目对接课标中的参考性学习任务，体现完整的企业工作流程，能满足学校开展工学一体化教学的需求。

教学服务

为方便教师教学和学生学习，配套开发了制作素材、电子课件、教案示例等教学资源，可通过技工教育网（https://jg.class.com.cn）下载使用。除此之外，在部分教材中还借助二维码技术，针对教材中的重点、难点内容，开发制作了演示微视频，可使用移动设备扫描书中二维码在线观看。

致谢

本次教材编写工作得到了河北、辽宁、江苏、浙江、山东、湖北、湖南、广东等省人力资源社会保障厅及有关院校的大力支持，保证了教材的编写质量和配套资源的顺利开发，在此我们表示诚挚的谢意。

编者

2025 年 2 月

目 录

项目一 MySQL 数据库基础知识

MySQL 是一种常用的关系型数据库管理系统，许多网站和应用程序都使用 MySQL 数据库来存储和管理数据。MySQL 可视化管理工具可以帮助开发人员有效地操作和管理 MySQL 数据库，提高工作效率。通过了解和掌握 MySQL 可视化管理工具的使用，可以进行数据库的创建，表的设计，数据的插入、查询和删除等操作。此外，MySQL 可视化管理工具还提供了一些高级功能，例如数据库备份、迁移和性能优化等，这些都是开发人员在日常工作中需要处理的任务。熟悉和掌握 MySQL 可视化管理工具的使用对于开发人员来说是非常重要的，它可以帮助用户简化数据库管理和操作的过程，提高工作效率，减少出错的可能性。

本项目包括“了解 MySQL 数据库”“下载与安装 MySQL 社区版”“配置 MySQL 环境变量”“启停与登录 MySQL 服务”“使用 MySQL”“卸载 MySQL”“使用 MySQL 可视化管理工具”“在 Linux 环境下安装 MySQL 数据库”8 个任务，通过完成任务实例可以熟悉 MySQL 可视化管理工具的使用，便于后期进行数据库设计、数据库管理和数据库性能优化。

任务 1 了解 MySQL 数据库

1. 了解数据库与数据库管理系统的基本知识。
2. 了解关系型数据库管理系统的基本知识。
3. 掌握 MySQL 数据库的基本知识。

数据的重要性在一定程度上映射了数据库的重要性，因为数据领域中最重要的安全、存储、关系等问题，都需要依靠数据库来整合。数据库是有效管理和处理数据的关键工具，适用于各种不同的应用程序和领域，如企业数据库、互联网应用程序和科学研究等。熟悉数据库的基础知识对于组织和企业的数据管理至关重要。

本任务要求通过对数据库的学习，了解数据库的基本知识。在了解数据库的相关概念后，才能更好地理解和使用 MySQL 数据库。

一、数据库概述

数据库是指在计算机系统中组织、存储和管理大量相关数据的集合。它是一个结构化的数据集合，可用于有效地存储、检索、更新和处理数据。数据库可以包含各种类型的数据，如文本、数值、图像、音视频等。

数据库的特点如下。

1. 数据结构化

数据库中的数据以结构化的方式组织，通常以表格（关系）的形式存储。每张表格包含多行记录，每行记录由一组字段组成，用于描述数据的属性。

2. 数据共享

多个用户可以同时访问数据库，实现数据的共享和协作。不同用户可以根据权限级别访问和操作数据。

3. 数据一致性与完整性

数据库提供多种机制来确保数据的一致性和完整性。例如，通过约束、主键、外键等规则的设定，可防止出现无效或不一致的数据。

4. 数据安全性

数据库提供权限控制、数据加密、审计日志和访问控制等机制，以保护数据的机密性、完整性和可用性，并保障用户隐私。例如，只有被授权的用户可以访问数据库中的数据。

5. 高效查询与索引

数据库支持索引和查询优化，以提高数据的检索效率。例如，索引可以加快查询速度，减少数据扫描的时间。

6. 数据备份与恢复

数据库支持定期备份和故障恢复，以防止数据丢失。例如，备份可以保障数据在灾难发生时能恢复到之前的状态。

7. 并发控制

多个用户可以同时访问数据库，数据库的并发控制机制可以避免数据不一致和冲突。

8. 数据扩展性

数据库可以根据需要进行扩展，增加存储容量和提升性能，以满足不断增长的数据需求。

9. 故障容错性

数据库系统能在发生故障时自动恢复，以保障数据库系统的可用性和稳定性。

10. 事务支持

数据库支持事务，以确保一系列操作要么全部成功执行，要么完全不执行，从而保证数据的一致性和完整性。

二、数据库管理系统概述

数据库管理系统（database management system，简称 DBMS）是一种专门用于管理数据库的系统软件，通过提供相关功能和工具，用于创建、维护、操作数据库，使用户能有效地存储、检索、更新和分析大量的数据。

1. 数据库管理系统的功能

（1）数据定义

DBMS 提供了数据定义语言（data definition language，简称 DDL），用于定义数据库的逻辑结构，包括创建、修改及删除数据库、表、字段、索引、视图等数据库对象。

（2）数据操纵

DBMS 提供了数据操纵语言（data manipulation language，简称 DML），用于对数据库中的数据进行增加、删除、修改、查询等操作。

（3）数据组织、存储与管理

DBMS 负责分类组织、存储和管理数据，确定数据的物理存储结构和存取方式，建立数据间的关联关系，以优化存储空间利用率和数据存取效率。

（4）数据库运行管理

DBMS 提供多用户环境下的并发控制、安全性控制、完整性约束检查、事务管理和日志管理功能，确保数据库系统的正常运行和数据可靠性。

（5）通信（数据共享与交互）

DBMS 提供网络接入和数据交换功能，允许用户通过网络远程操作数据库，支持多种网络协议和标准，实现不同系统间的数据互通和业务协同。

2. 数据库管理系统的分类

（1）关系型数据库管理系统

关系型数据库管理系统（relational database management system，简称 RDBMS）是一种基于关系模型的数据库管理系统，是目前最广泛使用的数据库类型，如 MySQL、Oracle、SQL Server 等。下面重点介绍一下 MySQL 数据库。

1）MySQL 数据库简介。MySQL 数据库是一种开源的关系型数据库管理系统，是目前最受欢迎和广泛使用的开源数据库系统之一，由瑞典 MySQL AB 公司开发，后被 Sun Microsystems

收购，现由 Oracle 公司持有。其开源版本为 MySQL Community Edition，商业版本为 MySQL Enterprise Edition。

2）MySQL 数据库的特点

① 开源免费。MySQL Community Edition 是开源免费的，可以在许多不同的平台上免费使用和分发。

② 跨平台支持。MySQL 可以运行在多种操作系统上，包括 Windows、Linux、macOS 等。

③ 高性能。MySQL 以其高效的性能而闻名，能处理大规模数据和高并发访问。

④ 易于使用。MySQL 使用标准的 SQL 进行数据查询和操作，对熟悉 SQL 的开发人员非常友好。

⑤ 可扩展。MySQL 支持垂直和水平扩展，以应对不断增长的数据量和并发工作负载。

⑥ 功能丰富。MySQL 提供了丰富的功能，如索引、事务、触发器、存储过程、视图等，支持复杂数据操作和管理。

⑦ 数据安全。MySQL 提供权限控制和数据加密等机制，以保护数据的安全性和隐私性。

⑧ 社区活跃。MySQL 拥有活跃的开源社区，定期发布更新和改进内容，得到全球开发者的支持和贡献。

（2）非关系型数据库管理系统

非关系型数据库管理系统通常被称为 NoSQL 数据库（NoSQL 意为“Not Only SQL”）。与传统的关系型数据库管理系统不同，NoSQL 数据库不使用表格和 SQL 查询来存储及检索数据，而是采用不同的数据模型（如键值对、列族、文档、图模型等）和存储方式。

1. 认识数据库

数据库是一个有组织的数据集合，用于存储和管理结构化数据。数据库是可访问、可操作、可共享的数据存储介质，支持通过计算机系统进行数据的增加、删除、修改和查询等操作。

2. 了解 RDBMS 与 NoSQL 的区别

（1）数据组织方式

RDBMS：数据以表格形式组织，每张表格由行和列组成，表格之间通过外键（关联键）建立关联。表格结构需预先定义，每个字段有固定数据类型。

NoSQL：数据以多种非关系模型进行组织，如文档型、键值对、列族、图结构等。不同类型的 NoSQL 数据库可根据需求和数据模型灵活定义数据结构。

（2）数据查询语言

RDBMS：使用 SQL 进行数据查询和操作。

NoSQL：不同类型的 NoSQL 可能使用不同的查询语言或应用程序编程接口（API），每种 NoSQL 有独特的数据访问方式。

（3）灵活性

RDBMS：因表格结构需预先定义，数据模型相对固定，处理半结构化或非结构化数据较为复杂。

NoSQL：数据类型灵活，适用于存储和处理半结构化或非结构化数据，可根据需求动态调整数据模型。

（4）可扩展性

RDBMS：传统 RDBMS 在处理大规模数据和高并发访问场景下可能面临性能瓶颈，扩展性相对受限。

NoSQL：适合横向扩展，可通过增加服务器节点来处理大规模数据和高并发访问。

（5）数据一致性

RDBMS：通常提供强一致性保障，即数据更新后立即可见，始终保持一致性。

NoSQL：可能提供最终一致性，即数据在复制过程中可能出现短暂不一致，但最终会达到一致状态。

（6）应用场景

RDBMS：适用于需要严格数据结构、事务支持和强一致性的场景，如企业管理系统、电子商务等。

NoSQL：适用于半结构化或非结构化数据存储、大数据处理、实时数据处理和高并发访问等场景，如社交网络应用、实时数据分析等。

3. 认识 MySQL 数据库

MySQL 数据库属于关系型数据库管理系统，以其高性能、稳定性强和易用性而著称，是目前最受欢迎和广泛使用的关系型数据库管理系统之一。它广泛应用于各种 Web 应用程序和企业级应用程序的开发，包括网站后端、内容管理系统、电子商务、日志存储、数据分析等。MySQL 数据库的命令行客户端如图 1-1-1 所示。

```
MySQL 8.0 Command Line Client
Enter password: ******
Welcome to the MySQL monitor.  Commands end with ; or \g.
Your MySQL connection id is 10
Server version: 8.0.28 MySQL Community Server - GPL

Copyright (c) 2000, 2022, Oracle and/or its affiliates.

Oracle is a registered trademark of Oracle Corporation and/or its
affiliates. Other names may be trademarks of their respective
owners.

Type 'help;' or '\h' for help. Type '\c' to clear the current input statement.

mysql>
```

图 1-1-1　MySQL 数据库的命令行客户端

1. 简述数据库的概念。
2. 简述数据库管理系统的概念。
3. 简述 MySQL 数据库的特点。

任务 2 下载与安装 MySQL 社区版

学习目标

1. 了解 MySQL 社区版的安装过程。
2. 了解 MySQL 社区版安装失败的原因。
3. 掌握 MySQL 社区版的下载和安装方法。
4. 能检测 MySQL 社区版是否安装成功。

任务描述

成功下载并安装 MySQL 社区版是使用 MySQL 数据库的第一步，获得安装程序后，即可进行安装及后续操作。

本任务要求通过 MySQL 官网下载 MySQL 社区版并完成安装，然后查询其版本号，查询结果如图 1-2-1 所示。

```
C:\Users\Administrator>mysql --version
mysql  Ver 8.0.28 for Win64 on x86_64 (MySQL Community Server - GPL)

C:\Users\Administrator>
```

图 1-2-1　安装成功提示

一、MySQL 版本

1. MySQL 社区版

MySQL 社区版是免费开源的，广泛用于开发和个人使用。它具备基础的数据库功能和性能，且有活跃的社区支持，适用于大多数中小型项目及开发场景。

2. MySQL 企业版

MySQL 企业版为付费版本，提供更多高级功能和企业级支持，包括 MySQL 企业监视器、企业备份等工具，可增强性能、安全性和可用性。

3. MySQL 集群版

MySQL 集群版提供高可用性和横向扩展性，适用于大规模数据和高并发场景，采用多节点复制技术，确保数据同步和故障转移。

二、MySQL 安装文件类型

1. 软件压缩文件（.zip、.tar、.gz）

软件压缩文件适用于多个操作系统，用户需手动解压缩并配置环境变量完成安装。

2. 安装程序（.msi）

对于 Windows 操作系统，MySQL 提供图形化安装程序（.msi）。用户可通过向导逐步完成安装和配置。

3. 磁盘映像文件（.dmg）

对于 macOS 操作系统，MySQL 提供磁盘映像文件（.dmg），用户挂载后通过图形化界面安装，支持拖放式安装或运行安装向导。

三、MySQL 对操作系统的兼容性

1. 对 Windows 操作系统的兼容性

MySQL 完全兼容 Windows 操作系统。用户可以在 Windows 上安装和运行 MySQL 社区版、企业版以及其他一些定制版本。MySQL 的安装程序通常是以可执行的 Windows 安装程序（.msi）形式提供的，方便了 MySQL 的安装和配置。

2. 对 macOS 操作系统的兼容性

MySQL 兼容 macOS 操作系统。用户可以在 macOS 上安装和运行 MySQL 社区版、企业版以及其他一些定制版本。MySQL 的磁盘映像文件（.dmg）是常用于 macOS 操作系统的安装介质。

3. 对 Linux 操作系统的兼容性

MySQL 兼容主流 Linux 发行版，如 Ubuntu、CentOS、Debian 等，用户均在其中安装和运行 MySQL。MySQL 提供了用于不同 Linux 发行版的二进制文件和包管理工具（如 APT、yum 等），方便完成 MySQL 的安装和配置。

四、MySQL 数据库安装失败的原因

1. 权限问题

在某些操作系统中，用户可能因为权限不足导致 MySQL 安装失败。用户应以管理员身份运行 MySQL 安装程序或使用特定的权限来安装 MySQL，也可以联系系统管理员来解决权限问题。

2. 文件损坏或下载问题

通常情况下，若 MySQL 安装文件在下载过程中损坏或不完整，会导致安装失败。此时，用户应重新下载安装文件，并确保下载的文件完整无损。

3. 与其他软件冲突

某些已安装的软件可能与 MySQL 存在冲突，导致安装失败。在安装 MySQL 之前，用户应确保没有其他应用程序在占用 MySQL 所需的端口或资源，如有占用则需暂时禁用或关闭与 MySQL 相关的其他软件。

4. 配置错误

安装过程中的选项配置错误可能导致安装失败。用户在安装过程中应确保提供的配置选项是正确的，如安装路径、端口号、数据目录等。

1. 访问 MySQL 官方网站

进入 MySQL 的官方网站（https://www.mysql.com/），单击该网站菜单栏中的“DOWNLOADS”（下载）选项卡，打开 MySQL 官方网站界面，如图 1-2-2 所示。

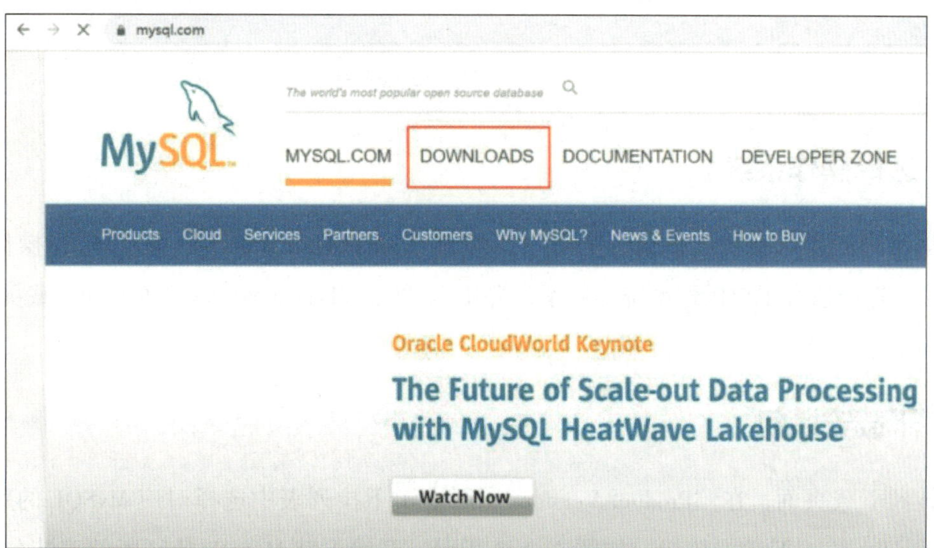

图 1-2-2　MySQL 官方网站界面

2. 选择 MySQL 社区版服务

在下载页面中单击 “MySQL Community(GPL) Downloads”（MySQL 社区版下载）按钮，在弹出的 MySQL 社区版下载页面中单击 “MySQL Community Server”（MySQL 社区版服务）选项，如图 1-2-3 所示。

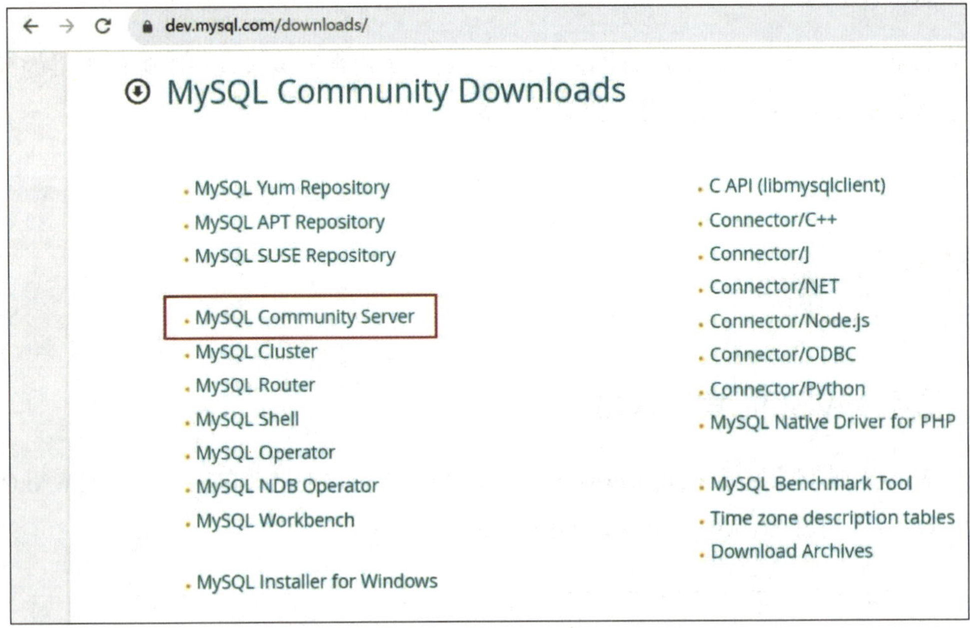

图 1-2-3　MySQL 社区版下载页面

3. 选择操作系统

根据用户的操作系统选择适当的版本，即在 “Select Operating System”（选择操作系统）下拉列表中选择适合用户操作系统的版本，并单击 “Go to Download Page”（转到下载页面）按钮，如图 1-2-4 所示。

4. 下载安装包

跳转到下载页面，在 “Product Version”（版本）下拉列表中选择对应 MySQL 的版本后，单击 “Download”（下载）按钮，如图 1-2-5 所示，开始下载 MySQL 社区版的安装包。下载完成后，在下载目标路径中生成 .msi 文件，如图 1-2-6 所示。

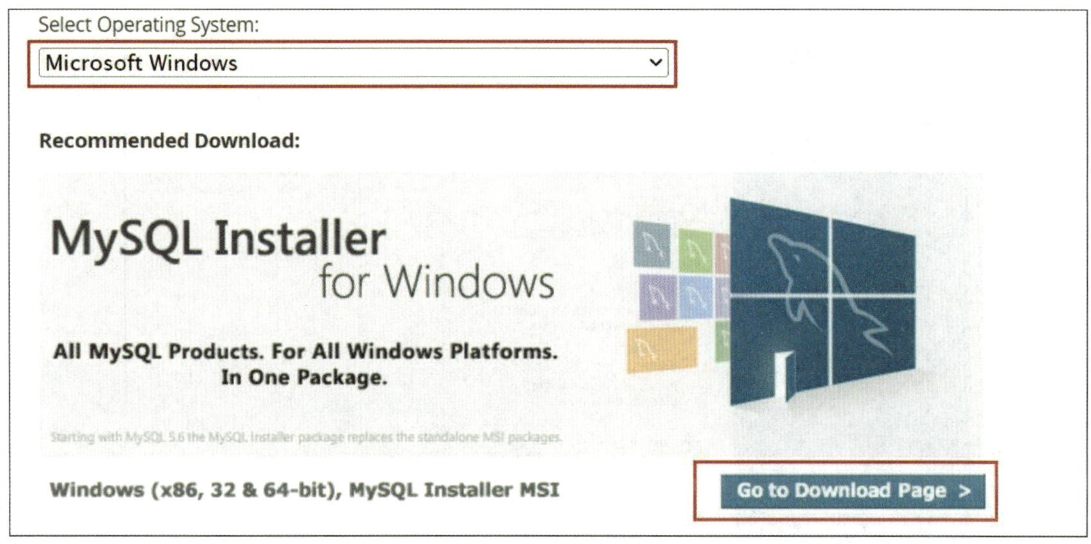

图 1-2-4　选择操作系统

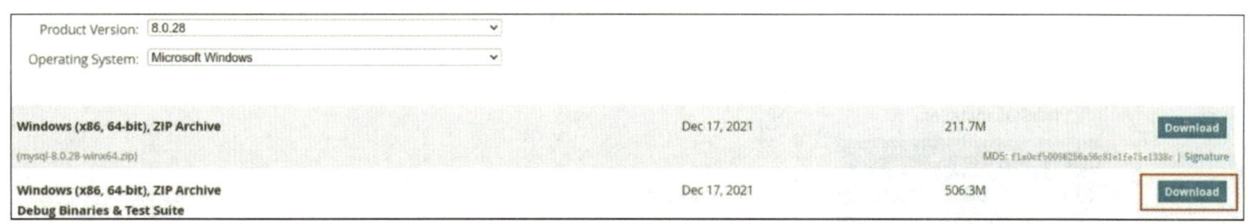

图 1-2-5　下载页面

mysql-installer-community-8.0.28.0.msi　2023/7/5 21:07　Windows Installer ...　446,120 KB

图 1-2-6　下载完成的 MySQL 安装文件

5. 安装 MySQL 社区版

双击 MySQL 安装文件，打开安装向导进行安装，在“Choosing a Setup Type”（选择安装类型）中选择“Custom”（自定义安装）单选框，单击“Next”（下一步）按钮，如图 1-2-7 所示。

在“Select Products”（选择产品）中依次选择“MySQL Servers”/“MySQL Server”/“MySQL Server 8.0”/“MySQL Server 8.0.28-X64”选项，单击向右的箭头，将该产品移入“Products To Be Installed”（即将安装的产品）框中，然后单击“Next”（下一步）按钮，如图 1-2-8 所示。

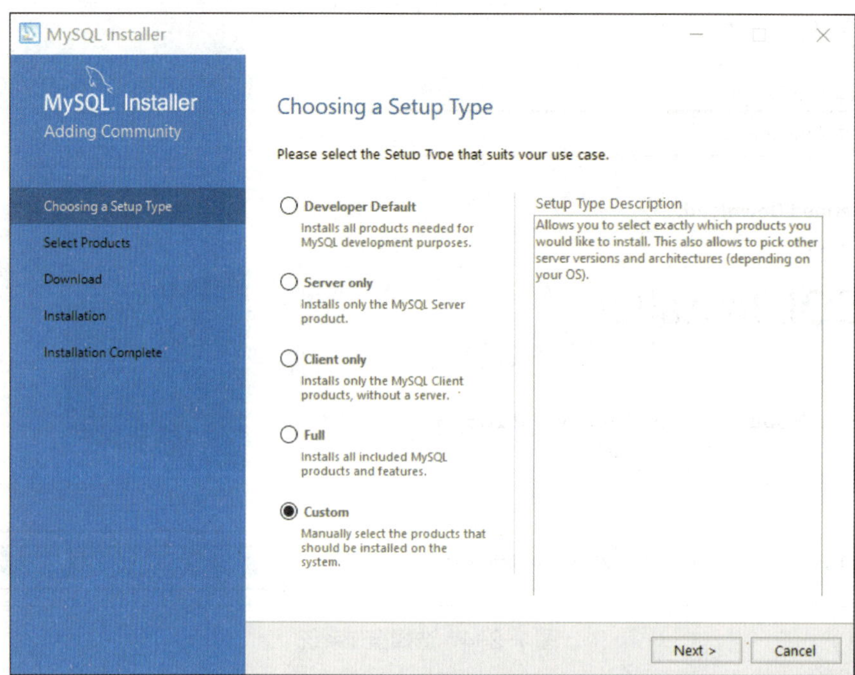

图 1-2-7　选择自定义安装

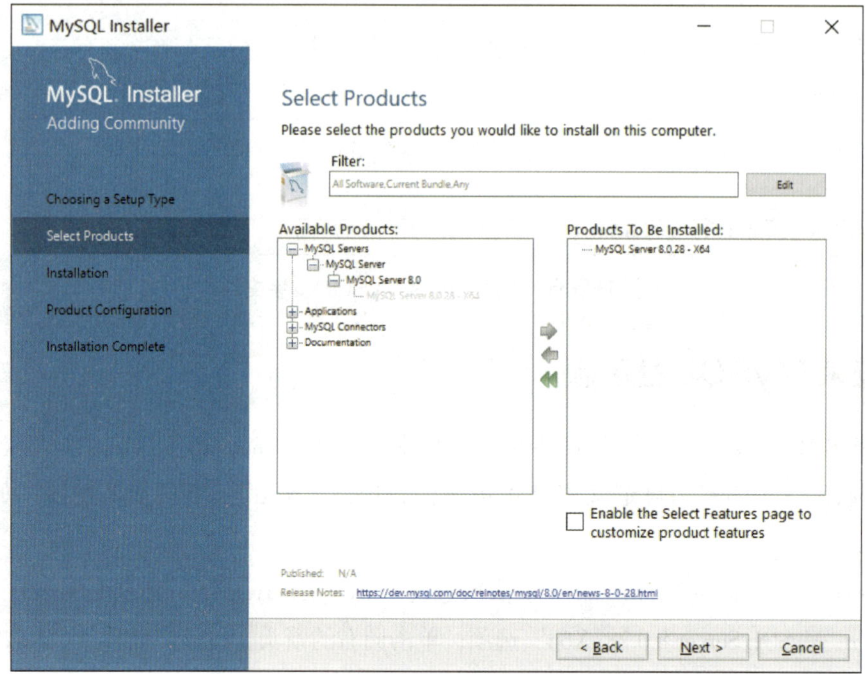

图 1-2-8　“Select Products”（选择产品）

在“Installation”（安装）中单击“Execute”（执行）按钮开始安装，在“Progress”提示栏中能看到安装进度，提示“Complete”即安装完成，如图 1-2-9 所示，之后单击“Next”（下一步）按钮。

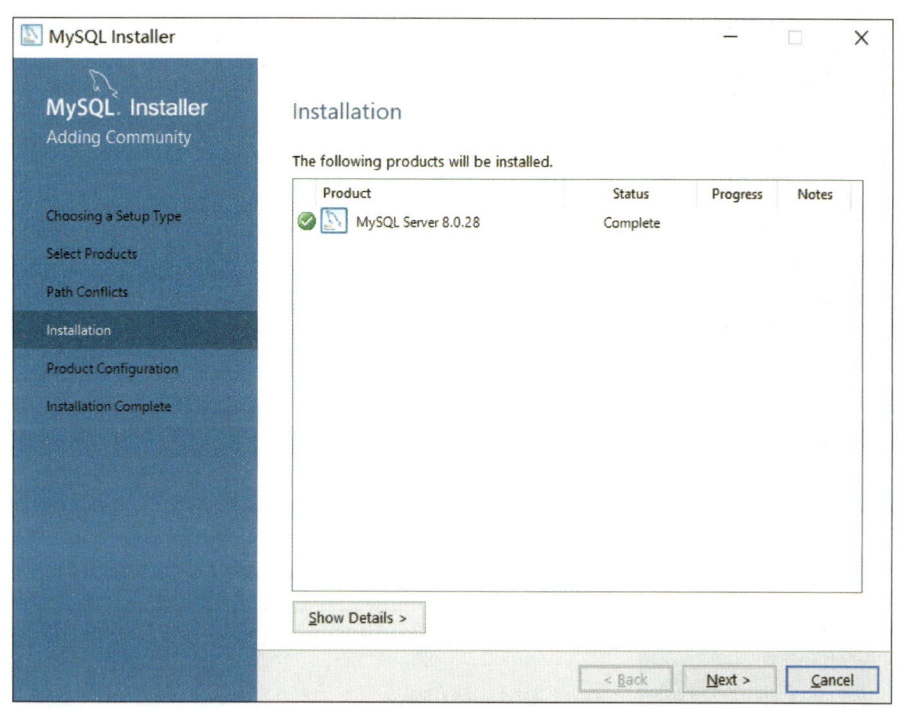

图 1-2-9　完成 MySQL 的安装

在弹出的“Type and Networking”（类型和网络）中选择在“Config Type”（配置类型）下拉列表中的“Development Computer”（开发者计算机）选项，该模式占用计算机资源比较少。在“Connectivity”（连接）配置窗口中选择默认端口号 3306，单击“Next”（下一步）按钮，如图 1-2-10 所示。

在“Authentication Method”（身份验证方法）中选择默认单选框，默认单选框为 MySQL 8.0 提供的新的授权方式，采用基本的 SHA256 密码加密方法，然后单击“Next”（下一步）按钮，如图 1-2-11 所示。

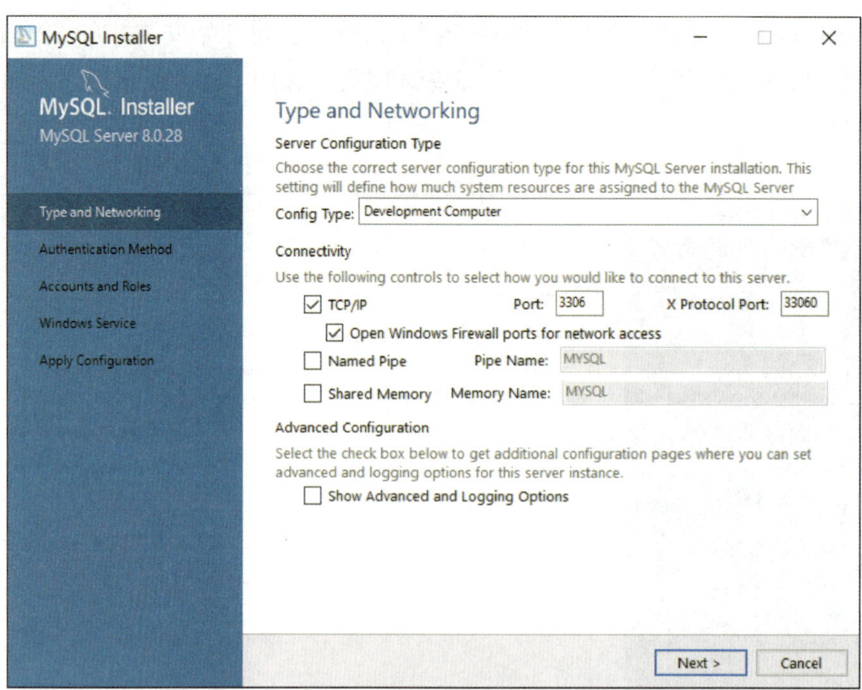

图 1-2-10　配置端口号

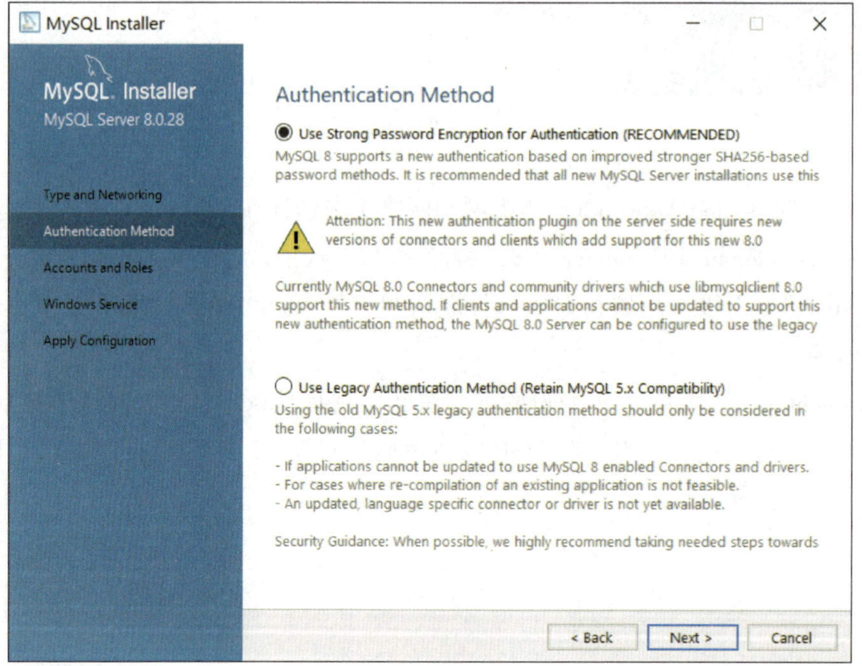

图 1-2-11　配置授权方式

在弹出的“Accounts and Roles”（账户和角色）中为默认用户 Root 设置密码，需两次输入相同密码且密码位数至少为 4 位，然后单击“Next”（下一步）按钮，如图 1-2-12 所示。

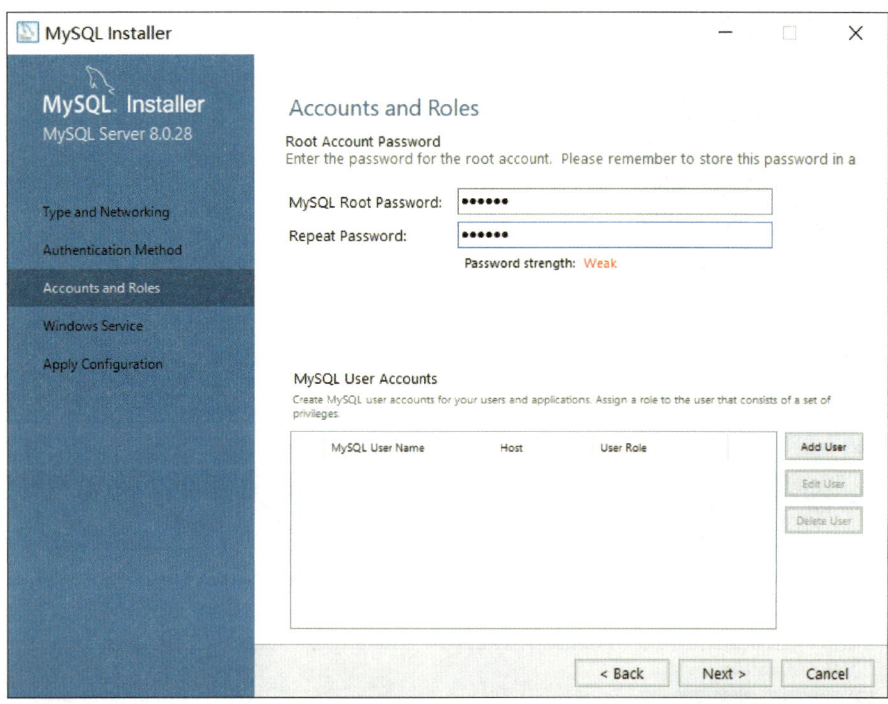

图 1-2-12　配置用户密码

提示

该密码用于 MySQL 登录。

在“Windows Service”（Windows 服务）中选中“Start the MySQL Server at System Startup”（开机自启）复选框，单击“Next”（下一步）按钮，如图 1-2-13 所示。

在“Apply Configuration”（应用配置）中，如果全部选项前面均出现绿色的勾，则表示安装成功，如图 1-2-14 所示，单击“Finish”（完成）按钮，完成 MySQL 的配置。再单击“Next”（下一步）按钮，在弹出的“Installation Complete”（安装完成）中单击“Finish”（完成）按钮，即完成 MySQL 的安装，如图 1-2-15 所示。

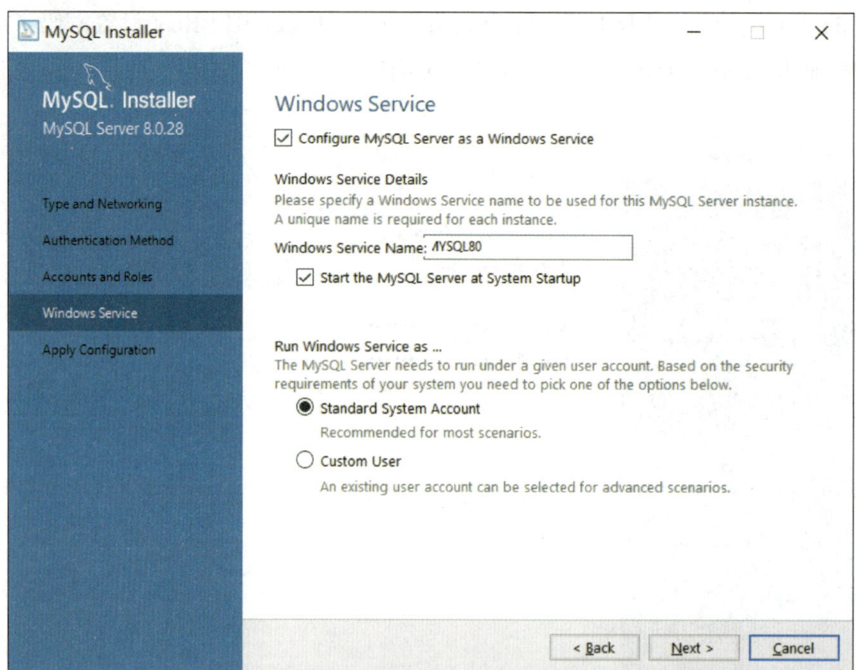

图 1-2-13　配置 MySQL 开机自启动

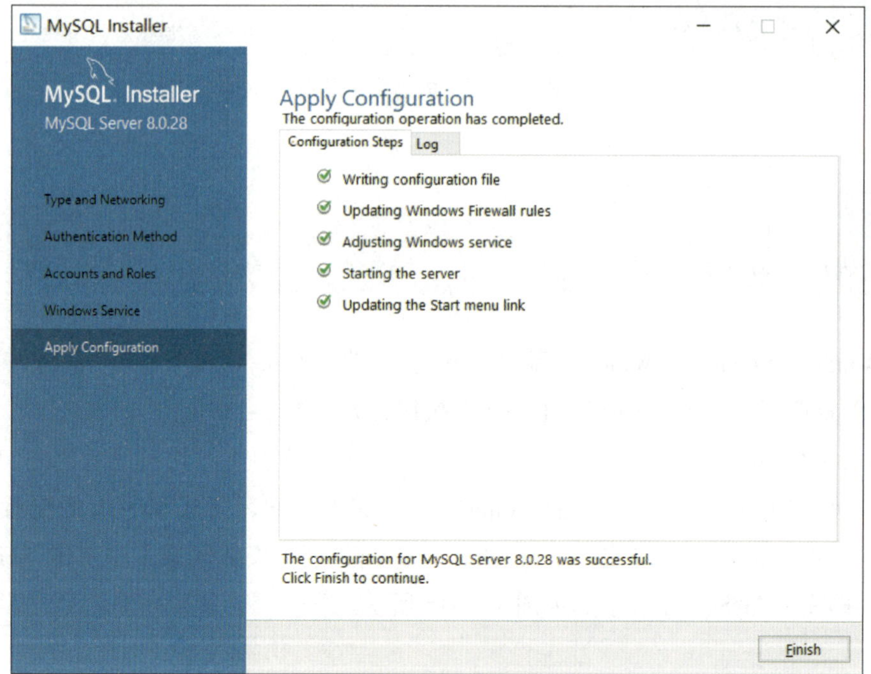

图 1-2-14　MySQL 配置成功

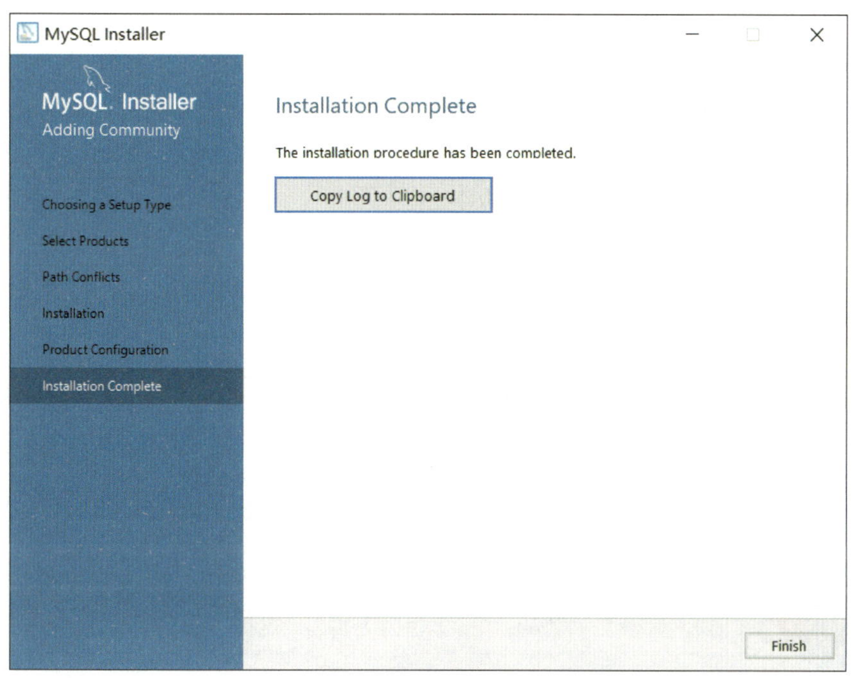

图 1-2-15 完成 MySQL 的安装

6. 检查安装结果

完成安装后，使用 Win+R 组合快捷键打开“运行”对话框，在图 1-2-16 所示的“运行”对话框中输入“cmd”，然后单击“确定”按钮，进入命令提示符窗口后，输入命令查看安装的 MySQL 版本号。查看 MySQL 版本号的命令如下。

```
mysql --version
```

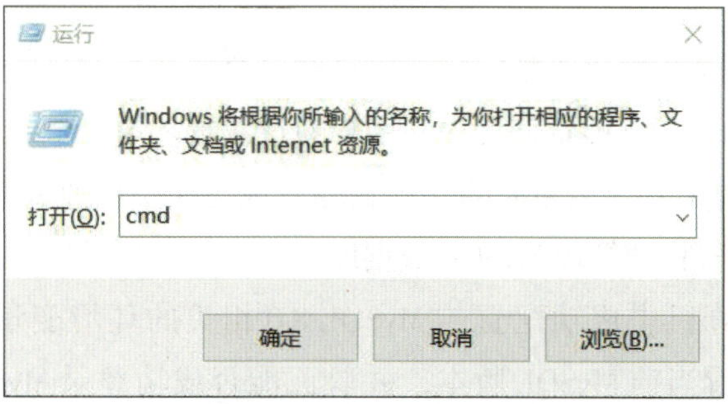

运行

Windows 将根据你所输入的名称，为你打开相应的程序、文件夹、文档或 Internet 资源。

打开(O): cmd

确定 取消 浏览(B)...

图 1-2-16 “运行”对话框

如图 1-2-1 所示，如果出现版本号信息，则表示 MySQL 社区版安装成功。

巩固与练习

1. 下载并安装 MySQL 社区版的最新版本。
2. 简述 MySQL 社区版安装失败的原因。

任务 3 配置 MySQL 环境变量

学习目标

1. 了解环境变量的概念和作用。
2. 了解 MySQL 的安装路径和可执行文件。
3. 能配置与 MySQL 8.0 相关的环境变量。

任务描述

当系统需要运行一个程序而未指定完整路径时，会先在当前目录查找，若未找到则会到 Path 环境变量中配置的路径下搜索该程序。用户通过设置环境变量，可让系统更高效地定位和运行程序。配置 MySQL 环境变量是为了在命令行或终端中快速调用 MySQL 命令行工具和相关管理工具，从而更轻松地管理 MySQL 数据库。

本任务要求在计算机中成功配置与 MySQL 8.0 相关的环境变量，需在命令提示符窗口中通过命令可以查看当前 MySQL 版本，并验证能否成功登录 MySQL。配置成功效果如图 1-3-1 所示。

```
C:\Users\Administrator>mysql --version          查看版本号
mysql  Ver 8.0.28 for Win64 on x86_64 (MySQL Community Server - GPL)

C:\Users\Administrator>mysql -uroot -p          使用命令行登录
Enter password: *****
Welcome to the MySQL monitor.  Commands end with ; or \g.
Your MySQL connection id is 8
Server version: 8.0.28 MySQL Community Server - GPL

Copyright (c) 2000, 2022, Oracle and/or its affiliates.

Oracle is a registered trademark of Oracle Corporation and/or its
affiliates. Other names may be trademarks of their respective
owners.

Type 'help;' or '\h' for help. Type '\c' to clear the current input statement.
```

图 1-3-1　配置成功效果

一、环境变量的概念

环境变量是操作系统中存储的配置参数，用于向系统和应用程序传递运行时所需的路径、参数等信息。

在配置 MySQL 相关环境变量时，需将 MySQL 的可执行文件路径添加到操作系统的环境变量中，以便系统在命令行或应用程序中定位 MySQL。

Path 环境变量是操作系统用来设置可执行文件搜索路径的环境变量。将 MySQL 的 bin 目录添加到 Path 中后，用户可在任意命令行窗口直接调用 MySQL 命令，无须指定完整路径。

二、系统环境变量和用户环境变量

操作系统支持两种环境变量类型：系统环境变量和用户环境变量。系统环境变量对当前计算机的所有用户有效，而用户环境变量仅对当前登录用户有效。根据使用场景，可以选择将 MySQL 路径添加到系统级或用户级 Path 变量中。

1. 复制 MySQL 安装路径

打开 MySQL 应用程序的安装目录（如 C:\Program Files\MySQL\MySQL Server 8.0）后，复制该安装路径。

提示

在配置环境变量时需使用该路径。

2. 打开“系统属性”对话框

在桌面上选中“此电脑”图标并单击鼠标右键，在弹出的快捷菜单中选择“属性”选项，打开“系统”对话框，单击“高级系统设置”选项，在弹出的“系统属性”对话框中选择“高级”选项卡，单击“环境变量”按钮，打开“环境变量”对话框，如图 1–3–2 所示。

3. 新建系统变量 MYSQL_HOME

在“环境变量”对话框中的“系统变量”下方单击“新建”按钮，新建一个系统变量，定义该变量名为“MYSQL_HOME”，变量值为 MySQL 的安装路径，单击“确定”按钮，如图 1–3–3 所示。

4. 配置系统变量 Path

在“系统变量”列表中找到并选择 Path 变量，单击“编辑”按钮，在弹出的“编辑环境变量”对话框中单击“新建”按钮，将 MySQL 应用程序的 bin 目录（%MYSQL_HOME%\bin）添加到变量值中后，单击“确定”按钮即可，如图 1–3–4 所示。

单击“确定”按钮，关闭“环境变量”对话框，完成与 MySQL 8.0 相关的环境变量的配置，如图 1–3–5 所示。

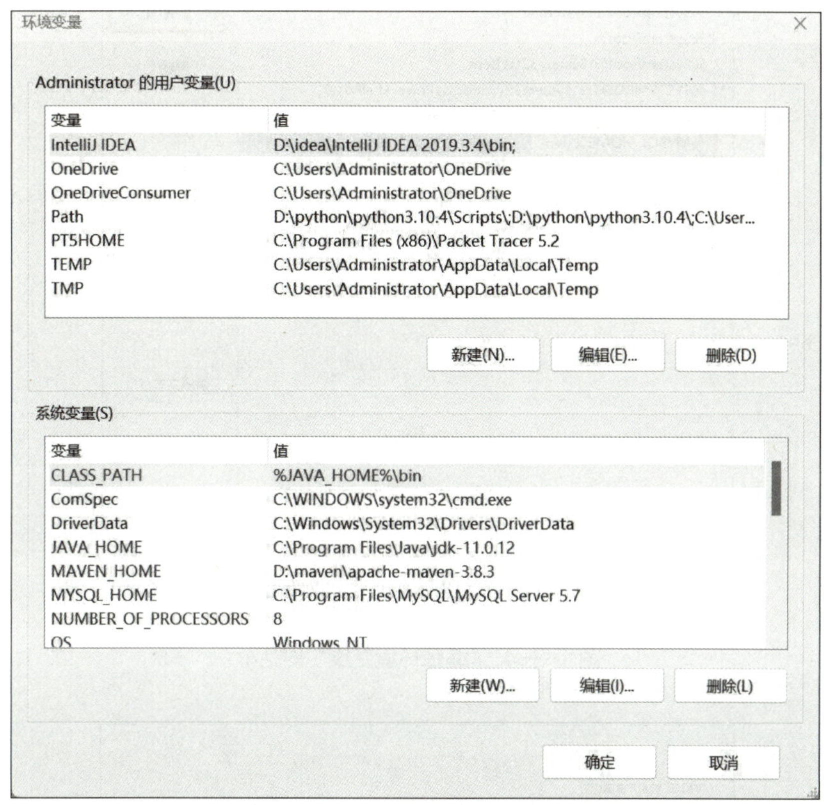

图 1-3-2 “环境变量”对话框

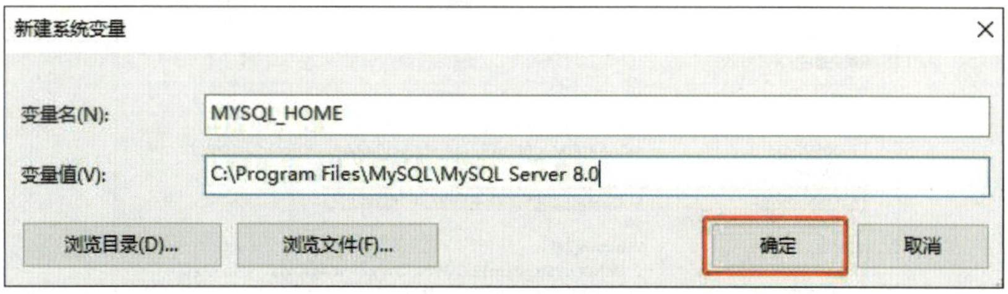

新建系统变量
变量名(N): MYSQL_HOME
变量值(V): C:\Program Files\MySQL\MySQL Server 8.0
浏览目录(D)... 浏览文件(F)... 确定 取消

图 1-3-3 “新建系统变量”对话框

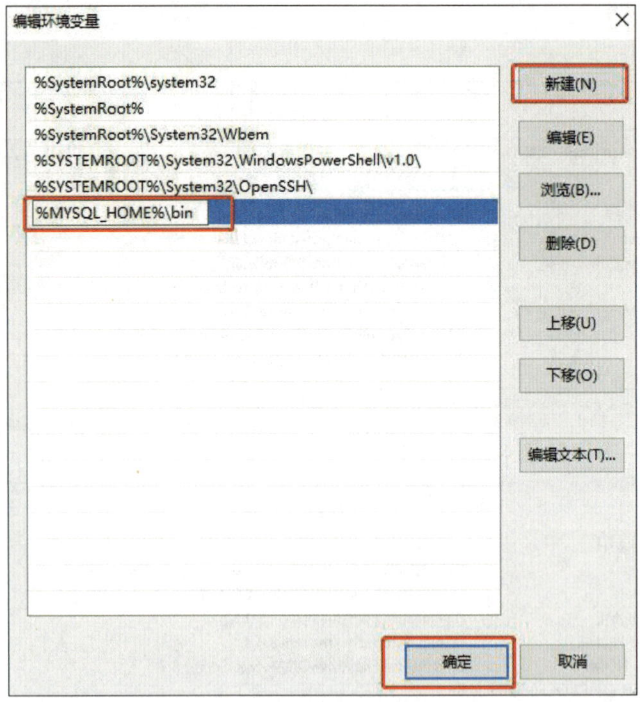

图 1-3-4 “编辑环境变量”对话框

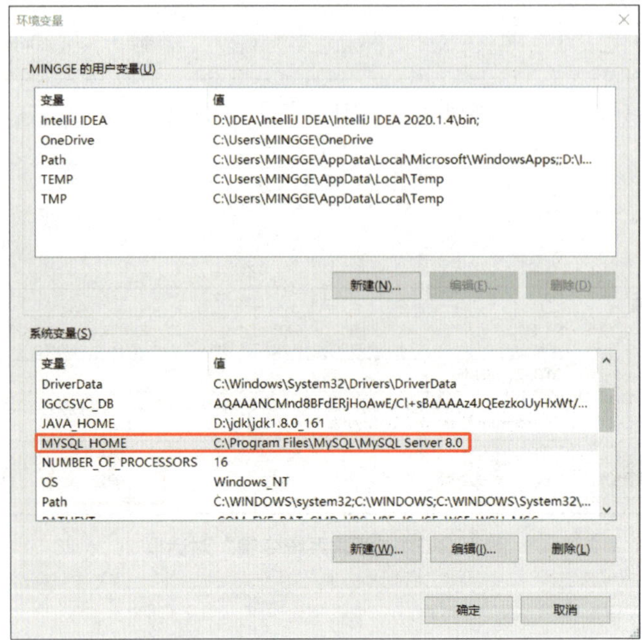

图 1-3-5 “环境变量”对话框

5. 检查环境变量配置结果

配置完成后，打开命令提示符窗口，输入“mysql --version”命令查看版本号，输入“mysql -uroot -p”命令进行登录，按提示输入密码后检验环境变量是否配置成功。配置成功效果如图 1-3-1 所示。

1. 配置与 MySQL 8.0 相关的环境变量。
2. 检查与 MySQL 8.0 相关的环境变量是否配置成功。
3. 简述配置与 MySQL 8.0 相关的环境变量的作用。
4. 简述使用命令行方式查看 MySQL 服务版本的命令。

任务 4　启停与登录 MySQL 服务

1. 了解 MySQL 服务启动和停止的目的及重要性。
2. 了解 MySQL 服务的不同登录方式。
3. 能使用命令行或可视化管理工具启动和停止 MySQL 服务。
4. 能登录 MySQL 服务。

MySQL 安装完毕，需要启动服务器进程，否则客户端无法连接数据库。在前面的安装配置过程中，若已将 MySQL 安装为 Windows 服务，并且选择了“Start the MySQL Server at System Startup”选项，则当 Windows 系统启动、停止时，MySQL 也会自动启动、停止。本任务要求通过命令提示符窗口和可视化管理工具手动启动及停止 MySQL 服务，并验证能否成功登录 MySQL。成功登录 MySQL 服务提示如图 1-4-1 所示。

在打开 Windows 服务后找到“MySQL 8.0”服务，启动“MySQL 8.0”服务后登录 MySQL。

```
管理员: C:\WINDOWS\system32\cmd.exe - mysql -uroot -p

C:\Users\Administrator>mysql -uroot -p
Enter password: *****
Welcome to the MySQL monitor.  Commands end with ; or \g.
Your MySQL connection id is 12
Server version: 8.0.28 MySQL Community Server - GPL

Copyright (c) 2000, 2022, Oracle and/or its affiliates.

Oracle is a registered trademark of Oracle Corporation and/or its
affiliates. Other names may be trademarks of their respective
owners.

Type 'help;' or '\h' for help. Type '\c' to clear the current input statement.

mysql>
```

图 1-4-1　成功登录 MySQL 服务提示

一、MySQL 服务器的概述

MySQL 服务器是运行在后台的数据库管理系统，负责处理数据存储、查询和管理等任务。启动 MySQL 服务意味着启动服务器进程，使其处于运行状态，以接收客户端请求；停止 MySQL 服务则是终止服务器进程，以关闭数据库服务。

二、MySQL 服务的启停

1. 使用命令行启停

在命令提示符窗口中，以管理员身份使用命令可以启动 MySQL 服务，此命令会启动 MySQL 服务器进程并将其保持在后台运行。用户也可以通过命令停止 MySQL 服务。启动和停止 MySQL 服务命令如下。

```
net start MySQL80       # 启动 MySQL80 服务
net stop MySQL80        # 停止 MySQL80 服务
```

2. 使用 Windows 服务启停

MySQL 服务的启停可以通过 Windows 服务管理器来实现。在 Windows 操作系统中，用户可以通过在任务栏上单击鼠标右键，在弹出的快捷菜单中选择“任务管理器”选项，切换到“服务”选项卡，或者使用 Win+R 组合快捷键调出“运行”对话框，输入“services.msc”打开服务管理器，在服务列表中找到 MySQL80 服务，在该服务上单击鼠标右键，在弹出的快捷菜单中选择“开始”或“停止”选项，即可完成服务的启停。

三、MySQL 服务的登录

1. 使用命令行登录

使用命令行工具如 MySQL 终端或命令提示符窗口，可以通过命令登录 MySQL 服务。此命令会提示用户输入密码，在输入正确的密码后将成功登录 MySQL 服务。登录 MySQL 服务命令如下。

```
mysql –u <username> –p   #username 表示用户名，应为具有登录权限的 MySQL 用户名
```

2. 使用可视化管理工具登录

在可视化管理工具中，用户可以通过填写连接参数（如主机名、端口号、用户名和密码等）来登录 MySQL 服务。在成功登录后，用户可以直接在可视化管理工具中进行数据库管理和操作。

1. 打开 Windows 服务

方式 1：在任务栏上单击鼠标右键，在弹出的快捷菜单中单击“任务管理器”选项，在弹出的“任务管理器”对话框中选择“服务”选项卡。

方式 2：通过按 Win+R 组合快捷键调出“运行”对话框，在该对话框中输入“services.msc”，按 Enter 键确认。

2. 启停 MySQL 服务

方式 1：在“服务”列表中查找“MySQL80”服务，找到并选中“MySQL80”服务后单击鼠标右键，在弹出的快捷菜单中选择“启动”或“停止”选项，启动或停止 MySQL 服务。

方式 2：打开命令提示符窗口，分别使用 net start MySQL80、net stop MySQL80 命令启停 MySQL 服务。

3. 登录 MySQL 服务

方式 1：使用 MySQL 终端登录 MySQL 服务。步骤如下。

在计算机桌面上单击“开始”按钮，在弹出的“开始”菜单中选择“MySQL 8.0 Command Line Client”，弹出 MySQL 终端登录界面后，在提示框中输入用户密码，按 Enter 键即可成功登录，效果如图 1-4-2 所示。

```
MySQL 8.0 Command Line Client
Enter password: *****
Welcome to the MySQL monitor.  Commands end with ; or \g.
Your MySQL connection id is 13
Server version: 8.0.28 MySQL Community Server - GPL

Copyright (c) 2000, 2022, Oracle and/or its affiliates.

Oracle is a registered trademark of Oracle Corporation and/or its
affiliates. Other names may be trademarks of their respective
owners.

Type 'help;' or '\h' for help. Type '\c' to clear the current input statement.

mysql>
```

图 1-4-2　通过 MySQL 终端登录

方式 2：使用命令提示符窗口登录 MySQL 服务。在命令提示符窗口中输入命令如下。

```
mysql -h localhost -p3306 -u <username> -p[password] #username 表示用户名
```

按提示符输入用户密码后即可登录 MySQL 服务，成功登录 MySQL 服务提示如图 1-4-1 所示。

提示

其中“password”是指用户密码，“[]”表示选填项。如果直接在命令中输入用户密码，则“-p”与密码之间不能有空格，其他参数名与参数值之间可以有空格，也可以没有空格。建议在下一行输入密码，以保证密码安全。若客户端和服务器在同一台机器上，可以输入主机名“localhost”或者主机 IP 地址“127.0.0.1”。同时，因为要连接本机，所以“-h localhost”可以省略。如果端口号没有修改，则“-p3306”也可以省略，默认端口为 3306。

巩固与练习

1. 简述使用命令行方式启动并登录 MySQL 服务的方法。
2. 简述使用命令行方式停止 MySQL 服务的方法。
3. 简述需要启动和停止 MySQL 服务的原因。

任务 5 使用 MySQL

学习目标

1. 了解 MySQL 的编码。
2. 了解 MySQL 的编码设置的方法。
3. 能使用 MySQL。

完成所有配置和启动步骤后，可以正式开始学习并使用 MySQL。了解 MySQL 的字符集编码知识，掌握 MySQL 的基础操作，能对数据库进行简单管理和维护，如创建、修改、删除数据库等。

本任务要求使用 SQL 语句创建一个数据库，并切换至该数据库进行操作，具体效果如图 1-5-1 所示。

```
mysql> CREATE DATABASE schoolsys;
Query OK, 1 row affected (0.02 sec)

mysql> USE schoolsys;
Database changed
mysql> _
```

图 1-5-1　创建和使用数据库

一、创建和使用数据库的 SQL 语句

在登录 MySQL 客户端后，可以使用以下 SQL 语句来查看 MySQL 服务器中的所有数据库。

```
SHOW DATABASES;
```

在 MySQL 客户端中，可以使用以下 SQL 语句创建和使用数据库。

```
CREATE DATABASE database_name;          # 创建数据库
USE database_name;                      # 使用数据库
```

提示

SQL 语句中的所有符号（如分号、逗号、引号等）必须使用英文半角字符。

二、MySQL 的编码设置

1. 字符集和编码

字符集是一组字符的集合，而编码是将字符集中的字符转换为二进制代码的规则。MySQL 支持多种字符集，如 UTF8、Latin1、GBK 等，每种字符集对应不同的编码规则。

2. 创建数据库和表时的字符集设置

在创建数据库和表时，可以显式指定字符集，使用 SQL 语句如下。

```
# 创建数据库时设置字符集
CREATE DATABASE database_name CHARACTER SET charset_name;
# 创建表时设置字符集
CREATE TABLE table_name(column1 datatype1...) CHARACTER SET charset_name;
```

3. MySQL 的默认字符集和排序规则

（1）字符集定义了可存储的字符范围，排序规则定义了字符的比较和排序方式。MySQL 5.7 及之前版本的默认字符集为 Latin1，8.0 版本起默认字符集为 utf8mb4，默认的排序规则为根据字符的二进制值进行排序。

（2）在创建数据库和表时，如果未指定字符集和排序规则，则会使用全局默认值。

（3）查看 MySQL 的默认字符集和排序规则可以执行如下 SQL 语句。

```
SHOW VARIABLES LIKE 'character_set_%';        # 查看默认字符集
SHOW VARIABLES LIKE 'collation_%';            # 查看默认排序规则
```

4. 设置字符集的重要性和注意事项

（1）正确设置字符集可以避免数据存储和检索时出现乱码，确保数据完整性。

（2）在处理多语言数据时，建议使用 utf8mb4 字符集。

（3）在设计数据库架构时，要考虑到数据的语言和特殊字符的需求，选择合适的字符集和排序规则。

1. 查看所有数据库

登录 MySQL 后，使用以下 SQL 语句查看所有数据库，效果如图 1-5-2 所示。

```
SHOW DATABASES;
```

```
mysql> SHOW DATABASES;
+--------------------+
| Database           |
+--------------------+
| information_schema |
| mysql              |
| performance_schema |
| students           |
| sys                |
+--------------------+
5 rows in set (0.00 sec)

mysql>
```

图 1-5-2　数据库列表

2. 创建数据库

使用以下 SQL 语句创建名为“schoolsys”的数据库。

```
CREATE DATABASE schoolsys;
```

执行效果如图 1-5-3 所示。

```
mysql> CREATE DATABASE schoolsys;
Query OK, 1 row affected (0.01 sec)

mysql>
```

图 1-5-3　创建数据库

3. 使用数据库

通过以下 SQL 语句使用数据库“schoolsys”。

```
USE schoolsys;
```

执行效果如图 1-5-4 所示。

图 1-5-4　使用数据库

1. 创建一个名为“students”的数据库，字符集为 UTF8，并使用该数据库。
2. 简述使用命令行方式创建与使用数据库的命令。

任务 6　卸载 MySQL

学习目标

1. 了解 MySQL 的卸载流程和注意事项。
2. 了解 MySQL 的卸载风险和可能出现的问题。
3. 能使用 MySQL 特定命令或工具卸载 MySQL。

随着软件的更新换代，MySQL 新版本通常具备更多功能，一般情况下，如需更换 MySQL 版本，建议先卸载当前版本再安装新版本。在卸载过程中，若残留文件或配置等，可能造成新旧版本冲突，因此，需熟悉 MySQL 的卸载流程。

本任务要求按照 MySQL 卸载流程，卸载 MySQL 服务。停止 MySQL 服务，卸载 MySQL 软件，删除 MySQL 配置文件和残余文件，清理注册表（仅适用于 Windows 操作系统），并验证卸载结果。

卸载 MySQL 的流程包括停止 MySQL 服务、卸载 MySQL 软件（使用包管理工具或官方卸载工具）、删除配置文件和数据目录、删除 MySQL 相关环境变量以及搜索并删除所有残留文件或文件夹。

在卸载 MySQL 之前，强烈建议进行数据备份，以防数据丢失。可以使用 MySQL 的备份工具（如 mysqldump）进行数据库备份，确保数据可以在 MySQL 重新安装后恢复。

提示

数据备份的详细操作请参考项目十“数据库备份与恢复”中的内容。

根据 MySQL 的安装方式，可以使用不同的卸载程序和命令。例如，在 Windows 操作系统中，可以使用官方卸载工具或者通过控制面板中的“程序和功能”来卸载 MySQL。在 Linux 操作系统中，可以使用包管理工具（如 APT、yum 或 Zypper）来卸载 MySQL 软件包。

卸载 MySQL 程序后，需要根据 MySQL 的安装目录，删除 MySQL 的安装目录、配置文件、数据目录、日志文件等。同时，还需要删除 MySQL 创建的数据库文件和其他残余文件，以确保在卸载过程中将所有相关文件和文件夹删除，以免占用磁盘空间。

在卸载 MySQL 后，需要清除系统中可能存在的与 MySQL 相关的环境变量。这些环境变量可能会干扰后续安装或使用其他数据库软件。

在 Windows 操作系统中，MySQL 可能会在注册表中留下一些相关的条目。可以使用注册表编辑器来查找和删除与 MySQL 相关的注册表项，以确保从 Windows 操作系统中完全卸载 MySQL 程序。

1. 停止 MySQL 服务

通过 Windows 任务管理器停止“MySQL80”服务，或者在命令提示符窗口中输入命令“net stop MySQL80”，从而停止 MySQL 服务，为卸载 MySQL 程序做好准备。

2. 卸载软件

方式 1：通过控制面板的卸载功能卸载软件。

使用 Win+R 组合快捷键打开“运行”对话框，输入“control”命令后单击“确定”按钮，在弹出的“控制面板”对话框中单击“程序和功能”选项，在程序列表中找到并选中“MySQL Server 8.0”和“MySQL Installer–Community”程序，单击“卸载”按钮卸载软件。

提示

使用“控制面板”对话框卸载 MySQL 程序时，MySQL 数据目录下的数据不会被删除。

方式 2：通过安装包提供的卸载功能卸载。

在“开始”菜单中单击运行“MySQL Installer–Community”后，在弹出的“MySQL Installer”对话框中选择要卸载的 MySQL 产品，单击“Remove”（移除）按钮即可卸载，如图 1–6–1 所示。

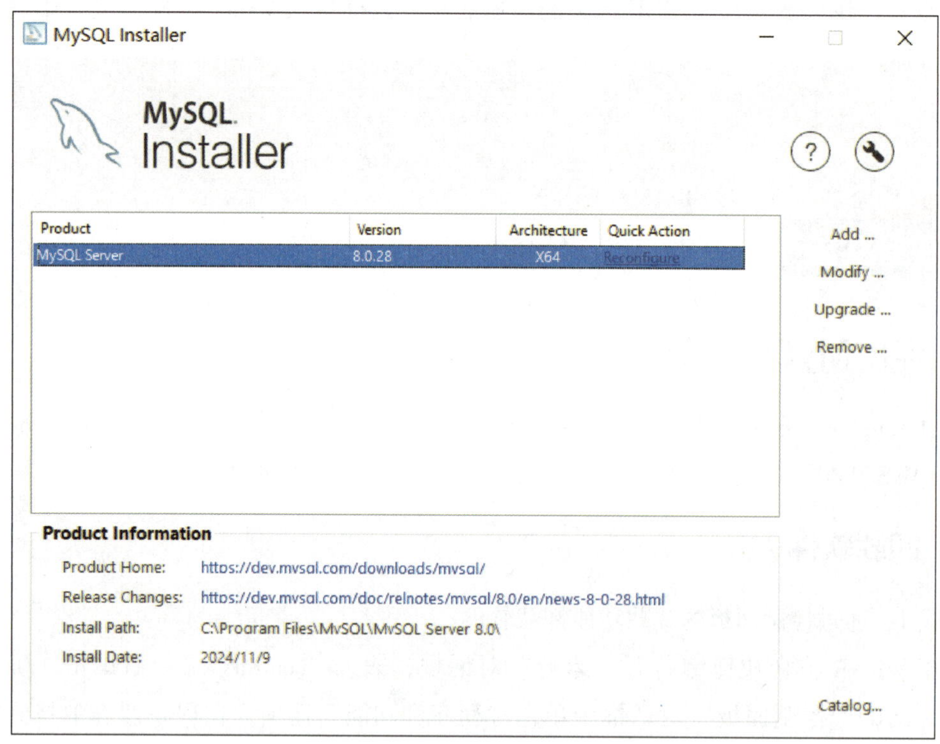

图 1-6-1 “MySQL Installer”对话框

在弹出的“Select Products to Remove”（选择要删除的产品）中勾选需要卸载的 MySQL 产品，单击“Next”（下一步）按钮，如图 1-6-2 所示。

弹出“Remove Server 8.0.28”（删除服务器 8.0.28），如果想要同时删除 MySQL 服务器中的数据，则选中“Remove the data directory”（删除数据目录）复选框，然后单击“Next”（下一步）按钮，如图 1-6-3 所示。

在弹出的“Remove Selected Products”（删除所选产品）中单击“Execute”（执行）按钮进行卸载。完成卸载后，单击“Finish”（完成）按钮即可。如果想要同时卸载 MySQL 8.0 的安装向导程序，选中“Yes,uninstall MySQL Installer”（是，卸载 MySQL 安装程序）复选框即可，如图 1-6-4 所示。

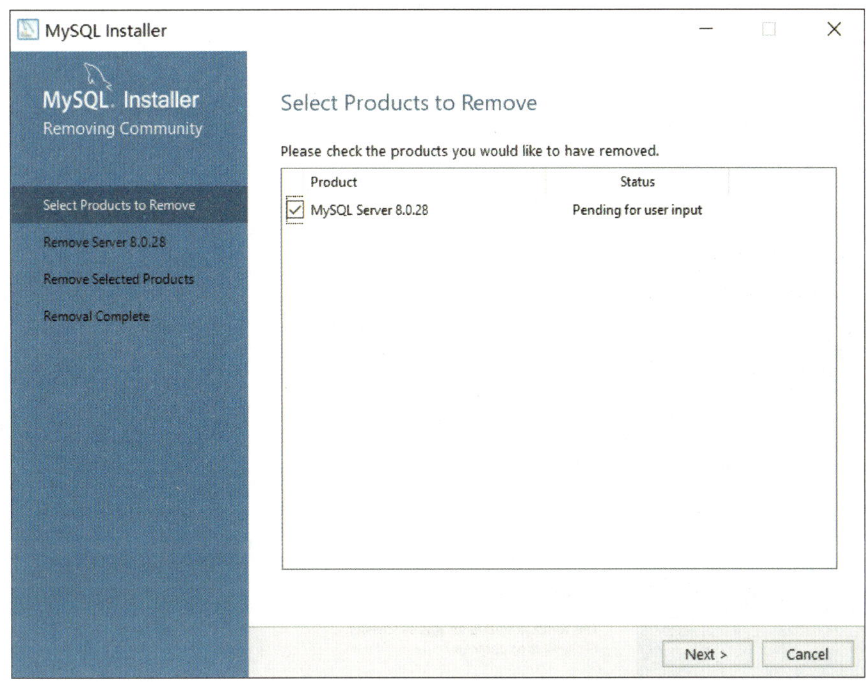

图 1-6-2　Select Products to Remove

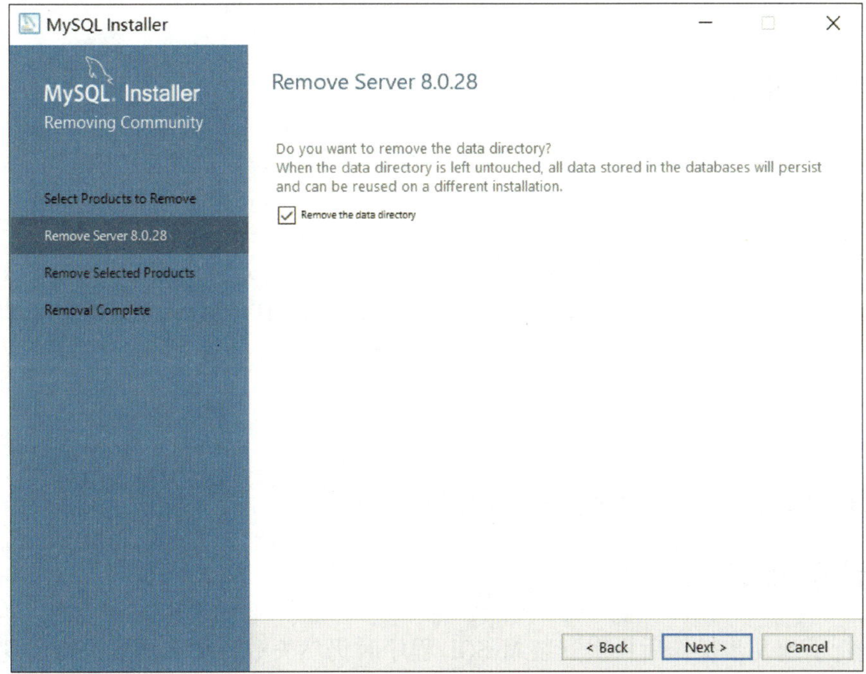

图 1-6-3　Remove Server 8.0.28

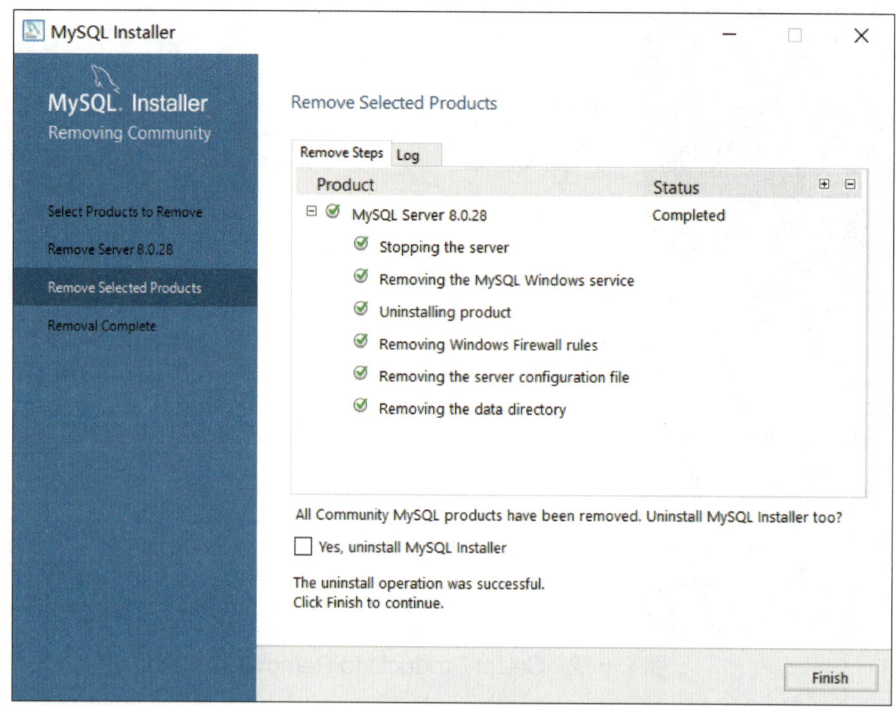

图 1-6-4 Remove Selected Products

3. 清理残余文件

如果重新安装 MySQL 不成功，可以在卸载 MySQL 程序后，对残余文件进行清理后再进行安装，具体步骤如下。

（1）删除服务目录，即删除 MySQL 程序的安装目录。

（2）删除数据目录，即删除默认存放在 C:\ProgramData 中的 MySQL 文件夹。如果单独指定过数据目录，则找到自定义的数据目录并删除即可。

注意：如有需要，请在卸载前做好数据备份。

（3）在清理残余文件操作完成后，需要重启计算机，然后进行新版本的 MySQL 程序安装即可。如果仍然安装失败，需要进行下一步操作。

4. 清理注册表

如果进行了前几步操作后再次安装 MySQL 程序时仍然失败，那么需要进行清理注册表的操作。

使用 Win+R 组合快捷键打开“运行”对话框，输入“regedit”命令后单击“确定”按钮，在弹出的“注册表编辑器”对话框的地址搜索栏中输入“HKEY_LOCAL_MACHINE\SYSTEM\ControlSet001\Services\MySQL80”，找到 MySQL 服务目录并单击鼠标右键，在弹出的快捷菜单中选择“删除”选项，如图 1-6-5 所示。

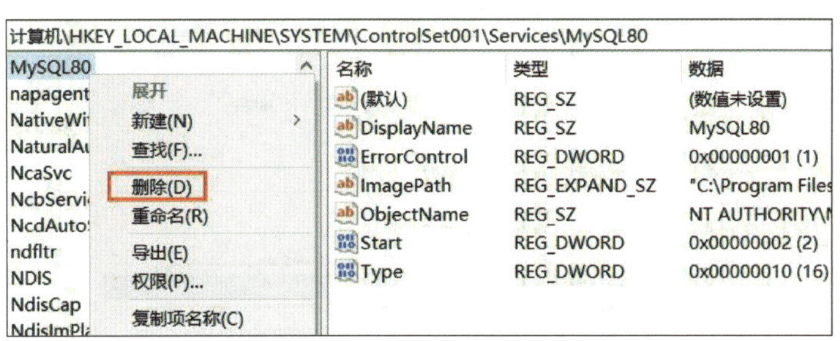

图 1-6-5　“注册表编辑器”对话框

提示

注册表项“MySQL80”可能存在于目录“ControlSet001”或“ControlSet002”中，也可能存在于“ControlSet005”或“ControlSet006”等目录下。

5. 删除环境变量配置

如果 MySQL 在安装后设置了相关的环境变量，在卸载程序时应同时删除这些环境变量，以保证新版本 MySQL 的顺利安装。

在计算机桌面“此电脑”图标上单击鼠标右键，在弹出的快捷菜单中选择“属性”选项后，打开“属性”对话框，选择“高级系统设置”选项，打开“系统属性”对话框，选择“高级”选项卡，单击“环境变量”按钮，在弹出的“环境变量”对话框中找到配置 MySQL 服务环境变量的位置，即选中名为“MYSQL_HOME”的系统变量（变量值为“C:\Program Files\MySQL\MySQL Server 8.0”），单击“删除”按钮，然后单击“确定”按钮，如图 1-6-6 所示。

打开“环境变量”对话框，在“系统变量”列表中选择“Path”变量，单击“编辑”按钮，如图 1-6-7 所示，在弹出的“编辑环境变量”对话框的左侧单击选中“%MYSQL_HOME%\bin”选项，单击“删除”按钮后，再单击“确定”按钮，如图 1-6-8 所示，即可删除 MySQL 环境变量。

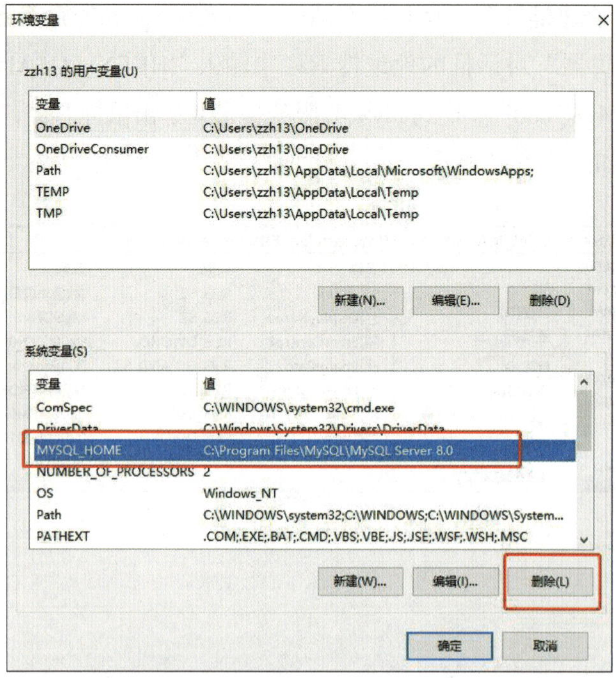

图 1-6-6 “环境变量”对话框

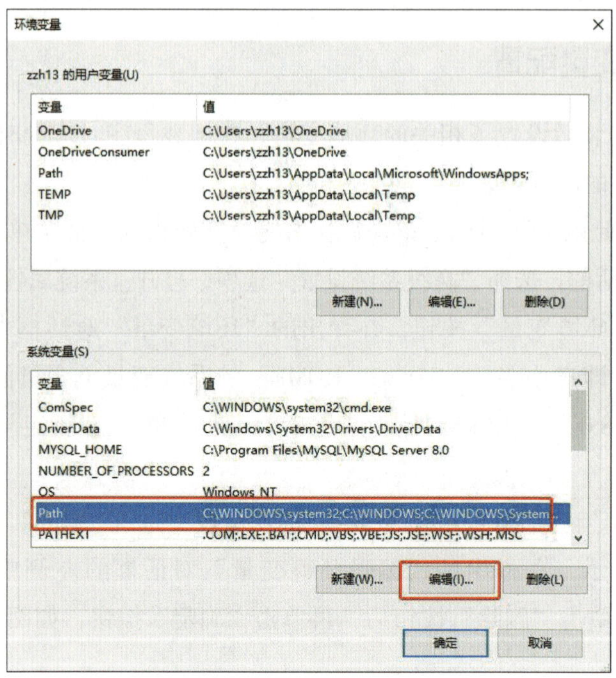

图 1-6-7 “环境变量”对话框

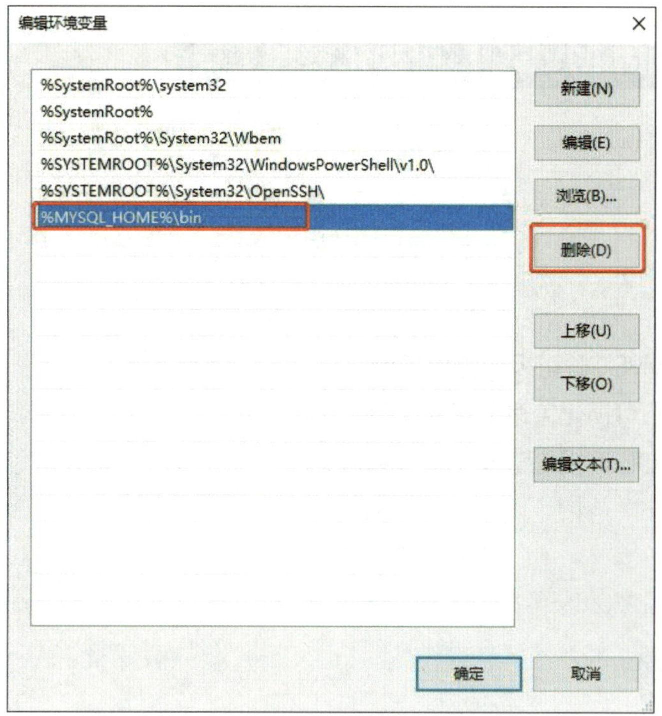

图 1-6-8 “编辑环境变量”对话框

1. 尝试卸载 MySQL 程序。
2. 手动删除 MySQL 的安装文件和相关配置文件。
3. 简述卸载 MySQL 的原因。
4. 列举卸载 MySQL 的常用方法。

任务 7 使用 MySQL 可视化管理工具

学习目标

1. 了解常见的 MySQL 可视化管理工具。
2. 了解 MySQL 可视化管理工具的作用。
3. 能使用 MySQL 可视化管理工具 Navicat。

任务描述

MySQL 可视化管理工具通过直观的图形界面简化数据库操作，无须频繁输入代码。目前流行的 MySQL 可视化管理工具有 Navicat、MySQL Workbench 等。对于初学者来说，Navicat 因其易学易用成为优选，有利于快速掌握 MySQL 数据库。

本任务要求在下载 Navicat 后成功安装 Navicat，启动 Navicat，建立并连接本地 MySQL 服务（localhost），如图 1-7-1 所示。

dpm_id	dpm_name	dpm_phone	dpm_address
X01	计算机系	17477070654	9-408
X02	财经系	(Null)	6-205
X03	管理系	(Null)	6-306
X04	建筑工程系	(Null)	9-303
X05	电气工程系	(Null)	电气楼-302
X06	艺术系	(Null)	7-415
X07	外语系	(Null)	7-316
X08	机电工程系	14785296310	1-303

图 1-7-1 使用 Navicat 管理数据库

MySQL 可视化管理工具是用于简化 MySQL 数据库管理的软件，可提供直观的图形用户界面（GUI）。这些可视化管理工具分为开源工具和商业工具等。其中流行的开源工具包括 phpMyAdmin、Adminer、MySQL Workbench、DBeaver 和 SequelPro，它们提供了数据库创建、表设计、数据编辑、数据备份和还原等功能，适合个人学习和小型项目。商业工具包括 Navicat、SQLyog 和 Toad for MySQL 等，通常提供更多高级功能，如数据模型设计和团队协作，适合企业级场景。不同工具适用于不同需求，它们都可以帮助用户更轻松地管理 MySQL 数据库。

下面介绍几种常用的 MySQL 可视化管理工具。

一、MySQL Workbench

MySQL 官方提供的可视化管理工具 MySQL Workbench 完全支持 MySQL 5.0 及以上版本。MySQL Workbench 可分为社区版和商业版，社区版是完全免费的，而商业版则是按年收费的。该工具可以在 MySQL 官网中下载（下载地址为 https://dev.mysql.com/downloads/workbench/），如图 1-7-2 所示。

二、Navicat

Navicat 是一款强大的数据库管理工具，支持多种数据库管理系统，包括 MySQL、Oracle、SQL Server、PostgreSQL 等。它提供了直观的图形用户界面，使用户能轻松管理数据库，包括创建、编辑、删除各种对象如表、索引、视图等。Navicat 还可以编写 SQL 语句进行数据查询，导入和导出数据，进行数据备份和恢复等操作，对于新手来说易学易用。该工具可以在 Navicat 官网中下载（下载地址为 https://www.navicat.com/），如图 1-7-3 所示。

三、SQLyog

SQLyog 是 Webyog 公司推出的一款简洁高效、功能强大的 MySQL 数据库可视化管理工具，是基于 C++ 语言开发的，提供轻量级数据库管理。这款工具可在 Webyog 官网下载，下载地址为 https://www.webyog.com/，如图 1-7-4 所示。

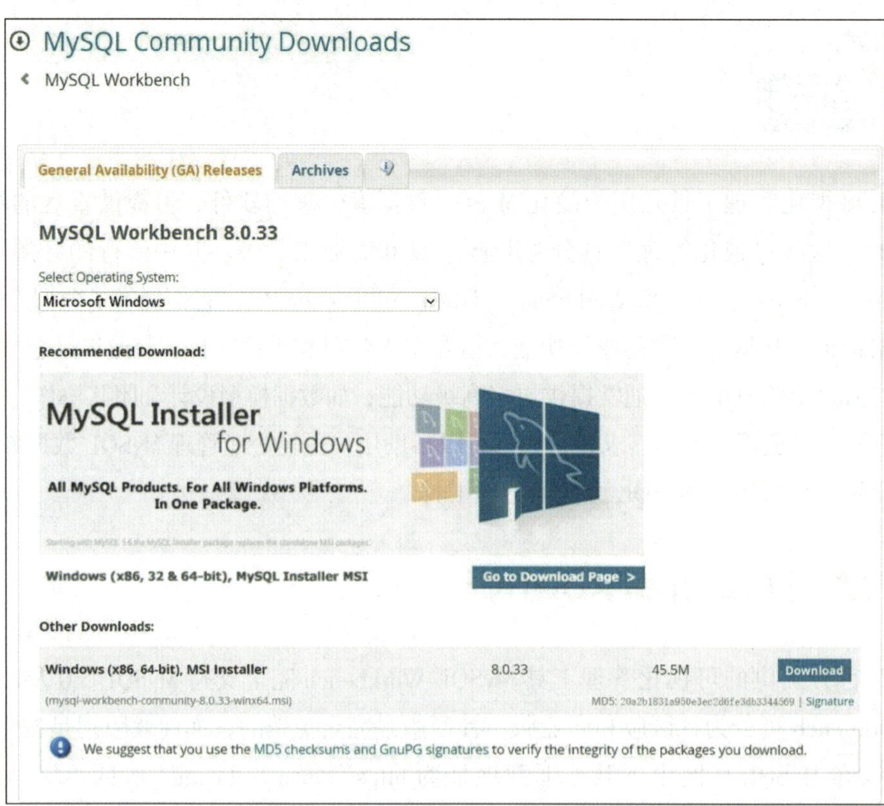

图 1-7-2　下载 MySQL Workbench

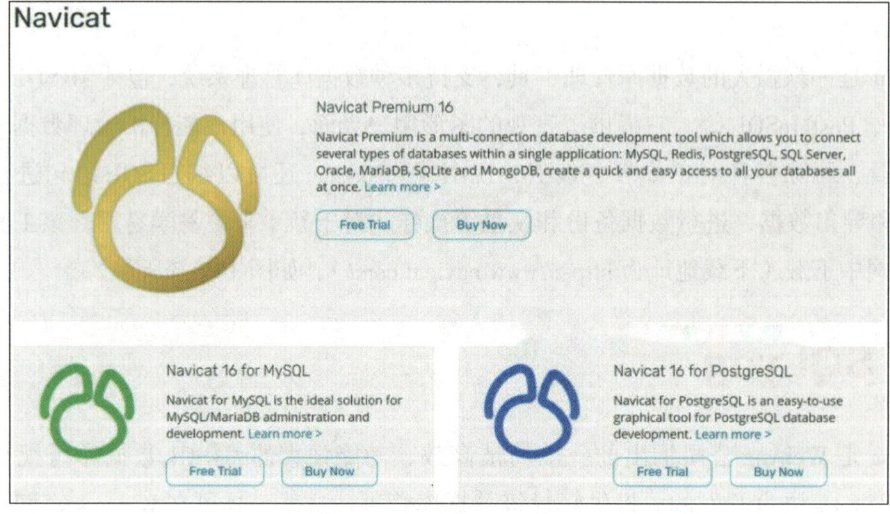

图 1-7-3　下载 Navicat

图 1-7-4　下载 SQLyog

四、DBeaver

DBeaver 是一个通用的数据库管理工具和 SQL 客户端，支持所有流行的数据库，如 MySQL、PostgreSQL、SQLite、Oracle 等数十种数据库，适合多数据库管理场景。DBeaver 可以在 DBeaver 官网下载，下载地址为 https://dbeaver.io/download，如图 1-7-5 所示。

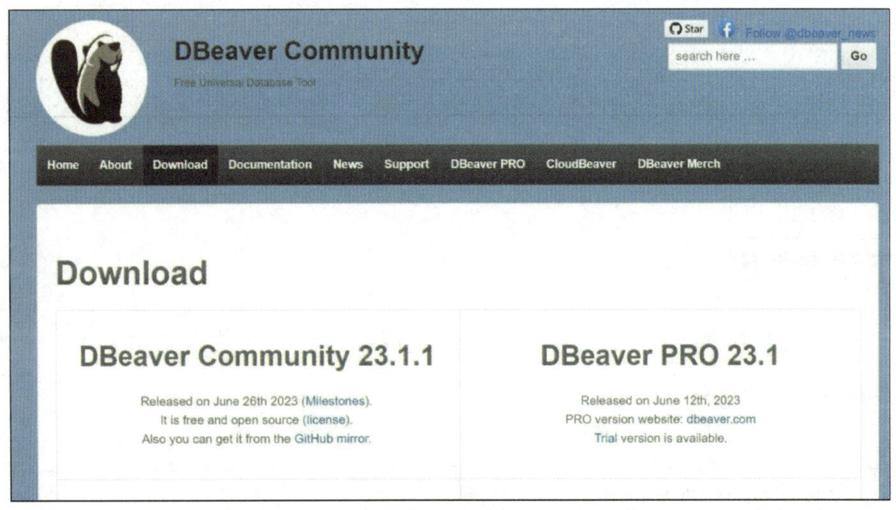

图 1-7-5　下载 DBeaver

1. 访问 Navicat 官方网站

进入 Navicat 的官方网站（https://www.navicat.com/），在下载页面单击“Direct Download（64 bit）”（直接下载）按钮，如图 1–7–6 所示。

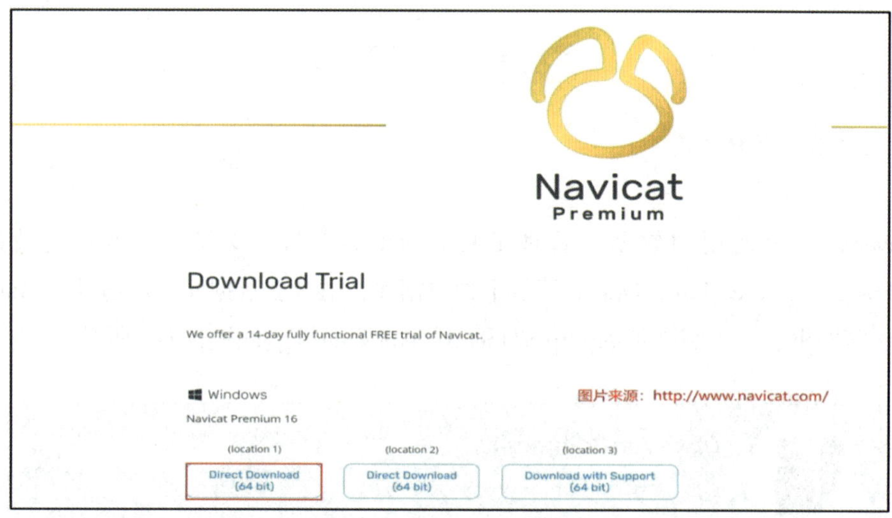

图 1–7–6　下载 Navicat

2. 下载安装包

系统自动开始下载 Navicat 的安装包。下载完成后，会在下载目录中生成一个 Navicat 安装文件，如图 1–7–7 所示。

图 1–7–7　Navicat 安装文件

3. 连接 MySQL 服务

安装后打开 Navicat，单击“连接”选项，在弹出的快捷菜单中选择“MySQL”选项，如图 1-7-8 所示。

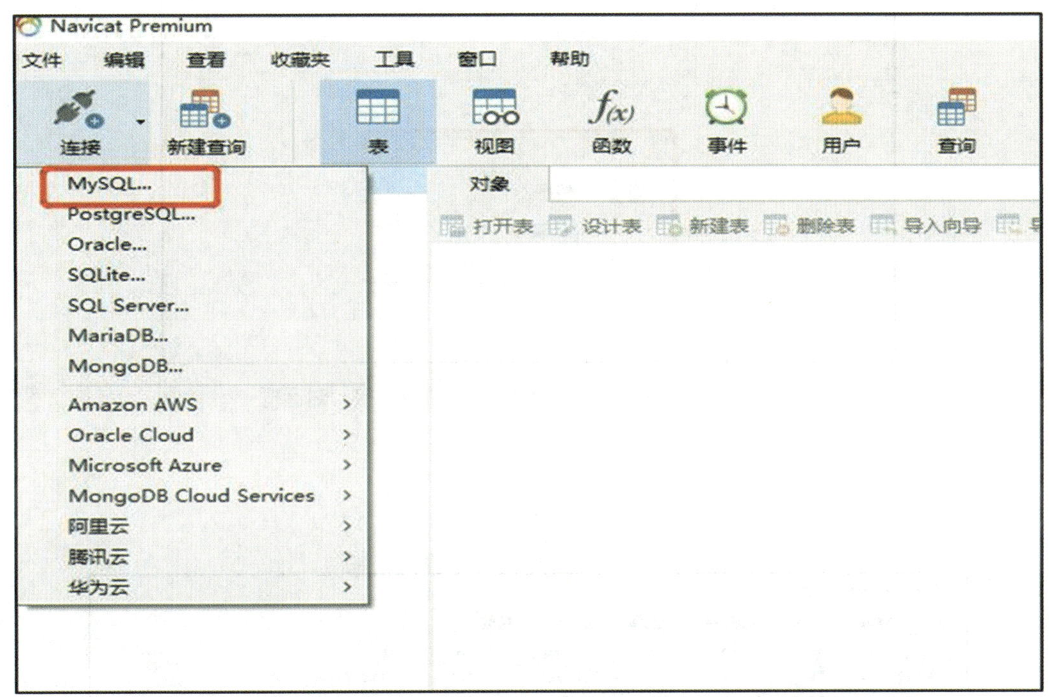

图 1-7-8　在 Navicat 中选择“MySQL”选项

4. 测试 MySQL 服务连接

弹出“正在测试 -MySQL- 新建连接”对话框，在“连接名”文本框中输入“localhost”（本地主机），设置“主机”为“localhost”、“端口”为默认端口“3306”、“用户名”为“root”，在“密码”文本框中输入 MySQL 的 root 用户密码，单击“测试连接”按钮，弹出“连接成功”对话框，即代表 Navicat 能连接到 MySQL，如图 1-7-9 所示。

5. 打开 MySQL 服务连接

在左侧列表中的“localhost”连接上单击鼠标右键，在弹出的快捷菜单中单击“打开连接”选项，若“localhost”图标为绿色，即代表与 MySQL 连接成功，如图 1-7-10 所示。

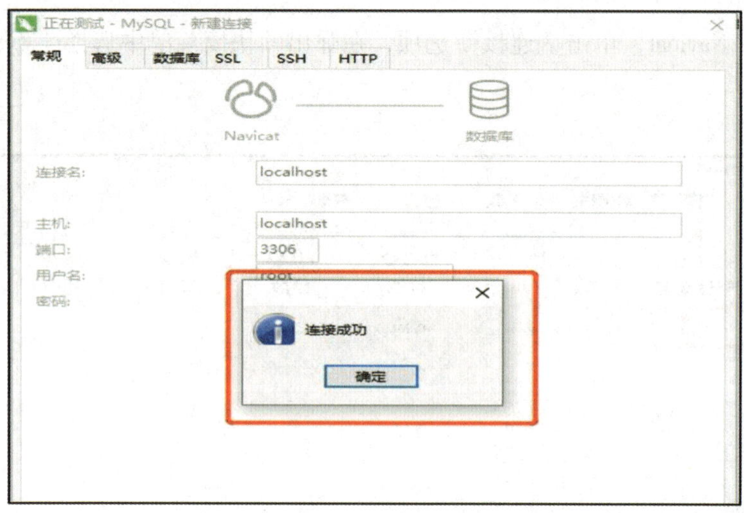

图 1-7-9 “正在测试 -MySQL- 新建连接”对话框

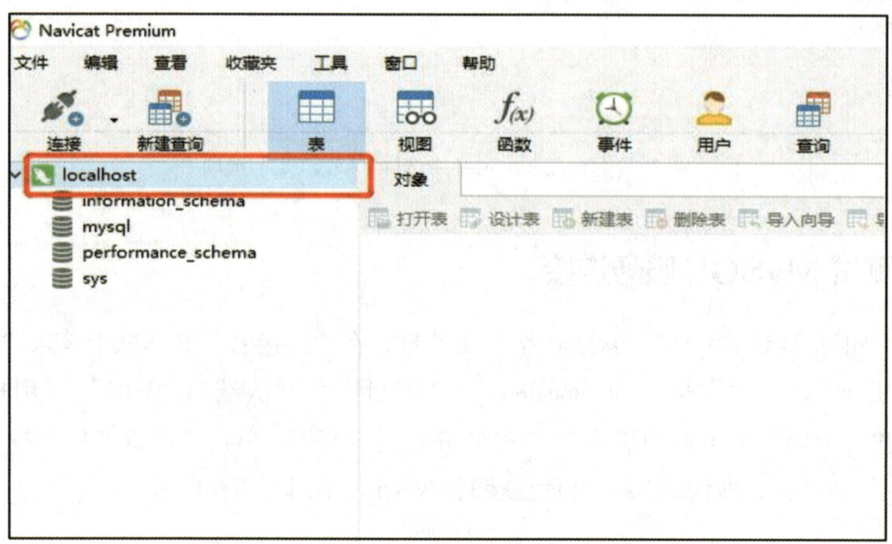

图 1-7-10 打开连接显示

6. 使用 Navicat 管理数据库

连接成功后，用户可以在左侧的数据库列表中找到目标数据库，并展开查看其中的表。以表“tb_student”为例，单击选中“tb_student”列表，其效果如图 1-7-11 所示。

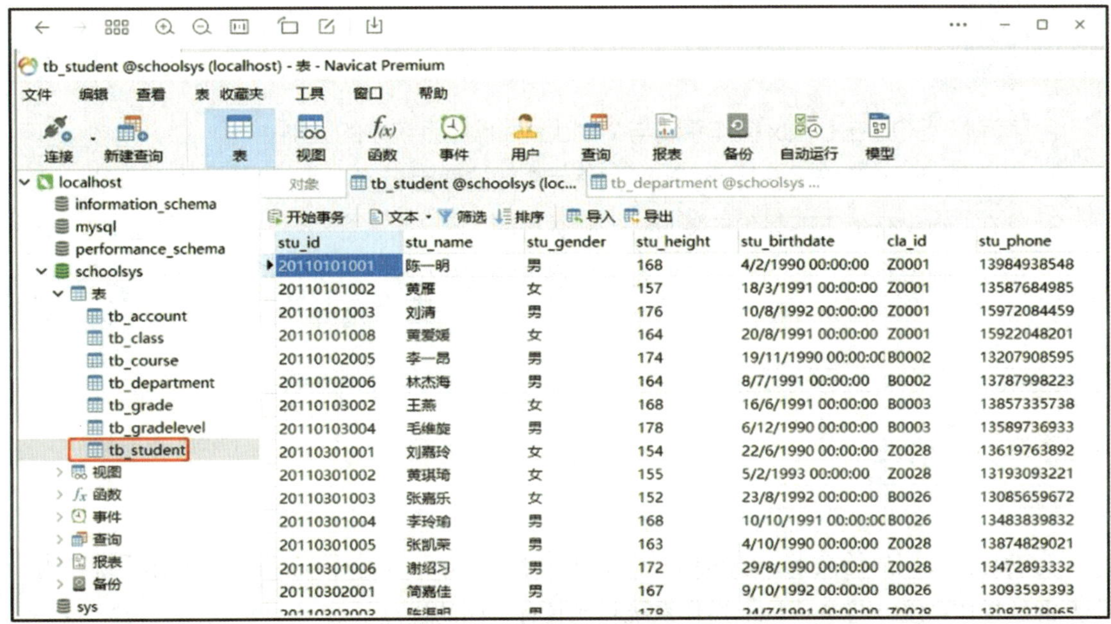

图 1-7-11　使用 Navicat 对 MySQL 数据库进行管理

1. 下载一个适合自己的 MySQL 可视化管理工具并安装。
2. 简述使用 MySQL 可视化管理工具的原因。

任务 8 在 Linux 环境下安装 MySQL 数据库

学习目标

1. 了解 MySQL 在 Linux 操作系统与 Windows 操作系统中的区别。
2. 了解在 Linux 环境下安装 MySQL 数据库失败的原因。
3. 能在 Linux 环境下下载和安装 MySQL 数据库。
4. 能在 Linux 环境下检测 MySQL 数据库是否安装成功。

任务描述

为满足广大用户的需求，MySQL 社区版也兼容了 Linux 操作系统。Linux 操作系统作为一个开源的操作系统，与 Windows 操作系统相比具有自己的优点。

本任务要求通过各种命令在 CentOS7 操作系统下进行 MySQL 安装操作，安装完成后能正常登录 MySQL 即表示安装成功，效果如图 1-8-1 所示。

```
[root@localhost ~]# mysql -uroot -p
Enter password:
Welcome to the MySQL monitor.  Commands end with ; or \g.
Your MySQL connection id is 37
Server version: 8.0.35 MySQL Community Server - GPL

Copyright (c) 2000, 2023, Oracle and/or its affiliates.

Oracle is a registered trademark of Oracle Corporation and/or its
affiliates. Other names may be trademarks of their respective
owners.

Type 'help;' or '\h' for help. Type '\c' to clear the current input statement.

mysql> show databases;
+--------------------+
| Database           |
+--------------------+
| information_schema |
| mysql              |
| performance_schema |
| sys                |
+--------------------+
4 rows in set (0.00 sec)

mysql> 
```

图 1-8-1 登录 MySQL 并查看数据库

一、MySQL 在 Linux 操作系统与 Windows 操作系统中的区别

MySQL 在 Windows 操作系统和 Linux 操作系统中的区别主要在于安装方式、配置管理、性能表现等方面。例如，Linux 操作系统具备更好的性能和更高的稳定性，而 Windows 操作系统则更侧重于易用性和图形化界面。此外，Linux 操作系统对文件和命令大小写敏感，而 Windows 操作系统则不区分大小写。在使用 MySQL 时，需要根据具体情况选择合适的操作系统，以便更好地发挥 MySQL 的性能。

二、Linux 操作系统下的常用工具

1. yum 工具

yum 也被称为包管理器，主要用来解决下载、依赖关系、安装、卸载这 4 种问题。

Linux 操作系统下载软件的方式有三种：源码安装包、RPM 安装包、yum 安装包。在 Linux 操作系统中有一个 yum 软件服务器，上面有 Linux 需要的各种软件包，可以使用 yum 命令在该软件服务器下载所需要的软件，然后在本地进行安装。

综上所述，yum 是一个客户端软件，用来帮助用户在远端服务器上下载对应的软件包，并解决用户在本地计算机上的安装问题。

2. Wget 工具

Wget 是用于网络下载的命令行工具，支持 HTTP、HTTPS 以及 FTP 协议，适合批量下载或在无图形界面环境中使用。

在本任务中，通过使用 Wget 工具的相关命令可以下载 MySQL 的 RPM 安装包。

三、在 Linux 环境下 MySQL 安装失败的原因

1. yum 源权限或配置问题

在使用 yum 工具下载 MySQL 时，如果 yum 源列表中不包含对应版本的 MySQL 选项，则会安装失败。这时需要使用如下命令安装 MySQL 的 yum 安装包。

```
sudo rpm -Uvh RPM 安装包
```

添加权限后使用如下命令再次查看 yum 源列表。

```
ls /etc/yum.repos.d/ -l
```

2. 密钥验证失败（公钥尚未安装）

对于此问题可以参考 MySQL 官网。

使用如下代码，先检查包的签名。

```
rpm --checksig package_name.rpm
```

导入 MySQLpublickey 放入 RPM 密钥环中，首先获取密钥，然后使用如下命令导入密钥。

```
$> gpg --export -a 3a79bd29 > 3a79bd29.asc
$> rpm --import 3a79bd29.asc
```

3. 密码错误问题

在 Linux 环境下使用 yum 安装 MySQL 数据库会初始化 root 用户的密码，初始化密码存储在 /var/log/mysqld.log 文件中。可以使用如下命令获取密码。

```
grep 'password' /var/log/mysqld.log
```

提示

密码为冒号后面的所有字符。

1. 打开终端，登录 root 用户

在 CentOS7 中的桌面上单击鼠标右键，在弹出的快捷菜单中选择“打开终端”选项，在打开的终端窗口中输入命令“su –”后输入密码，按 Enter 键确认即可登录，效果如图 1–8–2 所示。

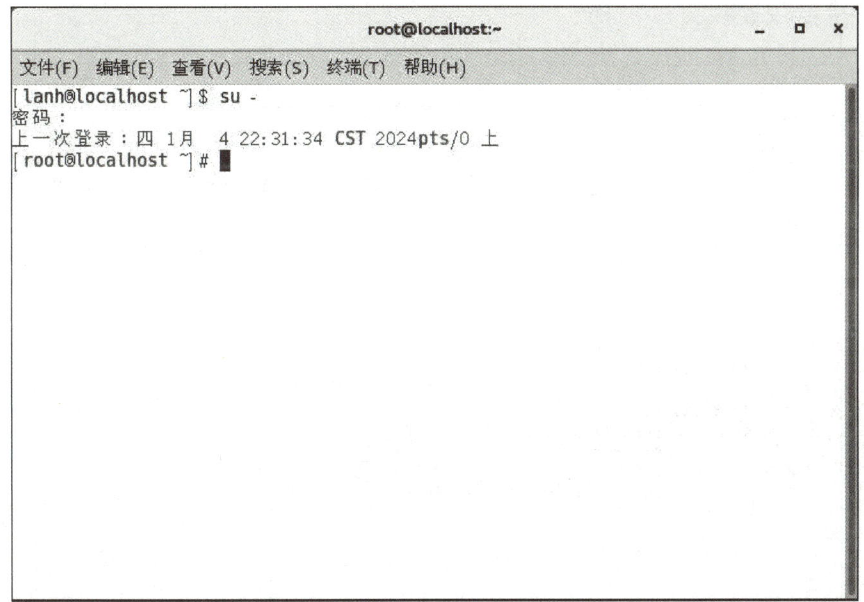

图 1–8–2　root 用户终端窗口

2. 清理其余冲突软件

在 Linux 环境中安装 MySQL 需要先清理旧版本 MySQL 以及 MariaDB 数据库软件。在终端中输入如下命令，可以查看 MySQL 以及 MariaDB 是否存在。

```
rpm –qa | grep mysql
rpm –qa | grep mariadb
```

运行效果如图 1–8–3 所示，由图 1–8–3 可见，该 CentOS7 系统中未安装 MySQL，但已安装 MariaDB 软件。

```
[root@localhost ~]# rpm -qa | grep mysql
[root@localhost ~]#
[root@localhost ~]# rpm -qa | grep mariadb
mariadb-libs-5.5.56-2.el7.x86_64
```

图1-8-3　查找软件

输入如下命令可卸载存在的 MariaDB 软件。

```
rpm –qa | grep mariadb | xargs yum remove –y
```

运行上述命令，执行效果如图 1-8-4 所示。

```
依赖关系解决

================================================================================
 Package           架构         版本                 源               大小
================================================================================
正在删除:
 mariadb-libs      x86_64       1:5.5.56-2.el7       @anaconda        4.4 M
为依赖而移除:
 postfix           x86_64       2:2.10.1-6.el7       @anaconda         12 M

事务概要
================================================================================
移除  1 软件包 (+1 依赖软件包)

安装大小：17 M
Downloading packages:
Running transaction check
Running transaction test
Transaction test succeeded
Running transaction
  正在删除      : 2:postfix-2.10.1-6.el7.x86_64                              1/2
  正在删除      : 1:mariadb-libs-5.5.56-2.el7.x86_64                         2/2
  验证中        : 1:mariadb-libs-5.5.56-2.el7.x86_64
  验证中        : 2:postfix-2.10.1-6.el7.x86_64

删除:
  mariadb-libs.x86_64 1:5.5.56-2.el7

作为依赖被删除:
  postfix.x86_64 2:2.10.1-6.el7

完毕！
```

图1-8-4　卸载多余的 MariaDB 软件

再次使用查找命令，如果没有信息返回则表示清理完成。

3. 安装 Wget 工具，下载 MySQL 的 RPM 安装包

下载 MySQL 的 RPM 安装包需要用到 Wget 工具，在使用前应先安装该工具。使用如下命令可使用 yum 源安装 Wget 工具。

```
yum install wget
```

运行上述命令，提示“完毕！”证明 Wget 工具安装成功，执行效果如图 1-8-5 所示。

```
依赖关系解决

 Package                    架构                      版本                          源                    大小
正在更新:
 wget                       x86_64                    1.14-18.el7_6.1               base                  547 k

事务概要

升级  1 软件包

总下载量：547 k
Is this ok [y/d/N]: y
Downloading packages:
No Presto metadata available for base
警告：/var/cache/yum/x86_64/7/base/packages/wget-1.14-18.el7_6.1.x86_64.rpm: 头V3 RSA/SHA256 Signature, 密钥 ID f4a80eb5: NOKEY==========    ] 105 kB/s | 505 kB  00:00:00 ETA
wget-1.14-18.el7_6.1.x86_64.rpm 的公钥尚未安装
wget-1.14-18.el7_6.1.x86_64.rpm                                                                                   | 547 kB  00:00:03
从 file:///etc/pki/rpm-gpg/RPM-GPG-KEY-CentOS-7 检索密钥
导入 GPG key 0xF4A80EB5:
 用户ID     : "CentOS-7 Key (CentOS 7 Official Signing Key) <security@centos.org>"
 指纹       : 6341 ab27 53d7 8a78 a7c2 7bb1 24c6 a8a7 f4a8 0eb5
 软件包     : centos-release-7-4.1708.el7.centos.x86_64 (@anaconda)
 来自       : /etc/pki/rpm-gpg/RPM-GPG-KEY-CentOS-7
是否继续？[y/N]：y
Running transaction check
Running transaction test
Transaction test succeeded
Running transaction
  正在更新    : wget-1.14-18.el7_6.1.x86_64                                                                          1/2
  清理        : wget-1.14-15.el7.x86_64                                                                              2/2
  验证中      : wget-1.14-18.el7_6.1.x86_64                                                                          1/2
  验证中      : wget-1.14-15.el7.x86_64                                                                              2/2

更新完毕:
  wget.x86_64 0:1.14-18.el7_6.1

完毕！
```

图 1-8-5　安装 Wget 工具

成功安装 Wget 工具后，可以通过命令“cat/proc/version”查看此操作系统的版本。输入如下命令，使用 Wget 工具下载对应版本的 MySQL 的 RPM 包，执行效果如图 1-8-6 所示，提示“已保存”证明下载成功。

```
sudo wget
https://dev.mysql.com/get/mysql80-community-release-el7-3.noarch.rpm
```

```
[root@localhost ~]# sudo wget https://dev.mysql.com/get/mysql80-community-release-el7-3.noarch.rpm
--2024-01-06 04:32:09--  https://dev.mysql.com/get/mysql80-community-release-el7-3.noarch.rpm
正在解析主机 dev.mysql.com (dev.mysql.com)... 69.192.12.46, 2600:1406:3c:4a2::2e31, 2600:1406:3c:481::2e31
正在连接 dev.mysql.com (dev.mysql.com)|69.192.12.46|:443... 已连接。
已发出 HTTP 请求，正在等待回应... 302 Moved Temporarily
位置：https://repo.mysql.com//mysql80-community-release-el7-3.noarch.rpm [跟随至新的 URL]
--2024-01-06 04:32:10--  https://repo.mysql.com//mysql80-community-release-el7-3.noarch.rpm
正在解析主机 repo.mysql.com (repo.mysql.com)... 23.197.57.72, 2600:1406:40:4a4::1d68, 2600:1406:40:495::1d68
正在连接 repo.mysql.com (repo.mysql.com)|23.197.57.72|:443... 已连接。
已发出 HTTP 请求，正在等待回应... 200 OK
长度：26024 (25K) [application/x-redhat-package-manager]
正在保存至: "mysql80-community-release-el7-3.noarch.rpm"

100%[=====================================================================>] 26,024      --.-K/s 用时 0.09s

2024-01-06 04:32:10 (291 KB/s) - 已保存 "mysql80-community-release-el7-3.noarch.rpm" [26024/26024])
```

图 1-8-6　下载 MySQL 安装包

或者可以在 MySQL 官网下载，地址为 https://dev.mysql.com/downloads/repo/yum/，下载对应版本的 MySQL。

4. 检测并更新 yum 源列表

在安装 MySQL 前需要查看 yum 列表是否存在 MySQL 选项，通过命令“ls /etc/yum.repos.d/ –l”，

如图 1-8-7 所示，可以查看当前 yum 源列表，若发现当前列表不存在 MySQL，表示当前状态下无法对 MySQL 进行安装。

```
[root@localhost ~]# ls /etc/yum.repos.d/ -l
总用量 28
-rw-r--r--. 1 root root 1664 8月  30 2017 CentOS-Base.repo
-rw-r--r--. 1 root root 1309 8月  30 2017 CentOS-CR.repo
-rw-r--r--. 1 root root  649 8月  30 2017 CentOS-Debuginfo.repo
-rw-r--r--. 1 root root  314 8月  30 2017 CentOS-fasttrack.repo
-rw-r--r--. 1 root root  630 8月  30 2017 CentOS-Media.repo
-rw-r--r--. 1 root root 1331 8月  30 2017 CentOS-Sources.repo
-rw-r--r--. 1 root root 3830 8月  30 2017 CentOS-Vault.repo
```

图 1-8-7　当前 yum 源列表

输入如下命令进行 yum 源安装。

```
sudo rpm -Uvh mysql80 -community -release -el7 -3.noarch.rpm
```

运行上述命令，若进度条达到 100% 且无报错证明安装完成，再次使用查看命令，查看当前 yum 源列表，若包含 MySQL 选项则说明能执行 MySQL 的安装。执行效果如图 1-8-8 所示。

```
[root@localhost ~]# sudo rpm -Uvh mysql80-community-release-el7-3.noarch.rpm
警告：mysql80-community-release-el7-3.noarch.rpm: 头V3 DSA/SHA1 Signature, 密钥 ID 5072e1f5: NOKEY
准备中...                          ################################# [100%]
正在升级/安装...
   1:mysql80-community-release-el7-3 ################################# [100%]
[root@localhost ~]# ls /etc/yum.repos.d/ -l
总用量 36
-rw-r--r--. 1 root root 1664 8月  30 2017 CentOS-Base.repo
-rw-r--r--. 1 root root 1309 8月  30 2017 CentOS-CR.repo
-rw-r--r--. 1 root root  649 8月  30 2017 CentOS-Debuginfo.repo
-rw-r--r--. 1 root root  314 8月  30 2017 CentOS-fasttrack.repo
-rw-r--r--. 1 root root  630 8月  30 2017 CentOS-Media.repo
-rw-r--r--. 1 root root 1331 8月  30 2017 CentOS-Sources.repo
-rw-r--r--. 1 root root 3830 8月  30 2017 CentOS-Vault.repo
-rw-r--r--. 1 root root 2076 4月  25 2019 mysql-community.repo
-rw-r--r--. 1 root root 2108 4月  25 2019 mysql-community-source.repo
```

图 1-8-8　yum 源安装包安装成功

5. 安装 MySQL

上述步骤顺利执行后，可以进行 MySQL 安装操作。使用 yum 工具输入如下命令安装 MySQL。

```
sudo yum install mysql -server
```

当所有安装完成且无报错时，安装页面中提示“完毕！”即表示 MySQL 安装完成，效果如图 1-8-9 所示。

```
  正在安装    : mysql-community-common-8.0.35-1.el7.x86_64                       1/10
  正在安装    : mysql-community-client-plugins-8.0.35-1.el7.x86_64               2/10
  正在安装    : mysql-community-libs-8.0.35-1.el7.x86_64                         3/10
  正在安装    : mysql-community-client-8.0.35-1.el7.x86_64                       4/10
  正在安装    : mysql-community-libs-compat-8.0.35-1.el7.x86_64                  5/10
  正在安装    : mysql-community-icu-data-files-8.0.35-1.el7.x86_64               6/10
  正在安装    : mysql-community-server-8.0.35-1.el7.x86_64                       7/10
  正在更新    : 2:postfix-2.10.1-9.el7.x86_64                                    8/10
  清理        : 2:postfix-2.10.1-6.el7.x86_64                                    9/10
  正在删除    : 1:mariadb-libs-5.5.56-2.el7.x86_64                              10/10
  验证中      : mysql-community-client-plugins-8.0.35-1.el7.x86_64               1/10
  验证中      : mysql-community-common-8.0.35-1.el7.x86_64                       2/10
  验证中      : mysql-community-icu-data-files-8.0.35-1.el7.x86_64               3/10
  验证中      : 2:postfix-2.10.1-9.el7.x86_64                                    4/10
  验证中      : mysql-community-libs-8.0.35-1.el7.x86_64                         5/10
  验证中      : mysql-community-client-8.0.35-1.el7.x86_64                       6/10
  验证中      : mysql-community-libs-compat-8.0.35-1.el7.x86_64                  7/10
  验证中      : mysql-community-server-8.0.35-1.el7.x86_64                       8/10
  验证中      : 1:mariadb-libs-5.5.56-2.el7.x86_64                               9/10
  验证中      : 2:postfix-2.10.1-6.el7.x86_64                                   10/10

已安装:
  mysql-community-libs.x86_64 0:8.0.35-1.el7    mysql-community-libs-compat.x86_64 0:8.0.35-1.el7    mysql-community-server.x86_64 0:8.0.35-1.el7

作为依赖被安装:
  mysql-community-client.x86_64 0:8.0.35-1.el7    mysql-community-client-plugins.x86_64 0:8.0.35-1.el7    mysql-community-common.x86_64 0:8.0.35-1.el7
  mysql-community-icu-data-files.x86_64 0:8.0.35-1.el7

作为依赖被升级:
  postfix.x86_64 2:2.10.1-9.el7

替代:
  mariadb-libs.x86_64 1:5.5.56-2.el7

完毕!
```

图 1-8-9 MySQL 安装完成

6. 启动并查看 MySQL 服务

安装完成后需要能正常启动 MySQL 服务。为了便利，可以将 MySQL 服务的启动加入系统自启动环境中。输入如下命令可启动 MySQL 服务。

```
sudo systemctl start mysqld
```

按 Enter 键确认，命令无报错即可，执行效果如图 1-8-10 所示。

```
[root@localhost ~]# sudo systemctl start mysqld
[root@localhost ~]# 
```

图 1-8-10 启动 MySQL 服务

使用命令“sudo systemctl status mysqld”检查当前 MySQL 的状态，查看是否启动成功。执行结果如图 1-8-11 所示，当出现“started MySQL Server”提示信息时，表示 MySQL 服务启动成功。

```
[root@localhost ~]# sudo systemctl status mysqld
● mysqld.service - MySQL Server
   Loaded: loaded (/usr/lib/systemd/system/mysqld.service; enabled; vendor preset: disabled)
   Active: active (running) since 六 2024-01-06 05:00:27 CST; 5min ago
     Docs: man:mysqld(8)
           http://dev.mysql.com/doc/refman/en/using-systemd.html
  Process: 4039 ExecStartPre=/usr/bin/mysqld_pre_systemd (code=exited, status=0/SUCCESS)
 Main PID: 4138 (mysqld)
   Status: "Server is operational"
   CGroup: /system.slice/mysqld.service
           └─4138 /usr/sbin/mysqld

1月 06 04:59:56 localhost.localdomain systemd[1]: Starting MySQL Server...
1月 06 05:00:27 localhost.localdomain systemd[1]: Started MySQL Server.
```

图 1-8-11 MySQL 状态

7. 修改初始密码

在 MySQL 安装成功且服务器启动完成后，需要查找安装 MySQL 时初始化的密码，该密码是按照 MySQL 密码规则随机生成的，可以在 /var/log/mysqld.log 文件中查找，也可以通过如下命令查找。

```
grep 'password' /var/log/mysqld.log
```

按 Enter 键确认，返回相关信息。执行效果如图 1-8-12 所示。

```
[root@localhost ~]# grep 'password' /var/log/mysqld.log
2024-01-05T21:00:13.804351Z 6 [Note] [MY-010454] [Server] A temporary password is generated for root@localhost: D+B4gTIfj_LN
```

图 1-8-12 查看 MySQL 初始密码

需要注意的是，冒号后的所有字符都属于密码，要及时记录并修改。在终端输入如下命令修改密码。

```
sudo mysql_secure_installation
```

执行命令后，如图 1-8-13 所示，提示输入当前密码后才允许修改。

```
[root@localhost ~]# sudo mysql_secure_installation

Securing the MySQL server deployment.

Enter password for user root:

The existing password for the user account root has expired. Please set a new password.

New password: 
```

图 1-8-13 修改 MySQL 密码

当用户输入新密码后，MySQL 将提供进一步的设置，如图 1-8-14 所示。

用户可以根据个人需要对这些设置进行是（Y）或否（N）的选择。当 MySQL 的相关设置完成后提示“All done！”表示完成了此步骤。

8. 登录并检验 MySQL

完成以上步骤后可以正式登录 MySQL。使用如下命令可登录 MySQL。

```
mysql -uroot -p
```

```
Estimated strength of the password: 100
Do you wish to continue with the password provided?(Press y|Y for Yes, any other key for No) : y
By default, a MySQL installation has an anonymous user,
allowing anyone to log into MySQL without having to have
a user account created for them. This is intended only for
testing, and to make the installation go a bit smoother.
You should remove them before moving into a production
environment.

Remove anonymous users? (Press y|Y for Yes, any other key for No) : y
Success.


Normally, root should only be allowed to connect from
'localhost'. This ensures that someone cannot guess at
the root password from the network.

Disallow root login remotely? (Press y|Y for Yes, any other key for No) : n

 ... skipping.
By default, MySQL comes with a database named 'test' that
anyone can access. This is also intended only for testing,
and should be removed before moving into a production
environment.


Remove test database and access to it? (Press y|Y for Yes, any other key for No) : y
 - Dropping test database...
Success.

 - Removing privileges on test database...
Success.

Reloading the privilege tables will ensure that all changes
made so far will take effect immediately.

Reload privilege tables now? (Press y|Y for Yes, any other key for No) : y
Success.

All done!
```

图 1-8-14　MySQL 的相关设置

执行命令后，输入修改后的 MySQL 密码，如图 1-8-15 所示，表示成功登录 MySQL。

```
[root@localhost ~]# mysql -uroot -p
Enter password:
Welcome to the MySQL monitor.  Commands end with ; or \g.
Your MySQL connection id is 11
Server version: 8.0.35 MySQL Community Server - GPL

Copyright (c) 2000, 2023, Oracle and/or its affiliates.

Oracle is a registered trademark of Oracle Corporation and/or its
affiliates. Other names may be trademarks of their respective
owners.

Type 'help;' or '\h' for help. Type '\c' to clear the current input statement.

mysql> 
```

图 1-8-15　登录 MySQL

在 MySQL 中使用查看数据库命令“show databases;”，执行结果如图 1-8-1 所示，可返回相关信息证明 MySQL 能正常使用。

1. 在 CentOS7 中下载并安装 MySQL 社区版的最新版本。
2. 简述在 CentOS7 环境下 MySQL 安装失败的原因。

项目二　数据库管理

数据库是一个用于存储和管理数据的结构化集合，可以是一张简单的电子表格，也可以是一个复杂的关系型数据库系统。数据库管理是指对数据库进行有效的组织、存储、检索和维护的过程。在当今的信息化时代，数据库管理在各个领域都扮演着重要的角色。

本项目包括“创建与使用数据库”“修改与删除数据库”两个任务，通过完成任务实例来掌握数据库管理操作，为后续数据表及其他数据对象的操作打下基础。

任务 1　创建与使用数据库

学习目标

1. 了解 SQL 的基本知识。
2. 了解运算符的基本知识。
3. 掌握数据库创建操作。
4. 能查看数据库信息。

任务描述

创建与使用数据库是管理数据库的关键。不同的数据库可以存放不同类型的数据，它们可以有效地组织、存储、检索和管理数据，提高数据访问、分析和应用开发的效率。

本任务要求使用 Navicat，创建数据库“schoolsys”并修改数据库“schoolsys”的字符集格式，效果如图 2-1-1 所示。

```
1 ALTER DATABASE schoolsys CHARACTER SET 'gbk';
```

信息 摘要 剖析 状态

查询	信息
ALTER DATABASE schoolsys CHARACTER SET 'gbk'	OK

图 2-1-1　修改数据库“schoolsys”的字符集

一、SQL

1. SQL 的概念

结构化查询语言（structured query language，简称 SQL）是一种用于管理关系型数据库的标准化查询语言。它具有一系列的规则和规范，用于定义 SQL 语句的结构和语法，以确保数据库操作的一致性和准确性。

2. SQL 的分类

（1）数据查询语言

数据查询语言（data query language，简称 DQL）用于从数据库中检索数据。最常用的 DQL 语句是 SELECT，它允许用户指定要查询的列、表和筛选条件，以获取满足条件的数据。

（2）数据操作语言

数据操作语言（data manipulation language，简称 DML）用于对数据库中的数据进行操作，包括插入、更新和删除数据。常见的 DML 语句有 INSERT 语句、UPDATE 语句和 DELETE 语句，分别用于插入新数据、更新现有数据和删除数据。

（3）数据定义语言

数据定义语言（data definition language，简称 DDL）用于定义数据库的结构和模式，包括创建、修改和删除表格、视图、索引及其他数据对象。常见的 DDL 语句有 CREATE 语句、ALTER 语句和 DROP 语句，分别用于创建、修改和删除数据对象。

（4）数据控制语言

数据控制语言（data control language，简称 DCL）用于授权和进行权限管理，控制用户对数据对象的访问权限和操作权限。常见的 DCL 语句有 GRANT 语句和 REVOKE 语句，分别用于授予和撤销用户的权限。

（5）事务控制语言

事务控制语言（transaction control language，简称 TCL）用于管理数据库的事务，确保事务的原子性、一致性、隔离性和持久性。常见的 TCL 语句有 COMMIT 语句、ROLLBACK 语句和 SAVEPOINT 语句，分别用于提交事务、回滚事务和设置保存点。

3. SQL 的书写标准

（1）关键字和函数名

SQL 不区分大小写，但一般约定关键字使用大写英文字母，表名、列名、变量名等标识符使用小写英文字母。

（2）缩进和格式化

使用合适的缩进和格式化来分隔不同的 SQL 语句部分，使其易于阅读。对于复杂的查询，使用换行符和缩进来清晰地分隔不同的子句。

（3）表名和列名

表名和列名应具有描述性，能清楚地反映其所存储的数据。避免使用含糊或缩写的名称，可使用下画线或驼峰命名法（例如 first_name、LastName）来命名标识符。

（4）别名

对于表名、列名、计算字段等标识符，使用有意义的别名可以使查询结果更易读，并且在涉及多个表的查询语句中，别名有助于简化语句。

（5）命名约定

使用一致的命名约定，可以使代码更易于维护。例如，使用前缀“tbl_”表示表名，使用前缀“pk_”表示主键，使用前缀“fk_”表示外键等。

（6）保证安全性

在编写 SQL 查询时，要注意数据的安全性，避免直接将用户输入的数据拼接到查询中，而是使用参数化查询或转义输入数据。

（7）注释

使用注释来备注复杂的查询、特殊处理或与业务逻辑相关的信息。注释应明确、简洁，并保持与代码同步。

（8）避免使用通配符“*”

尽量避免使用语句“SELECT*”，而应明确列出需要查询的字段。这样可以确保只获取所需的数据，减少查询的开销。

二、运算符及运算符的优先级

1. 算术运算符

算术运算符用于执行基本的数学运算，如加法“+”、减法“-”、乘法“*”、除法“/”和求余“%”等。

2. 比较运算符

比较运算符用于比较两个值之间的关系，返回布尔值（True 或 False）。常见的比较运算符包括等于“=”、不等于“!=”、大于“>”、小于“<”、大于等于“>=”和小于等于“<=”。

3. 逻辑运算符

逻辑运算符用于处理逻辑表达式，操作布尔值并返回布尔结果。常见的逻辑运算符有与“and”、或“or”和非“not”。

4. 位运算符

位运算符用于对二进制数据的位进行操作。常见的位运算符包括按位与“&”、按位或“|”、按位异或“^”和按位取反“~”。

在上述各类运算符中，首先，括号具有最高优先级；其次，指数运算符、正负号运算符、乘除求余运算符具有较高的优先级；然后是加减运算符；再者是比较运算符；最后是逻辑运算符和赋值运算符。

三、查看数据库的创建信息语句

创建完数据库后，可以使用以下语句来查看创建数据库的具体信息，其语法格式如下。

```
SHOW CREATE DATABASE<数据库名称>;
```

四、修改数据库信息的语句

创建完数据库后，可以使用以下语句修改数据库的信息，其语法格式如下。

```
ALTER DATABASE <数据库名称>;
```

1. 创建数据库

打开 Navicat，连接数据库，单击“新建查询”命令，显示“无标题 - 查询”新建页。在该新建页中写入创建和使用数据库“schoolsys”的 SQL 语句如下。

```
CREATE DATABASE schoolsys;
USE schoolsys;
```

单击“运行”按钮，在“信息”选项卡中运行结果显示为“OK”，即表示创建和使用数据库成功，执行效果如图 2-1-2 所示。

```
CREATE DATABASE schoolsys;

USE schoolsys;
```

```
信息 剖析 状态
CREATE DATABASE schoolsys
> OK
> 时间: 0.002s

USE schoolsys
> OK
> 时间: 0s
```

图 2-1-2 创建和使用数据库“schoolsys”

2. 查看数据库信息

在新建页中写入查看数据库“schoolsys”创建信息的 SQL 语句如下。

```
# 查看数据库的创建信息
SHOW CREATE DATABASE schoolsys;
```

单击“运行”按钮，在“结果 1”选项卡中可查看输出结果，该数据库默认使用的是“字符集 utf8mb4”，如图 2-1-3 所示。

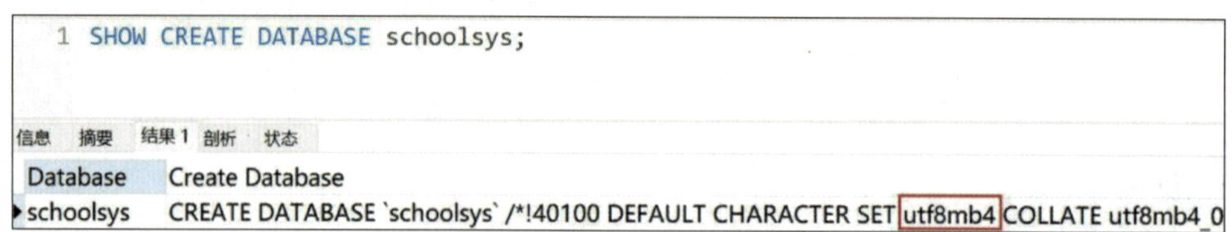

图 2-1-3 查看数据库信息

1. 在 Navicat 中创建一个名为“teachers”的数据库并修改数据库“teachers”的字符集格式信息。
2. 简述查看数据库创建信息的 SQL 语句。
3. 简述修改数据库信息的 SQL 语句。

1. 能修改数据库信息。
2. 能删除数据库。

修改与删除数据库是使用数据库中较常见的操作。不同的数据库可以在不同的计算机之间通过修改和删除的方式转移，以提高数据库数据的使用灵活性。

本任务要求使用 Navicat 修改数据库“schoolsys”后删除数据库“schoolsys”，如图 2-2-1 所示。

```
1 DROP DATABASE schoolsys;

信息　剖析　状态
DROP DATABASE schoolsys
> OK
> 时间: 0.036s
```

图 2-2-1　删除数据库成功

1. 修改数据库信息

在新建页中写入修改数据库“schoolsys”字符集格式的 SQL 语句如下。

```
# 修改数据库字符集
ALTER DATABASE schoolsys CHARACTER SET 'gbk';
```

单击“运行”按钮，在“摘要”选项卡中执行结果显示为“OK”，即修改数据库成功，执行效果如图 2-1-1 所示。

2. 删除数据库

先查看当前所有的数据库，查看当前所有数据库的 SQL 语句如下。

```
SHOW DATABASES;
```

单击“运行”按钮，在“结果 1”选项卡中显示运行结果，执行效果如图 2-2-2 所示。

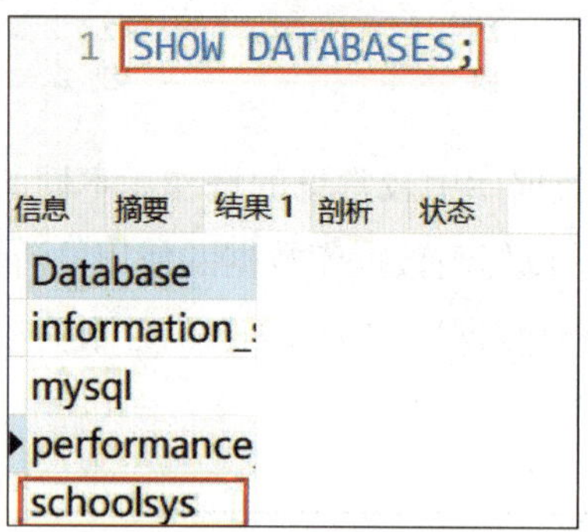

图 2-2-2 查看所有数据库

删除指定的数据库“schoolsys”的 SQL 语句如下。

```
DROP DATABASE schoolsys;
```

单击“运行”按钮，在“摘要”选项卡中运行结果显示“OK”，即成功删除数据库，执行效果如图 2-2-1 所示。

1. 在 Navicat 中删除一个名为“teachers”的数据库。
2. 简述删除数据库的 SQL 语句。

项目三　数据表管理

在数据库中，数据表是最重要、最基本的操作对象。在日常生活中，人们经常需要处理各种各样的数据，例如个人信息、业务数据、科研数据等。这些数据以结构化的方式存储在数据表中，每张数据表由行（记录）和列（字段 / 属性）组成。数据表管理涉及创建、修改、删除数据表，插入、更新、删除数据以及查询数据等操作。在日益增长的数据浪潮中，持续关注和改进数据表管理策略是每个组织都需要重视的事项。

本项目包括“设计并创建数据表”“修改数据表”“删除数据表”三个任务，通过完成任务实例来掌握数据表管理操作，可以提高数据的访问效率和查询性能，降低数据的存储成本，同时也有助于减少数据冗余和数据不一致的问题。

任务 1　设计并创建数据表

1. 了解常见的 MySQL 数据类型。
2. 了解约束的概念。
3. 掌握常见的约束。
4. 掌握创建数据表的语句。
5. 能为字段选择合适的约束和数据类型。

数据表的合理性与系统架构的严谨性紧密关联。通过合理设计和创建字段、设置数据

类型等，实现密码安全、用户管理、访问控制、审计和性能优化，以满足数据安全和应用需求。

本任务要求设计合适的用户登录表“tb_account”，并使用 Navicat 创建用户登录表，如图 3-1-1 所示。

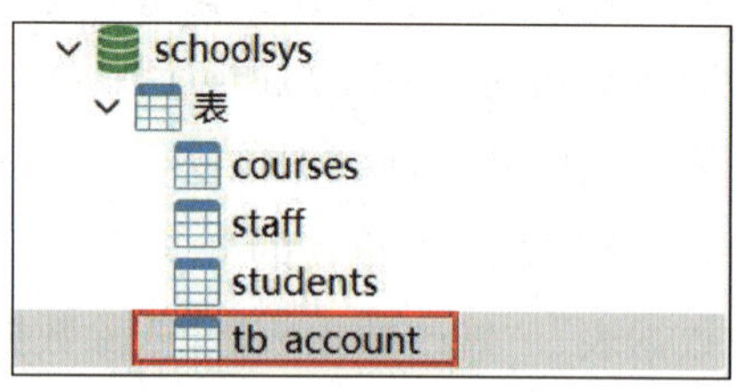

图 3-1-1　成功创建用户登录表

一、MySQL 中的数据类型

1. 整数类型

整数类型（如 INT、BIGINT、SMALLINT、TINYINT 等）用于存储整数值，可以指定有无符号和不同的取值范围，其详细信息可见表 3-1-1。

表 3-1-1　整数类型

数据类型	描述	存储范围	存储空间	适用场景
INT	默认为有符号类型，值必须是整数	-2 147 483 648 到 2 147 483 647（有符号） 0 到 4 294 967 295（无符号）	4 字节	用于存储较大整数
SMALLINT	小整数类型，用于存储较小范围的整数	-32 768 到 32 767（有符号） 0 到 65 535（无符号）	2 字节	适用于存储较小范围的整数，如计数器、状态标志等

续表

数据类型	描述	存储范围	存储空间	适用场景
TINYINT	极小整数类型，用于存储更小范围的整数	−128 到 127（有符号） 0 到 255（无符号）	1 字节	适用于节省空间的情况，如布尔类型、状态表示等
BIGINT	大整数类型，用于存储更大范围的整数	-2^{63} 到 $2^{63}-1$（有符号） 0 到 $2^{64}-1$（无符号）	8 字节	适用于存储超大整数，如订单号、用户编号等

提示

1. 各整数类型有不同的取值范围，占用的存储空间也不同，因此，应根据实际需要选择最合适的类型，这样有利于提高查询的效率和节省存储空间。

2. 整数类型都有严格的取值范围，若存储的数据超出范围，MySQL 会报错。

2. 浮点类型和定点类型

（1）浮点类型（FLOAT、DOUBLE）

浮点类型用于存储浮点数值，可分为单精度浮点型和双精度浮点型。

1）单精度浮点型（FLOAT）。单精度浮点型数据使用 32 位二进制数（4 字节）来存储，分为符号位、指数位和尾数位，能表示 6 ~ 9 位有效数字，范围和精度相对较低，适用于对精度要求不是特别高的计算场景，如一般科学计算、图形渲染等。

2）双精度浮点型（DOUBLE）。双精度浮点型数据使用 64 位二进制数（8 字节）来存储，同样分为符号位、指数位和尾数位，能表示 15 ~ 17 位有效数字，提供更高的精度和更大的数值范围，适用于对精度要求较高的计算场景，如金融计算、科学计算和工程领域等。

（2）定点类型（DECIMAL）

定点类型主要用于存储精确的小数数据，其以字符串形式保存数值，从而避免了浮点计算可能引入的误差。定点类型的数值精度由用户定义，支持的范围和精度更适合金融计算和其他需要精确计算的场景。在对精度要求极高的应用中，如货币处理、财务报表计算等，应优先选择定点类型，而非浮点类型。

提示

单精度浮点型和双精度浮点型可用于在计算机中表示实数（包括小数）。

在金融和精确计算场景下，单精度浮点型和双精度浮点型可能因二进制存储方式产生误差，建议使用定点类型以确保数据精确性。

3. 字符串类型

字符串类型（如 CHAR、VARCHAR、TEXT）用于存储文本数据，其中 CHAR 为定长字符串，VARCHAR 为变长字符串，而 TEXT 用于存储大文本数据，详细信息可见表 3-1-2。

表 3-1-2　字符串类型

数据类型	描述	存储范围	存储空间	适用场景
CHAR（size）	定长字符串，长度为size，不足时会用空格填充	小于等于 255 字节	255 个字节	适用于长度固定的文本数据，如邮政编码、国家代码等
VARCHAR（size）	可变长度字符串，最大长度为 65 535 字节	小于等于 65 535 字节	65 535 字节	适用于存储变长文本数据，如用户名、标题等
TEXT	大文本类型，用于存储较大的字符串数据	小于等于 65 535 字节	65 535 字节	适用于存储大段文本，如文章内容、评论等

提示

TEXT 类型可分为 4 种，分别为 TINYTEXT、TEXT、MEPIUMTEXT 和 LONGTEXT，对应的存储范围各不相同。

4. 日期与时间类型

日期与时间类型（如 DATE、TIME、DATETIME、TIMESTAMP）用于存储日期与时间数据，其中 DATE 表示日期，TIME 表示时间，DATETIME 表示日期时间，TIMESTAMP 表示时间戳，详细信息可见表 3-1-3。

表 3-1-3　日期与时间类型

数据类型	描述	存储范围	存储空间	适用场景
DATE	日期类型，用于存储日期（年、月、日）	1000-01-01 到 9999-12-31	3 字节	适用于存储日期，如生日、发布日期等

续表

数据类型	描述	存储范围	存储空间	适用场景
TIME	时间类型，用于存储时间（时、分、秒）	'-838:59:59' 到 '838:59:59'	3 字节	适用于存储时间，如事件发生时间、持续时间等
DATETIME	日期时间类型，用于存储日期和时间	1000-01-01 00:00:00 到 9999-12-31 23:59:59	8 字节	适用于存储同时包含日期和时间的值，如订单创建时间、日志记录时间等
TIMESTAMP	时间戳类型，用于存储时间戳，记录时间的整数值	1970-01-01 00:00:01 到 2038-01-19 03:14:07（依赖于具体数据库实现）	4 字节	适用于存储时间戳，如记录数据更新时间等

提示

数据类型 DATETIME 和 TIMESTAMP 都用于记录日期和时间信息，但两者除存储范围和存储空间不同之外，DATETIME 保留原始的日期和时间信息，不支持时区转换，而 TIMESTAMP 支持时区转换，能自动更新且更精确（可精确至微秒级别）。

5. 二进制类型

二进制类型（如 BIT、BINARY、VARBINARY、BLOB、MEDIUMBLOB、LONGBLOB、TINYBLOB、RAW）用于存储二进制数据，如图像、音频等，详细信息可见表 3-1-4。

表 3-1-4　二进制类型

数据类型	描述	存储范围	存储空间	适用场景
BIT	位数据类型，用于存储指定长度的位数据	取决于指定的位数	固定长度，取决于指定的位数	适用于存储布尔值或简单的标志位
BINARY	固定长度的二进制数据类型	最大长度为 255 个字节	固定长度，取决于指定的字节数	存储长度固定的二进制数据，如哈希值、加密数据等
VARBINARY	可变长度的二进制数据类型	最大长度通常为 65 535 个字节	长度可变，取决于数据的实际长度	存储长度可变的二进制数据，如小型图片、音频片段等

续表

数据类型	描述	存储范围	存储空间	适用场景
BLOB	二进制大对象类型	最大长度为 65 535 个字节（MEDIUMBLOB 和 LONGBLOB 可以更长）	长度可变，取决于数据的实际长度	存储大型二进制数据，适用于图片库、多媒体文件存储等
MEDIUMBLOB	中等大小的二进制大对象类型	最大长度通常为 16 MB ~ 2 GB	长度可变，取决于数据的实际长度	存储中等大小的二进制数据，适用于中等大小的图像、音频等
LONGBLOB	长二进制大对象类型	最大长度通常为 4 GB	长度可变，取决于数据的实际长度	存储非常大的二进制数据，适用于大型文件存储、大尺寸文档存储等
TINYBLOB	极小二进制大对象类型	最大长度通常为 255 个字节	长度可变，取决于数据的实际长度	存储极小的二进制数据，适用于小图片、图标等
RAW	原始二进制数据类型	最大长度取决于数据库管理系统	长度可变，取决于数据的实际长度	存储非文本的原始数据，适用于特殊需求，如数据库内部数据结构的存储

提示

1. BLOB 为二进制字符类型，TEXT 为非二进制字符类型，二者均可存储大容量数据。
2. BLOB 主要存储图片、音频信息等，而 TEXT 只能存储纯文本文件。

二、约束

1. 约束的概念

约束用于规定数据表中数据的一些限制和规则。它们定义了对表中数据的有效性和完整性要求，确保数据的一致性和正确性。当试图插入、更新或删除数据时，数据库管理系统会自动检查这些约束，并确保数据操作符合这些约束定义的规则。例如创建一个学生表“students”，为数据表中的字段“student_id”添加主键约束，这样可以保证每名学生都有唯一的标识。当向 student_id 字段插入重复值或 NULL 值时则报错，具体报错信息如图 3-1-2 所示。

```
信息  状态
INSERT INTO students (student_id, first_name, last_name,age, enrollment_date)
VALUES (102, 'Bob', 'bob',16, '2023-08-02')
> 1062 - Duplicate entry '102' for key 'PRIMARY'
> 时间: 0s
```

图 3-1-2 违反主键约束的报错信息

2. 常见的约束

（1）主键约束

主键约束用于唯一标识表中的每一行数据，要求主键列的值不重复且不能为空。一个数据表只能有一个主键，且主键列的值在表中必须唯一，以方便快速地检索数据。

（2）唯一约束

唯一约束要求某列的值在整个数据表中保持唯一，但允许为空值。一个数据表可以有多个唯一约束，每个唯一约束字段可以有多个 NULL 值。

（3）非空约束

非空约束规定某列的值不能为 NULL，即该列必须始终包含有效的数据。

（4）默认值约束

默认值约束用于规定没有给某列赋值时的默认值。通过默认值约束，可提高数据管理的效率。

（5）检查约束

检查约束用于规定某列的值必须满足特定的条件或范围。通过检查约束，可以限制某列的取值范围。

（6）外键约束

外键约束用于关联两个数据表，确保在一个表中的列值必须存在于另一个表的主键列中。外键约束实现了表与表之间的数据一致性。

三、创建数据表

1. 使用 SQL 语句创建数据表

使用如下 CREATE 语句创建数据表。

```
CREATE TABLE <表名>(
<字段 1> 数据类型 [约束条件],
<字段 2> 数据类型 [约束条件],
...
<字段 N> 数据类型 [约束条件]
);
```

【案例 3-1-1】创建工作人员表

打开 Navicat，连接数据库。如图 3-1-3 所示，在左侧列表中选择目标数据库“schoolsys”，接着在主工具栏中单击“查询”按钮，然后单击对象列表工具栏中的“新建查询”按钮。

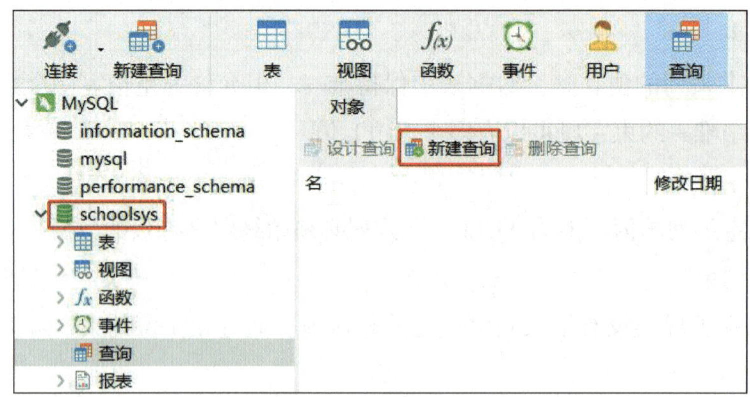

图 3-1-3　新建查询

在查询页面中使用 CREATE 语句创建工作人员表“staff”。staff 表中包含编号 staff_id、名字 first_name、姓氏 last_name、职位 job_title、部门 department、入职日期 hire_date 和薪资 salary 字段，并将编号 staff_id 设置为主键，将名字 first_name、姓氏 last_name 设置为非空约束，输入如下 SQL 语句。

```
CREATE TABLE staff(
    staff_id INT PRIMARY KEY,
    first_name VARCHAR(50) NOT NULL,
    last_name VARCHAR(50) NOT NULL,
    job_title VARCHAR(100),
    department VARCHAR(100),
```

```
    hire_date DATE,
    salary DECIMAL(10,2)
);
```

确认语法无误后，单击“运行”按钮，执行上述代码，在“信息”选项卡中显示“OK”表示该代码执行成功，结果如图 3-1-4 所示。

在数据库“schoolsys”的“表”上单击鼠标右键，在弹出的快捷菜单中选择“刷新”选项，此时数据库“schoolsys”中的“表”列表下新增数据表“staff”，则表示数据表创建成功，创建结果如图 3-1-5 所示。

```
CREATE TABLE staff(
  staff_id INT PRIMARY KEY,
  first_name VARCHAR(50) NOT NULL,
  last_name VARCHAR(50) NOT NULL,
  job_title VARCHAR(100),
  department VARCHAR(100),
  hire_date DATE,
  salary DECIMAL(10,2)
);
```

```
信息  剖析  状态
CREATE TABLE staff(
        staff_id INT PRIMARY KEY,
        first_name VARCHAR(50) NOT NULL,
        last_name VARCHAR(50) NOT NULL,
        job_title VARCHAR(100),
        department VARCHAR(100),
        hire_date DATE,
        salary DECIMAL(10,2)
)
> OK
> 时间: 0.009s
```

图 3-1-4　代码执行成功

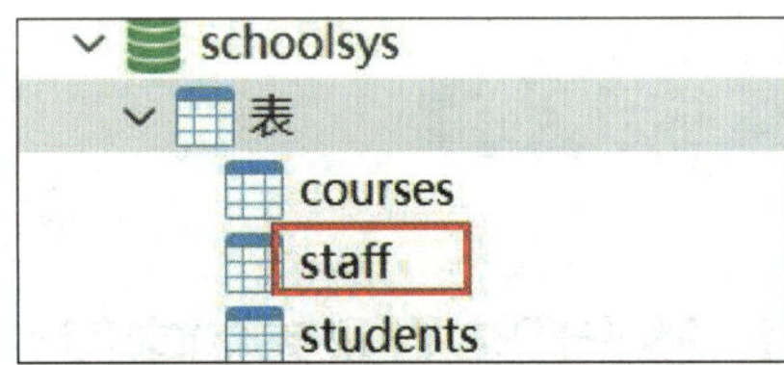

图 3-1-5　成功创建工作人员表

2. 使用 Navicat 创建数据表

打开 Navicat，连接数据库，在数据库“schoolsys”的“表”上单击鼠标右键，在弹出的快捷菜单中选择“新建表”选项，在弹出的页面中可进行创建数据表的操作，设置数据表字段如图 3-1-6 所示。

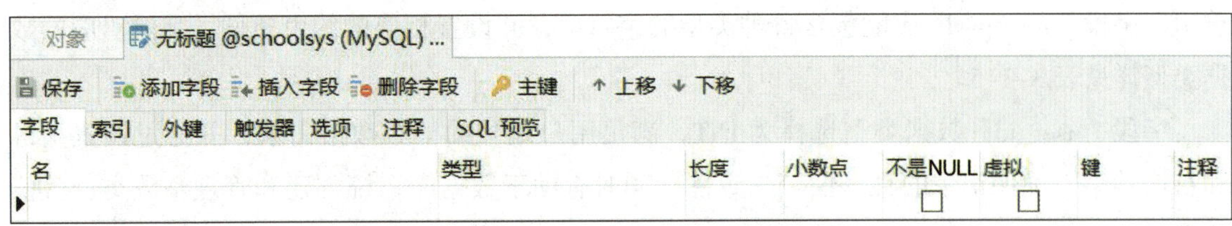

图 3-1-6　设置数据表字段

在该页面中，每一行表示一个字段，其中，在“名”列中可输入字段名称，在“类型”列中可选择或输入字段的数据类型，在“长度”列可选择字段的长度，在“小数点”列可输入精度，在“不是 NULL”列可设置是否允许为空（即非空约束），“虚拟”列表示是否为该字段创建虚拟列以提高索引效率，“键”列可选择该字段的主键或外键约束，“注释”列可为该字段增加注释。

设置完字段后，单击对象列表工具栏中的“保存”按钮，弹出图 3-1-7 所示的“表名”对话框，输入数据表的名称后单击“确定”按钮即可完成数据表的创建。

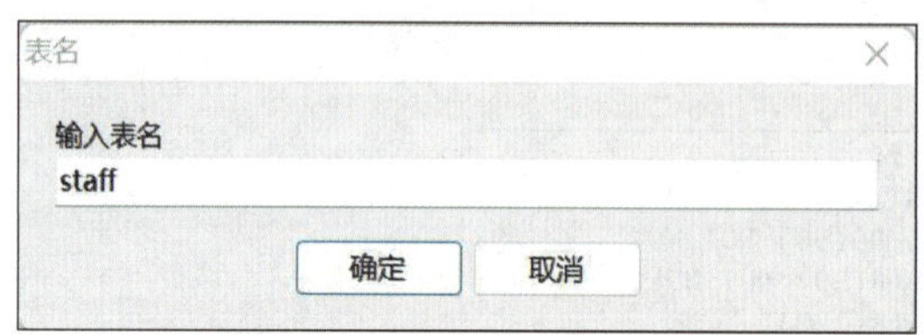

图 3-1-7 “表名”对话框

1. 确定用户登录表的字段

分析用户登录表的需求，该数据表能记录用户的用户编号、用户姓名和用户密码。

根据分析确定字段为“user_id”（用户编号）、“user_name”（用户姓名）、“user_pwd”（用户密码）。

2. 分析字段对应的数据类型

根据上述分析，字段“user_id”的值应默认为整数数值，字段“user_name”应含有中文字符串，字段“user_pwd”应能包含各种类型的字符串，并设置相应的约束条件。字段对应的数据类型详见表 3-1-5。

字段“user_id”数据类型选择为 INT，满足用户编号的整数数值需求，并通过设置主键和自增约束，确保记录的唯一性、一致性，同时有助于数据库系统创建和管理整数类型数值的索引。

表 3-1-5 字段对应的数据类型

字段名称	数据类型	长度	是否为 NULL	约束
user_id	INT	系统自动设置	否	主键和自增约束
user_name	VARCHAR	255	否	非空约束
user_pwd	VARCHAR	255	否	非空约束

字段“user_name”数据类型选择为 VARCHAR，满足了用户名称可能含有中文字符串的需求，且使用 VARCHAR 类型而非 CHAR 类型，使得数据能在不超过规定长度的前提下动态调整存储空间，提高存储效率。

字段“user_pwd”数据类型选择为 VARCHAR，既满足了存储多种字符串类型的需求，还能兼容敏感数据加密需求。数据类型 VARCHAR 的灵活性使其适合存储长度不确定的加密内容，同时通过非空约束确保密码字段的必填性，增强了系统的安全性。

3. 创建用户登录表

打开 Navicat，连接数据库。在数据库“schoolsys”的“表”上单击鼠标右键，在弹出的快捷菜单中选择“新建表”选项，在弹出的页面中开始创建数据表。

输入字段名称“user_id”，选择数据类型为 INT，勾选“不是 NULL”约束，同时标记为主键，并勾选“自动递增”功能。单击“添加字段”按钮，新增字段“user_name”，设置数据类型为 VARCHAR，长度为 255，勾选“不是 NULL”约束，确保字段不能为空。再新增字段“user_pwd”，设置数据类型为 VARCHAR，长度为 255，勾选“不是 NULL”约束，用于存储用户密码信息。字段添加效果如图 3-1-8 和图 3-1-9 所示。

完成字段的添加与设置后，单击菜单栏中的“保存”按钮，在弹出的“表名”对话框中输入该数据表的名称（如“user_login”），单击“确定”按钮即可创建用户登录表。

4. 检验用户登录表是否创建成功

在数据库“schoosys”的“表”上单击鼠标右键，在弹出的快捷菜单中选择“刷新”选项，此时数据库“schoosys”中的“表”列表下将新增“tb_account”数据表，则表示数据表创建成功。创建结果如图 3-1-1 所示。

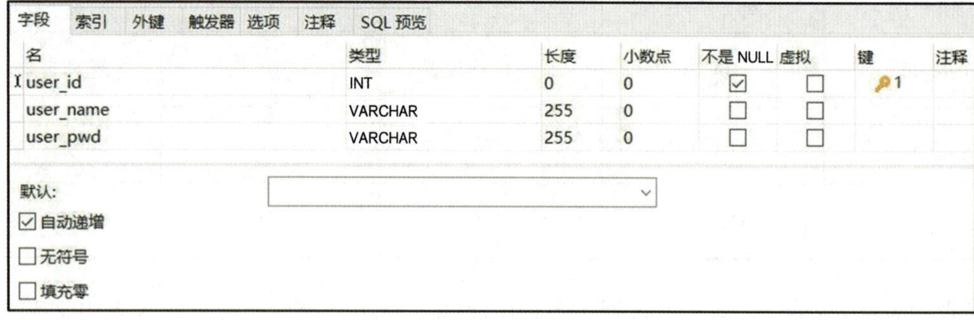

图 3-1-8 字段“user_id”的数据类型和约束

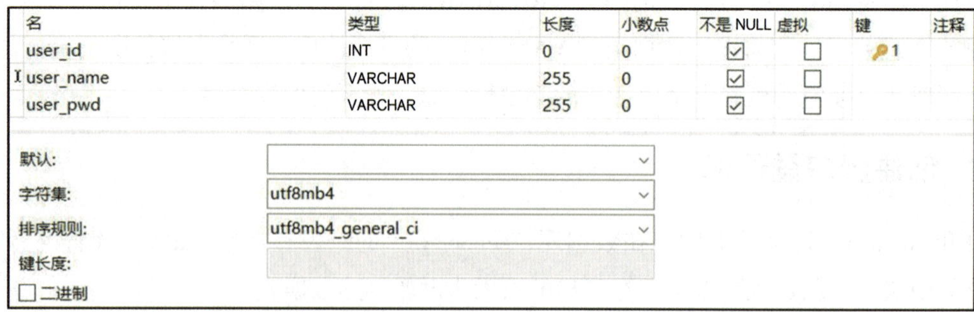

图 3-1-9 字段“user_name”和“user_pwd”的数据类型及约束

1. 简述常见的 MySQL 数据类型。
2. 简述常见的约束类型。

1. 了解查看、修改数据表的 SQL 语句。
2. 能查看、修改数据表。

修改数据表是指对已存在的数据表进行结构上的更改，以适应不同的需求或变化。修改用户登录表是在已存在的用户身份验证系统中更改或增加功能时的常见任务。

本任务要求使用 Navicat，在已成功创建的用户登录表“tb_account”中添加一个用户电话号码字段“phone_number”，如图 3-2-1 所示。

图 3-2-1　成功添加字段

一、查看数据表结构

创建完数据表后，可以查看创建的数据表的结构。查看数据表的结构的 SQL 语法格式如下。

```
SHOW CREATE TABLE<表名>;
DESCRIBE<表名>
```

【**案例 3-2-1**】查看工作人员表的结构

打开 Navicat，连接数据库“schoolsys”，新建一个查询页面，使用 SHOW 语句查看工作人员表“staff”的结构的 SQL 语句如下。

```
SHOW CREATE TABLE staff;
```

确认语法无误后，单击“运行”按钮执行上述代码，在“结果 1”选项卡中会显示查询结果，如图 3-2-2 所示。

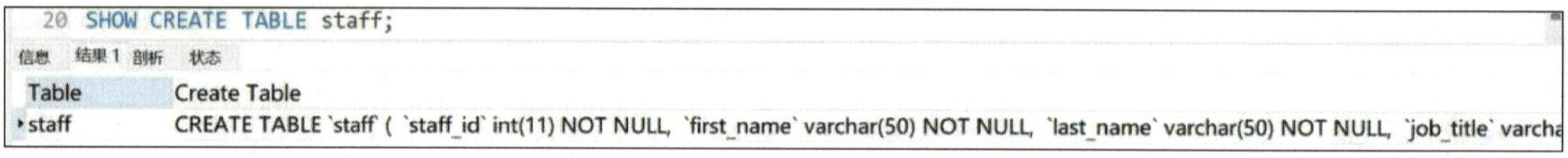

```
20 SHOW CREATE TABLE staff;
```

信息 结果 1 剖析 状态

Table	Create Table
staff	CREATE TABLE `staff` (`staff_id` int(11) NOT NULL, `first_name` varchar(50) NOT NULL, `last_name` varchar(50) NOT NULL, `job_title` varcha

图 3-2-2 查看工作人员表的结构

二、修改数据表

1. 添加字段

使用 ALTER 语句可以在数据表中添加新的字段。添加字段的 SQL 语法格式如下。

```
ALTER TABLE<表名>
ADD COLUMN<字段名> 数据类型 [约束条件];
```

【**案例 3-2-2**】在工作人员表中添加电话字段

打开 Navicat，连接数据库“schoolsys”，新建一个查询页面，在查询页面中使用 ALTER 语句在工作人员表“staff”中添加电话号码字段“phone_number”，其 SQL 语句如下。

```
ALTER TABLE staff
ADD COLUMN phone_number VARCHAR(15) DEFAULT NULL;
```

确认语法无误后，单击“运行”按钮执行上述代码，在“信息”选项卡中显示“OK”表示该代码执行成功，运行结果如图 3-2-3 所示。

使用 DESCRIBE 语句查看结果，确认 phone_number 字段添加成功，如图 3-2-4 所示。

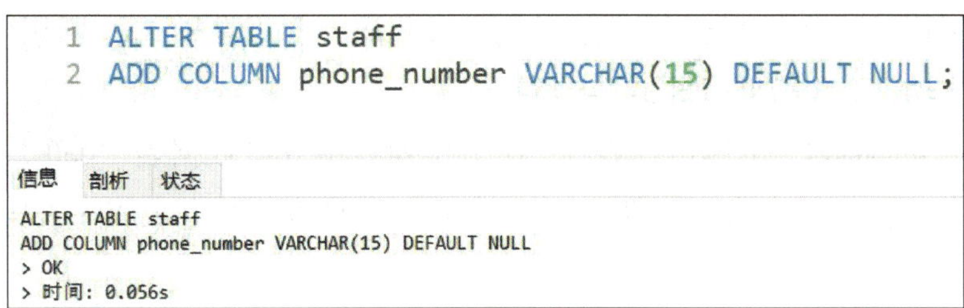

图 3-2-3　执行添加字段语句

```
4 DESCRIBE staff;
```

信息　结果 1　剖析　状态

Field	Type	Null	Key	Default	Extra
staff_id	INT	NO	PRI	(NULL)	
first_name	VARCHAR (50)	NO		(NULL)	
last_name	VARCHAR (50)	NO		(NULL)	
job_title	VARCHAR (100)	YES		(NULL)	
department	VARCHAR (100)	YES		(NULL)	
hire_date	DATE	YES		(NULL)	
salary	DECIMAL (10,2)	YES		(NULL)	
phone_number	VARCHAR (15)	YES		(NULL)	

图 3-2-4　成功添加电话号码字段

2. 修改字段

使用 ALTER 语句还可以修改数据表中的字段，其 SQL 语法格式如下。

```
ALTER TABLE<表名>
MODIFY COLUMN<字段名> 数据类型 [约束条件];
```

3. 删除字段

使用 ALTER 语句还可以在数据表中删除字段，其 SQL 语法格式如下。

```
ALTER TABLE<表名>
DROP COLUMN<字段名>;
```

【案例 3-2-3】在工作人员表中删除电话号码字段

打开 Navicat，连接数据库“schoolsys”，新建一个查询页面，使用 ALTER 语句删除工作人员表“staff”中的字段“phone_number”，所输入的 SQL 语句如下。

```
ALTER TABLE staff
DROP COLUMN phone_number;
```

确认语法无误后，单击“运行”按钮执行上述代码，在“信息”选项卡中显示“OK”表示该代码执行成功，删除结果如图 3-2-5 所示。

在数据库“schoolsys”中单击“表”，在下拉列表中双击数据表“staff”，打开“staff”数据表，在对象列表中没有找到字段“phone_number”即表示数据表删除成功，删除结果如图 3-2-6 所示。

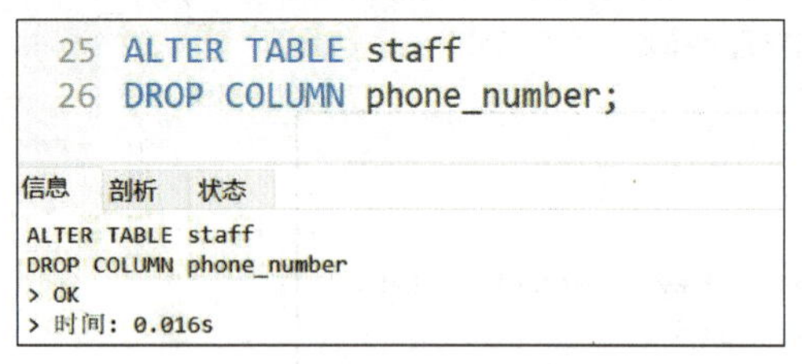

图 3-2-5 执行删除字段语句

图 3-2-6 成功删除电话号码字段

4. 使用 Navicat 可视化修改数据表

在数据库“schoolsys”中单击“表”，在其下拉列表中的数据表“staff”上单击鼠标右键，在弹出的快捷菜单中选择“设计表”选项，执行效果如图 3-2-7 所示。

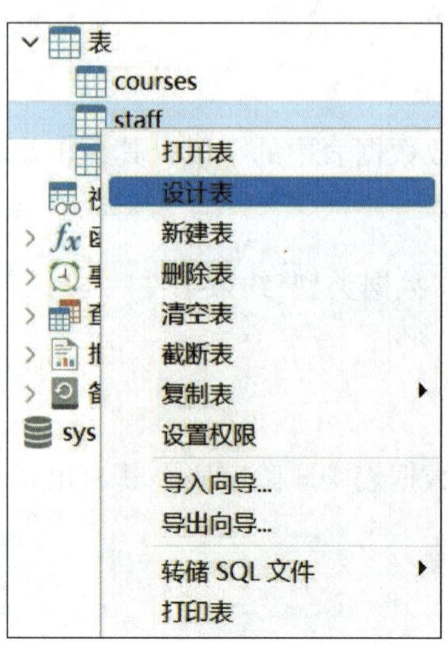

图 3-2-7 选择“设计表”选项

在弹出的页面中进行修改数据表操作，如图 3-2-8 所示。在对象列表工具栏中单击“添加字段”按钮可为该数据表增加新字段，单击“插入字段”按钮可在选中字段上方新增一个字段，单击“删除字段”按钮将删除选中的字段，单击“主键”按钮可为选中的字段添加主键，单击“上移”和“下移”按钮能改变字段排序，完成设置后使用“保存”按钮可对修改操作进行保存。

保存　添加字段　插入字段　删除字段　主键　上移　下移

字段　索引　外键　触发器　选项　注释　SQL 预览

名	类型	长度	小数点	不是 null	虚拟	键	注释
staff_id	INT	0	0	☑	☐	1	
first_name	VARCHAR	50	0	☑	☐		
last_name	VARCHAR	50	0	☑	☐		
job_title	VARCHAR	100	0	☐	☐		
department	VARCHAR	100	0	☐	☐		
hire_date	DATE	0	0	☐	☐		
salary	DECIMAL	10	2	☐	☐		

图 3-2-8　修改数据表

1. 新建查询

在目标数据库“schoolsys”中单击主工具栏的“新建查询”按钮后，新建一个查询页面“无标题 – 查询”，如图 3-2-9 所示。

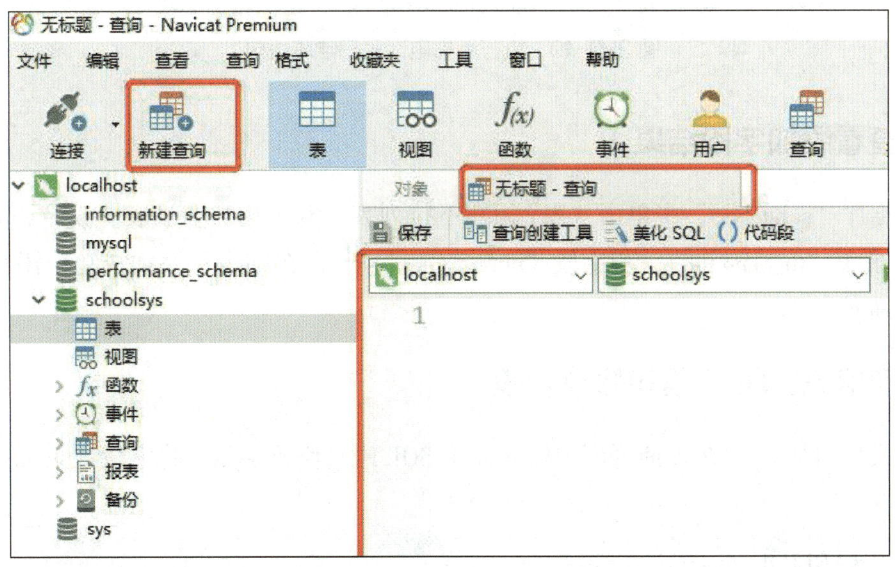

图 3-2-9　“无标题 – 查询”新建页面

2. 输入 SHOW 语句查看表结构

在查询页面中输入查看创建用户登录表“tb_account”结构的 SQL 语句如下。

```
SHOW CREATE TABLE tb_account;
```

3. 使用 ALTER 语句添加字段

查看完用户登录表结构后，可以输入添加字段的如下 SQL 语句，以添加一个用户电话号码字段。

```
ALTER TABLE tb_account
ADD COLUMN phone_number VARCHAR(15) DEFAULT NULL;
```

确认语法无误后，单击“运行”按钮执行上述代码，在“信息”选项卡中显示“OK”表示该代码执行成功，执行效果如图 3-2-10 所示。

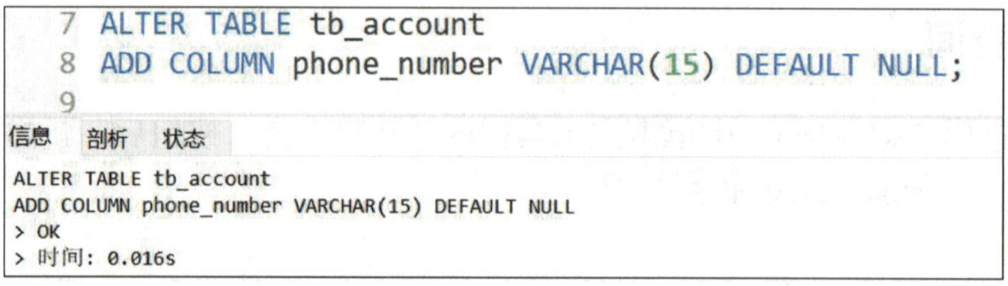

```
ALTER TABLE tb_account
ADD COLUMN phone_number VARCHAR(15) DEFAULT NULL;

信息  剖析  状态
ALTER TABLE tb_account
ADD COLUMN phone_number VARCHAR(15) DEFAULT NULL
> OK
> 时间: 0.016s
```

图 3-2-10 执行添加电话号码字段语句

4. 查看添加字段结果

在数据库“schoolsys”中单击“表”，在下拉列表中双击用户登录表“tb_account”，打开用户登录表“tb_account”，若字段“phone_number”存在则表示添加成功，添加结果如图 3-2-1 所示。

5. 使用 ALTER 语句修改字段

字段成功添加后，在查询页面中输入如下 SQL 语句修改字段，将字段“phone_number”修改为非空。

```
ALTER TABLE tb_account
ADD COLUMN phone_number VARCHAR(15) NOT NULL;
```

确认语法无误后，单击“运行”按钮执行上述代码，在“信息”选项卡中显示“OK”表示该代码执行成功，执行效果如图 3-2-11 所示。

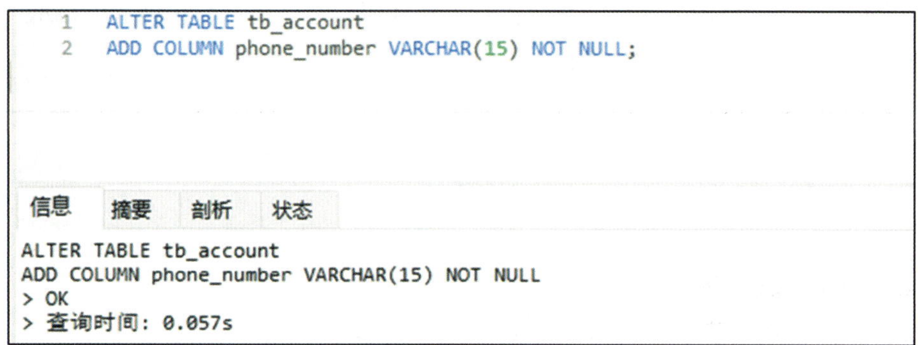

图 3-2-11　修改“phone_number”字段

6. 使用 DESCRIBE 语句查看修改结果

使用 DESCRIBE 语句查看结果，确认“phone_number”字段修改成功，如图 3-2-12 所示。

```
DESCRIBE tb_account;
```

信息　摘要　结果 1　剖析　状态

Field	Type	Null	Key	Default	Extra
user_id	INT(11)	NO	PRI	(NULL)	auto_incre
user_name	VARCHAR(255)	NO		(NULL)	
user_pwd	VARCHAR(255)	NO		(NULL)	
phone_number	VARCHAR(15)	NO		(NULL)	

图 3-2-12　确认成功修改“phone_number”字段

7. 使用 ALTER 语句删除字段

字段成功修改后，在查询页面中输入如下 SQL 语句，将“phone_number”字段删除。

```
ALTER TABLE tb_account
DROP COLUMN phone_number;
```

确认语法无误后，单击“运行”按钮执行上述代码，在“信息”选项卡中显示“OK”表示该代码执行成功，如图 3-2-13 所示。

```
ALTER TABLE tb_account
DROP COLUMN phone_number;
```

信息　摘要　剖析　状态

```
ALTER TABLE tb_account
DROP COLUMN phone_number
> OK
> 查询时间: 0.054s
```

图 3-2-13　删除“phone_number”字段

8. 使用 DESCRIBE 语句查看修改结果

使用 DESCRIBE 语句查看结果，确认“phone_number”字段删除成功，如图 3-2-14 所示。

```
DESCRIBE tb_account;
```

信息　摘要　结果 1　剖析　状态

Field	Type	NULL	Key	Default	Extra
user_id	INT (11)	NO	PRI	(NULL)	auto_incre
user_name	VARCHAR (255)	NO		(NULL)	
user_pwd	VARCHAR (255)	NO		(NULL)	

图 3-2-14　确认成功删除“phone_number”字段

1. 在 Navicat 中为管理员添加一个电子邮箱字段。

2. 简述创建数据表的 SQL 语句。
3. 简述查看已创建的数据表结构的 SQL 语句。
4. 简述修改、添加和删除数据表字段的 SQL 语句。

任务 3 删除数据表

学习目标

1. 了解数据表之间的关系。
2. 掌握删除数据表的 SQL 语句。
3. 能删除数据表。

任务描述

当某个表不再需要且其中的数据也不再使用时，可以删除该表，以清理数据库中多余的数据表。删除用户登录表是将已存在的用户身份验证系统移除。删除用户登录表通常需要进行合规性审查，并确保遵守数据保护法规，以保护用户隐私和数据安全。

本任务要求使用 Navicat，删除用户登录表“tb_account”，结果如图 3-3-1 所示。

图 3-3-1 删除用户登录表

一、数据表间的关系

1. 主键 – 外键关系

（1）主键

主键是表中唯一标识每条记录的字段或字段组合，保证了表中每条记录的唯一性和不可重复性。

（2）外键

外键是与其他表中主键相关联的字段，用于建立表与表之间的关联关系。外键字段的取值必须存在于关联表的主键取值范围内，从而形成表与表之间的数据关联。

2. 一对一关系

一对一关系是指两张表之间的记录存在一一对应的关系，即在 A 表中的一个记录仅对应 B 表中的一个记录，反之亦然。

3. 一对多关系

一对多关系是指 A 表中的一个记录可以对应 B 表中的多个记录，但 B 表中的一个记录只能对应 A 表中的一个记录。

4. 多对多关系

多对多关系是指两张表中的记录可以相互对应多个，即 A 表中的一个记录在 B 表中可以对应多个记录，同时 B 表中的一个记录也可以对应 A 表中的多个记录。

二、删除没有被关联的表

可使用 DROP 语句删除没有被关联的表。具体的 SQL 语法格式如下。

```
DROP TABLE <表名>;
```

三、删除被其他数据表关联的主表

在删除一个作为其他表外键引用的主表之前，必须先解除其外键关联关系。使用如下 SQL 语句查询外键名称。

```
SELECT
    TABLE_NAME AS referencing_table,
    CONSTRAINT_NAME AS foreign_key_name
FROM
    INFORMATION_SCHEMA.KEY_COLUMN_USAGE
WHERE
    REFERENCED_TABLE_NAME='表名';
```

查询得出外键名称后，使用 ALTER TABLE 语句，并在 DROP FOREIGN KEY 子句中指定要删除的外键约束的名称。删除表的外键约束的 SQL 语法格式如下。

```
ALTER TABLE <表名>
DROP FOREIGN KEY <外键约束名>;
```

【案例 3-3-1】删除工作人员表

打开 Navicat，连接数据库“schoolsys”，新建查询页面，在查询页面中使用 DROP 语句删除工作人员表“staff”，输入的 SQL 语句如下。

```
DROP TABLE staff;
```

确认语法无误后，单击“运行”按钮执行上述代码，在“信息”选项卡中显示“OK”表示该代码执行成功，执行效果如图 3-3-2 所示。

图 3-3-2　删除工作人员表

1. 打开 Navicat 创建查询

在目标数据库“schoolsys”中单击主工具栏中的“新建查询”按钮后，创建“无标题 – 查询”新建页面。

2. 使用 CREATE 语句创建表

在“无标题 – 查询”新建页中输入创建测试表“test”的 SQL 语句如下。

```
CREATE TABLE test(
    id INT PRIMARY KEY,
    name VARCHAR(50) NOT NULL
);
```

确认语法无误后，单击“运行”按钮执行上述代码，在“信息”选项卡中显示“OK”表示该代码执行成功，结果如图 3-3-3 所示。

```
CREATE TABLE test(
id INT PRIMARY KEY,
name VARCHAR(50) NOT NULL
);
```

信息　摘要　剖析　状态

```
CREATE TABLE test(
id INT PRIMARY KEY,
name VARCHAR(50) NOT NULL
)
> OK
> 查询时间: 0.009s
```

图 3-3-3　创建测试表“test”

3. 创建外键关联表

创建外键关联表“test_details”的 SQL 语句如下。

```
CREATE TABLE test_details(
    detail_id INT PRIMARY KEY AUTO_INCREMENT,
    test_id INT NOT NULL,
    detail_info VARCHAR(100),
    created_at TIMESTAMP DEFAULT CURRENT_TIMESTAMP,
    FOREIGN KEY (test_id) REFERENCES test (id) ON DELETE CASCADE
);
```

确认语法无误后，单击“运行”按钮执行上述代码，在“信息”选项卡中显示“OK”表示该代码执行成功，结果如图 3-3-4 所示。

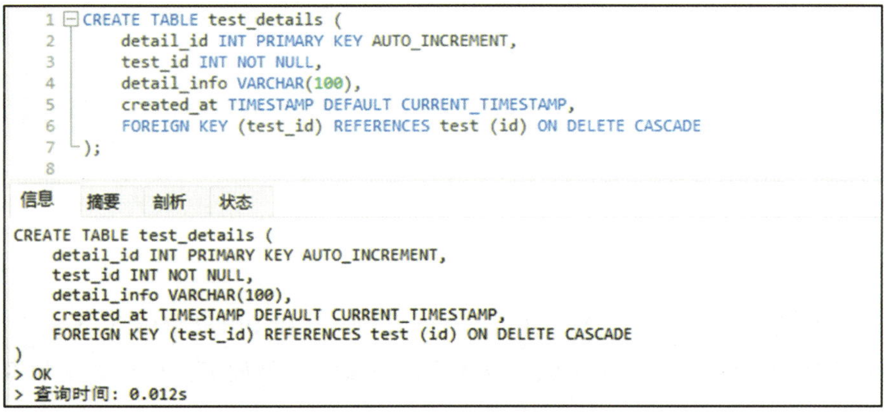

```
CREATE TABLE test_details (
    detail_id INT PRIMARY KEY AUTO_INCREMENT,
    test_id INT NOT NULL,
    detail_info VARCHAR(100),
    created_at TIMESTAMP DEFAULT CURRENT_TIMESTAMP,
    FOREIGN KEY (test_id) REFERENCES test (id) ON DELETE CASCADE
);

信息  摘要  剖析  状态
CREATE TABLE test_details (
    detail_id INT PRIMARY KEY AUTO_INCREMENT,
    test_id INT NOT NULL,
    detail_info VARCHAR(100),
    created_at TIMESTAMP DEFAULT CURRENT_TIMESTAMP,
    FOREIGN KEY (test_id) REFERENCES test (id) ON DELETE CASCADE
)
> OK
> 查询时间: 0.012s
```

图 3-3-4　创建外键关联表

4. 使用 DROP 语句删除表

删除测试表“test”的 SQL 语句如下。

```
DROP TABLE test;
```

单击“运行”按钮执行上述代码，删除该测试表时因有外键约束导致删除失败，如图 3-3-5 所示。

5. 删除表外键约束

可输入如下 SQL 语句查询测试表“test”的外键约束名称。

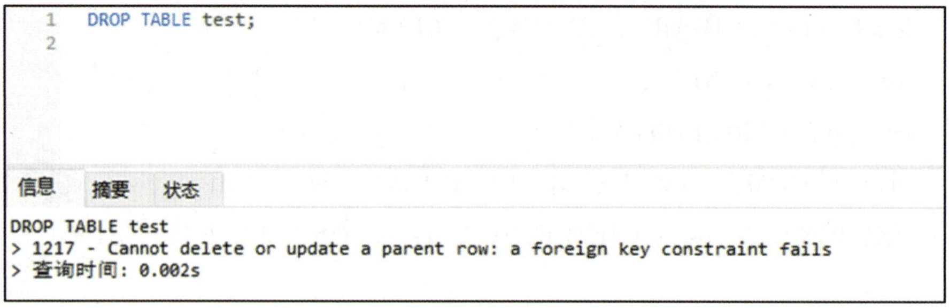

```
DROP TABLE test;
```

信息 摘要 状态

```
DROP TABLE test
> 1217 - Cannot delete or update a parent row: a foreign key constraint fails
> 查询时间: 0.002s
```

图 3-3-5　删除测试表“test”失败

```
SELECT
    TABLE_NAME AS referencing_table,
    CONSTRAINT_NAME AS foreign_key_name
FROM
    INFORMATION_SCHEMA. KEY_COLUMN_USAGE
WHERE
    REFERENCED_TABLE_NAME = 'test';
```

查询得出外键名称后，使用 ALTER TABLE 语句，并在 DROP FOREIGN KEY 子句中指定要删除的外键约束的名称。删除表的外键约束的 SQL 语句如下，执行效果如图 3-3-6 和图 3-3-7 所示。

```
ALTER TABLE test_details
DROP FOREIGN KEY test_details_ibfk_1;
```

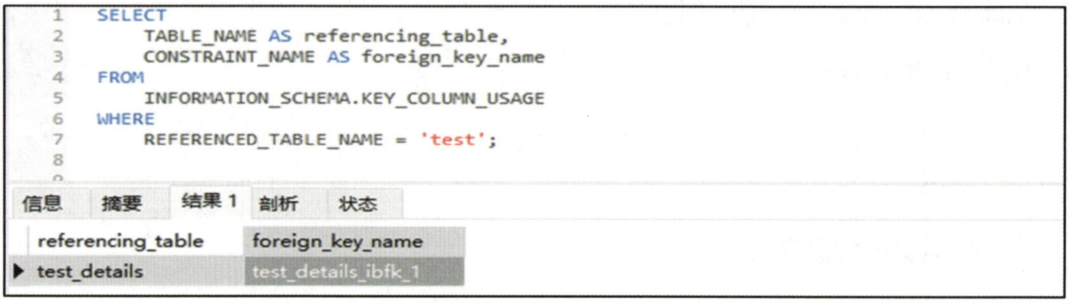

```
SELECT
    TABLE_NAME AS referencing_table,
    CONSTRAINT_NAME AS foreign_key_name
FROM
    INFORMATION_SCHEMA.KEY_COLUMN_USAGE
WHERE
    REFERENCED_TABLE_NAME = 'test';
```

信息 摘要 结果 1 剖析 状态

referencing_table	foreign_key_name
test_details	test_details_ibfk_1

图 3-3-6　查看外键名称

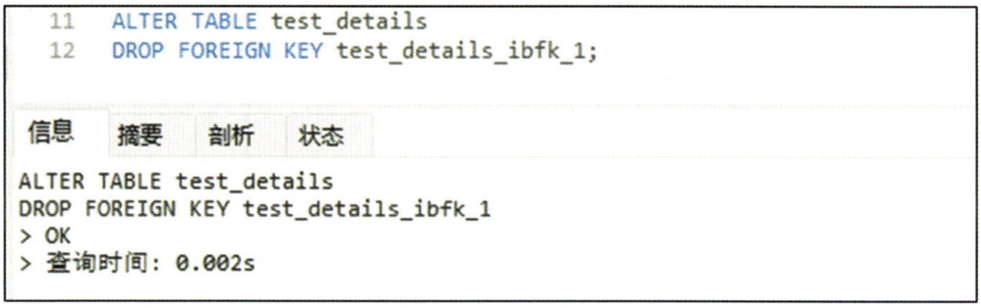

```
ALTER TABLE test_details
DROP FOREIGN KEY test_details_ibfk_1;
```

信息　摘要　剖析　状态

```
ALTER TABLE test_details
DROP FOREIGN KEY test_details_ibfk_1
> OK
> 查询时间: 0.002s
```

图 3-3-7　删除外键

6. 再次删除表

测试表外键已删除，这时可以直接删除测试表，删除测试表“test”的 SQL 语句如下。

```
DROP TABLE test;
```

单击“运行”按钮执行上述代码，成功删除测试表，如图 3-3-8 所示。

```
DROP TABLE test;
```

信息　摘要　剖析　状态

```
DROP TABLE test
> OK
> 查询时间: 0.003s
```

图 3-3-8　成功删除测试表

7. 使用 SHOW 语句查看所有表

删除测试表“test”后，可以使用 SHOW 语句（与使用SHOW 语句查询数据库用法一致）查询用户登录表是否成功删除，查询全部表的 SQL 语句如下。

```
SHOW TABLES;
```

单击“运行”按钮执行上述代码，在“结果 1”选项卡中会显示查询结果，若输出字段“Table_in_schoolsys”中显示值没有“test”，证明删除成功，如图 3-3-9 所示。

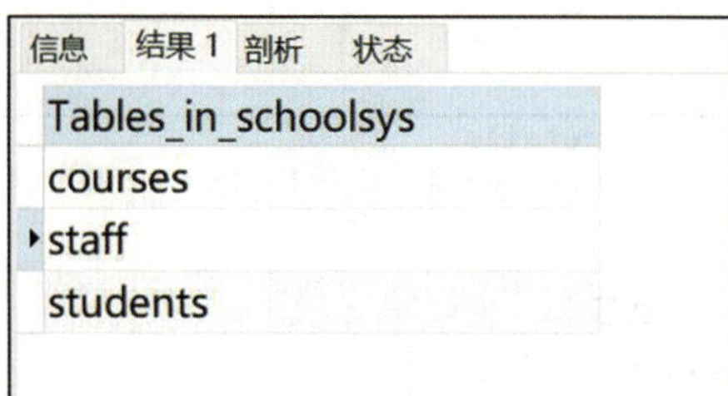
信息 结果 1 剖析 状态
Tables_in_schoolsys
courses
staff
students

图 3-3-9　查看全部表

1. 在 Navicat 中使用 SQL 语句查看管理员表“staff”的信息。
2. 在 Navicat 中使用 SQL 语句删除管理员表“staff”。
3. 简述删除没有被关联的表的 SQL 语句。
4. 简述可能造成删除表操作失败的原因。

项目四　数据表记录检索

数据查询是指从数据库中获取所需要的数据，是数据库操作中最常用、最重要的操作。通过不同的查询方式可以获得不同的数据，用户可以根据自己对数据的需求使用不同的查询方式。在 MySQL 中，一般使用 SELECT 语句来查询数据。查询主要分为普通查询、函数查询、连接查询、子查询以及正则表达式查询。多种多样的查询类型和查询方式使得数据库在前后端交互上展现出强大的功能。

本项目包括“使用关键字进行单表查询”“使用聚合函数进行函数查询”“多表间进行连接查询”“使用关键字进行子查询”“使用正则表达式进行查询”5 个任务，通过完成任务实例以及大量的案例来掌握数据查询操作。通过学习数据表记录检索，可以掌握数据库最重要的技术之一，也是使用数据库最基本的操作之一。

任务 1　使用关键字进行单表查询

1. 了解查询的 SQL 语法格式。
2. 掌握基本查询操作。
3. 能使用各种关键字进行查询。

基本查询是使用数据库的基本操作，除了查询所有信息外，更多的时候是指定条件进行查询的，这样才能实现高效快捷地找到所需要的信息。

本任务要求使用 Navicat 查询课程表中“课程学分”（cou_credit）为 3 且“课程类型”（cou_type）为选修的课程信息，查询结果如图 4-1-1 所示。

```
SELECT * FROM tb_course WHERE cou_credit=3 AND cou_type='选修'
```

信息 结果 1 剖析 状态

cou_id	cou_name	cou_type	cou_credit	cou_describe
K0012	Photoshop	选修	3	一般
K0013	演讲与口才	选修	3	(NULL)
K0014	教育学	选修	3	(NULL)
K0015	心理学	选修	3	(NULL)
K0027	java世界	选修	3	让我们一起来扌

图 4-1-1　查询结果

一、基本查询

查询语句是 SQL 语言以及 MySQL 中极为重要的语句。数据库最常使用的四大功能是查询、增加、更新、删除，其中查询功能是展示数据库中存放数据的最基本的方式。查询使用的是 SELECT 语句，它的使用方式既可以简单化也可以复杂化，其功能十分强大。

基本查询语句 SELECT 的基本语法格式如下（其中 {} 表示必选其一或多选，[ ] 表示可选）。

```
SELECT{*|<字段 1>,<字段 2>,...}
FROM{<表 1>,<表 2>,...|<视图>}
[WHERE 查询条件]
[GROUP BY grouping_columns]
[ORDER BY sorting_columns]
[HAVING secondary_constraint]
[LIMIT 位置偏移量,显示的行数];
```

提示

1. “{*|<字段 1>,<字段 2>,... }”中包含星号通配符“*”和字段列表。星号通配符“*”表示指定所有字段。如果使用字段名称查询，需要注意多个字段间使用逗号隔开。

2. “{<表 1>,<表 2>,...|<视图>}”中包含数据表和视图。引用多张数据表时，表名之间需要用逗号隔开，引用视图的方式同理。

3. “[WHERE 查询条件]”用于对查询的字段内容增加限制条件，在 FROM 子句确定数据来源后，对 SELECT 语句查询到的数据进一步筛选。

4. “[GROUP BY grouping_columns]”中的“grouping_columns”意为指定分组字段，“GROUP BY”表示将指定的字段分组。

5. “[ORDER BY sorting_columns]”中的“sorting_columns”意为指定排序字段，“ORDER BY”用于对查询结果按指定字段排序，默认为升序（ASC）。

6. “[HAVING secondary_constraint]”中的“secondary_constraint”意为次要约束，“HAVING”表示指定查询时满足的第二条件，“HAVING”条件是分组条件，用在 GROUP BY 子句之后。

7. “[LIMIT 位置偏移量，显示的行数]”用于限定输出的查询结果，具体为限制查询输出结果的行数，常用于分页显示。

二、指定查询字段

按字段查询是指查询数据表中指定字段的数据。在 MySQL 中，可以使用通配符“*”指定查询所有列，也可以使用“<字段名>”直接指定字段名称进行查询。查询字段的语法格式如下。

```
SELECT * |<字段名 1>,<字段名 2>,…] FROM <表名>;
```

提示

查询多个字段时，多个字段名之间使用逗号隔开。

三、用关键字 WHERE 进行条件查询

1. 用比较运算符实现简单条件

除了字段查询外，为了满足用户更多的查询需求，提高查询效率，可指定条件查询相关

数据。指定条件查询需要使用 WHERE 子句来指定条件，指定条件查询的 SQL 语法格式如下。

```
SELECT * | <字段名> FROM <表名> WHERE <查询条件>;
```

如果要从众多记录中查询出指定的记录，需要设定查询的条件。在使用 WHERE 子句时，需要使用比较运算符来表示查询条件。常用的比较运算符见表 4-1-1。

表 4-1-1 常用的比较运算符

符号	名称	示例	符号	名称	示例
=	等于运算符	id=1	IS NOT NULL	非空运算符	id IS NOT NULL
>	大于运算符	id>1	BETWEEN AND	两值之间	id BETWEEN 1 AND 2
<	小于运算符	id<1	IN	属于运算符	id IN(3,4,5)
>=	大于等于运算符	id>=1	NOT IN	不属于运算符	id NOT IN(1,2,3)
<=	小于等于运算符	id<=1	LIKE	模糊匹配运算符	Name LIKE '黄%'
!= 或 <>	不等于运算符	id!=1	NOT LIKE	模糊匹配运算符	Name NOT LIKE '黄%'
IS NULL	为空运算符	id IS NULL	REGEXP	正则表达式运算符	Name 正则表达式

【案例 4-1-1】查询成绩表中成绩大于 90 分的全部信息

打开 Navicat，连接数据库。在左侧列表中选择教学管理系统数据库“schoolsys”，接着在主工具栏中选择“查询”按钮，单击对象列表工具栏中的“新建查询”按钮。

在查询页面中使用 SELECT 语句，其中通配符“*”表示查询满足条件的记录的所有字段，FROM 子句表示在成绩表“tb_grade”中查询，WHERE 子句中指定查询条件——该数据表中字段“gra_score”（成绩）大于 90 分。所输入的 SQL 语句如下。

```
SELECT * FROM tb_grade WHERE gra_score>90;
```

确认语法无误后，单击“运行”按钮执行上述代码，在“结果 1”选项卡中显示查询结果，如图 4-1-2 所示，可见查询结果中字段“gra_score”的值都超过 90 分。

```
SELECT * FROM tb_grade WHERE gra_score > 90;
```

信息　结果 1　剖析　状态

stu_id	cou_id	gra_score
20110301001	K0016	94
20110301002	K0016	94
20110301004	K0017	95
20110302001	K0001	96
20110302003	K0025	94
20110302007	K0025	95
20110305002	K0003	96
20110305003	K0021	93

图 4-1-2　查询结果

2. 用关键字 IN 实现集合条件

使用关键字 IN 可以判断某个字段的值是否在指定的集合中。如果字段的值在集合中，则满足查询条件能进行查询；如果不在集合中，则不满足查询条件。其语法格式如下。

```
SELECT * FROM <表名> WHERE <字段名> [NOT] IN(元素);
```

提示

1. “[NOT]”为可选项，加上“NOT”表示不在集合内时满足条件。
2. “元素”表示存储在该集合中的值。

【案例 4-1-2】查询成绩表中成绩为 80 分和 85 分的记录

打开 Navicat，连接数据库。在左侧列表中选择教学管理系统数据库“schoolsys”，接着在主工具栏中单击“查询”按钮，然后单击对象列表工具栏中的“新建查询”按钮。

在查询页面中使用 SELECT 语句，其中 WHERE 子句用于指定查询条件——该数据表中字段“gra_score”（成绩）在集合 (80,85) 之内。所输入的 SQL 语句如下。

```
SELECT * FROM tb_grade WHERE gra_score IN(80,85);
```

确认语法无误后，单击“运行”按钮执行上述代码，在“结果 1”选项卡中显示查询结果，如图 4-1-3 所示，可见字段“gra_score”的值满足该集合时该记录才会被查询输出。

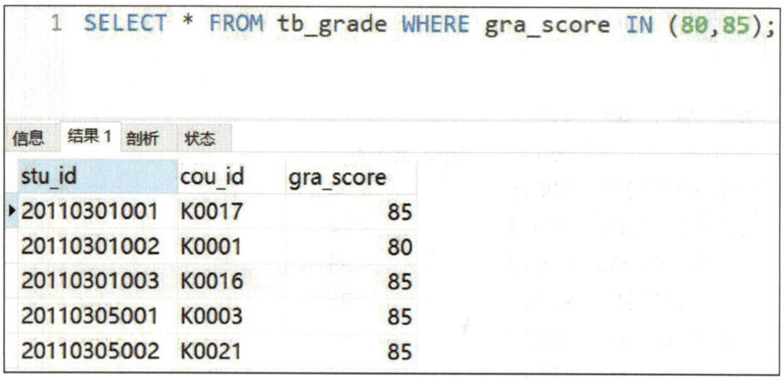

```
SELECT * FROM tb_grade WHERE gra_score IN (80,85);
```

信息 结果 1 剖析 状态

stu_id	cou_id	gra_score
20110301001	K0017	85
20110301002	K0001	80
20110301003	K0016	85
20110305001	K0003	85
20110305002	K0021	85

图 4-1-3　查询结果（部分）

3. 用关键字 BETWEEN AND 实现范围条件

关键字 BETWEEN AND 的范围查询与关键字 IN 的查询有所区别。IN 子句用于查询字段值在指定集合内的数据，而 BETWEEN AND 子句用于查询字段值在指定区间内的数据，不在该区间内的数据将不会出现在查询结果中。

关键字 BETWEEN AND 范围查询的 SQL 语法格式如下。

```
SELECT * FROM <表名> WHERE <字段名> [NOT] BETWEEN 值 1 AND 值 2;
```

提示

1. “[NOT]”为可选项，加上“NOT”表示查询字段值不在指定范围内的数据。
2. “值 1”表示该范围的起始值，且查询结果包括该值。
3. “值 2”表示该范围的终止值，且查询结果包括该值。

【案例 4-1-3】查询成绩表中成绩为 80 ~ 90 分的记录

打开 Navicat，连接数据库。在左侧列表中选择教学管理系统数据库“schoolsys”，接着在主工具栏中单击“查询”按钮，然后单击对象列表工具栏中的“新建查询”按钮。

在查询页面中使用 SELECT 语句，其中 WHERE 子句用于指定条件——该数据表中字段“gra_score”（成绩）在区间 (80,90) 之内。所输入的 SQL 语句如下。

```
SELECT * FROM tb_grade WHERE gra_score BETWEEN 80 AND 90;
```

确认语法无误后，单击“运行”按钮执行上述代码，在“结果 1”选项卡中显示查询结果，如图 4-1-4 所示，可见查询结果中字段“gra_score”的值均属于 [80,90] 区间。

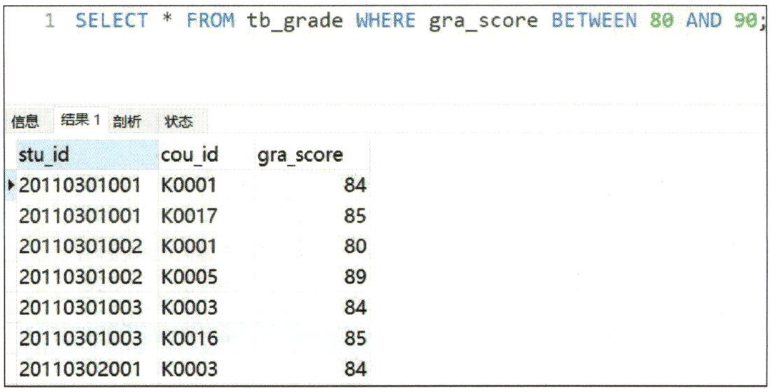

```
SELECT * FROM tb_grade WHERE gra_score BETWEEN 80 AND 90;
```

信息　结果 1　剖析　状态

stu_id	cou_id	gra_score
20110301001	K0001	84
20110301001	K0017	85
20110301002	K0001	80
20110301002	K0005	89
20110301003	K0003	84
20110301003	K0016	85
20110302001	K0003	84

图 4-1-4　查询结果（部分）

4. 用关键字 LIKE 实现模糊条件

关键字 LIKE 是 SQL 中常用的比较运算符，用于实现模糊查询。LIKE 在使用时会搭配两种通配符——百分号“%”和下画线“_”。其中，通配符“%”可以匹配任何数量的字符包括零个字符；通配符“_”只能匹配一个字符。

提示

在 LIKE 子句中，无论是英文字母还是中文，都按照字符计数规则处理，例如，字符串“p”和“明”都算作一个字符。

【案例 4-1-4】查询学生表中黄姓同学的记录

打开 Navicat，连接数据库。在左侧列表中选择教学管理系统数据库“schoolsys”，接着在主工具栏中单击“查询”按钮，然后单击对象列表工具栏中的“新建查询”按钮。

在查询页面中使用 SELECT 语句，其中 WHERE 子句用于指定条件——该数据表中字段“stu_name”（学生姓名）中包含字符“黄”且该字符在第一位时满足查询条件。所输入的 SQL 语句如下。

```
SELECT * FROM tb_student WHERE stu_name LIKE '黄%';
```

确认语法无误后，单击“运行”按钮执行上述代码，在“结果 1”选项卡中会显示查询结果，如图 4-1-5 所示，在输出的结果中，字段“stu_name”的值的首个字符都为“黄”且其后面的字符数量不限。

```
1 SELECT * FROM tb_student WHERE stu_name LIKE '黄%';
```

信息 结果 1 剖析 状态

stu_id	stu_name	stu_gender	stu_height	stu_birthday	cla_id	stu_phone
20110101002	黄雁	女	157	2001-12-21	Z0001	13587684985
20110101008	黄爱媛	女	164	2003-08-20	Z0001	15922048201
20110301002	黄琪琦	女	155	2001-09-02	Z0028	13193093221
20110305003	黄晓筱	女	165	1999-06-08	Z0027	15397493733

图 4-1-5　查询结果

5. 用关键字 IS NULL 实现空值条件

关键字 IS NULL 用来判断数据表中某字段的值是否为空（NULL）。当某条记录中指定字段的值为空（NULL）时，则该记录满足查询条件，可被查询输出；如果该字段的值不为空，则不满足查询条件，不会被输出。其 SQL 语法格式如下。

```
SELECT * FROM <表名> WHERE <字段名> IS[NOT] NULL;
```

提示

1. 如果关键字为“IS NOT NULL”，则查询条件相反——不为空时可以被查询出来。
2. 空字符串和空值（NULL）并不相等。

【案例 4-1-5】查询课程表中课程描述不为 NULL 的课程名称和课程描述

打开 Navicat，连接数据库。在左侧列表中选择教学管理系统数据库“schoolsys”，接着在主工具栏中单击“查询”按钮，然后单击对象列表工具栏中的“新建查询”按钮。

在查询页面中使用 SELECT 语句，其中查询要返回的字段为“cou_name”（课程名称）和“cou_describe”（课程描述），来自数据表“tb_course”，使用 WHERE 子句指定条件——该数据表中字段“cou_describe”（课程描述）中不为空。所输入的 SQL 语句如下。

```
SELECT cou_name,cou_describe FROM tb_course
WHERE cou_describe IS NOT NULL;
```

确认语法无误后，单击“运行”按钮执行上述代码，在“结果 1”选项卡中显示查询结果，如图 4-1-6 所示，在输出的结果中，字段“cou_describe”的值都不为空。

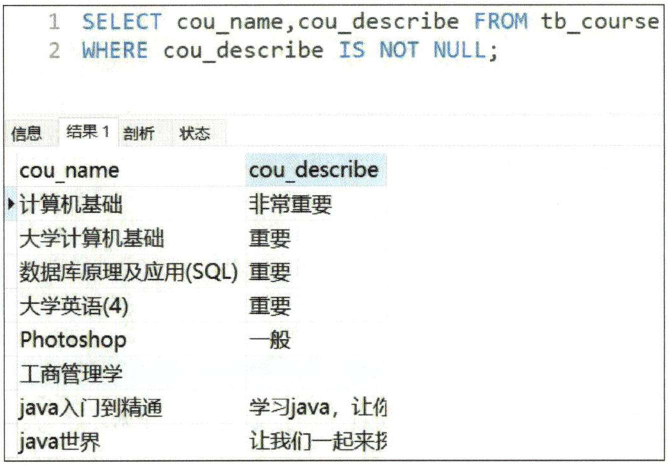

```sql
SELECT cou_name,cou_describe FROM tb_course
WHERE cou_describe IS NOT NULL;
```

信息 结果 1 剖析 状态

cou_name	cou_describe
计算机基础	非常重要
大学计算机基础	重要
数据库原理及应用(SQL)	重要
大学英语(4)	重要
Photoshop	一般
工商管理学	
java入门到精通	学习java，让价
java世界	让我们一起来把

图 4-1-6 查询结果

提示

需要注意输出结果中“cou_describe”有一行记录为空白，其中的值其实是空字符串，并不是空值，若为空值则显示为“(NULL)”，注意区分两者的区别。

6. 用关键字 AND、OR 实现复合条件

相对于基本查询，单一条件可能无法满足更多的需求，SQL 中提供了关键字 AND，可以为查询语句指定多个条件。使用关键字 AND 进行条件查询时，只有当记录中的字段值满足了全部条件时，才能成功地完成查询；反之，则不满足查询条件，无法被查询输出。可以同时使用多个关键字 AND 来连接多个表达式。AND 子句的 SQL 语法格式如下。

```
SELECT * FROM <表名> WHERE <查询条件 1> AND <查询条件 2> [...AND <查询条件 n>];
```

关键字 OR 与关键字 AND 都可以用于指定多个条件，但是与关键字 AND 不同的是，当记录中的字段值能满足 OR 子句众多条件中的一个时就能实现查询；反之，则不符合查询条件，无法被查询输出。OR 子句的 SQL 语法格式如下。

```
SELECT * FROM <表名> WHERE <查询条件 1> OR <查询条件 2> [...OR <查询条件 n>];
```

四、用关键字 DISTINCT 去除结果中的重复行

数据表存储的数据在某些情况下会出现大量重复的情况，例如分类、统计等情况就需要使用关键字 DISTINCT，它能去除查询结果中的重复记录，让数据能更加直观地展示，DISTINCT 子句的 SQL 语法格式如下。

```
SELECT DISTINCT <字段名> FROM <表名>;
```

【案例 4-1-6】查询课程表中的课程种类

打开 Navicat，连接数据库。在左侧列表中选择教学管理系统数据库“schoolsys”，接着在主工具栏中单击“查询”按钮，然后单击对象列表工具栏中的“新建查询”按钮。

在查询页面中使用 SELECT 语句，其中的查询输出字段为“cou_type”（课程类型），来自数据表“tb_course”。所输入的 SQL 语句如下。

```
SELECT DISTINCT cou_type FROM tb_course;
```

确认语法无误后，单击“运行”按钮执行上述代码，在“结果 1”选项卡中显示查询结果，如图 4-1-7 所示，在输出的结果中字段“cou_type”的值为去除重复值后保留下来的唯一值。

图 4-1-7　查询结果

五、用关键字 ORDER BY 对查询结果进行排序

对于数字、字母等有顺序的数据，可以使用关键字 ORDER BY 对查询的结果进行升序或降序排列。ORDER BY 子句的 SQL 语法格式如下。

```
SELECT * FROM <表名> ORDER BY <字段名> [ASC|DESC];
```

提示

1. “ASC”表示升序排列，“DESC”表示降序排列，默认为 ASC（升序）。
2. 对含有 NULL 值的列排序时，升序排列会将 NULL 值放在最前面，反之放在最后。

【案例 4-1-7】按照降序排序查询成绩表中的成绩

打开 Navicat，连接数据库。在左侧列表中选择教学管理系统数据库“schoolsys”，接着在主工具栏中单击“查询”按钮，然后单击对象列表工具栏中的“新建查询”按钮。

在查询页面中使用 SELECT 语句，其中查询的输出字段为所有字段，来自数据表“tb_grade”，使用关键字 ORDER BY 指定按字段“gra_score”进行降序排列。所输入的 SQL 语句如下。

```
SELECT * FROM tb_grade ORDER BY gra_score DESC;
```

确认语法无误后，单击“运行”按钮执行上述代码，在“结果 1”选项卡中显示查询结果，如图 4-1-8 所示，在输出的结果中以字段“gra_score”进行降序排列。

```
1 SELECT * FROM tb_grade ORDER BY gra_score DESC;
```

信息　结果 1　剖析　状态

stu_id	cou_id	gra_score
20110305002	K0003	96
20110302001	K0001	96
20110302007	K0025	95
20110301004	K0017	95
20110301002	K0016	94
20110301001	K0016	94
20110302003	K0025	94
20110305003	K0021	93
20110301002	K0005	89

图 4-1-8　查询结果（部分）

六、用关键字 LIMIT 限制查询结果的数量

有时查询结果中记录较多，不方便查看，可使用 MySQL 提供的关键字 LIMIT 来限制查询结果的数量，分页显示查询结果。其语法格式如下。

```
SELECT * FROM <表名> LIMIT [位置偏移量,]行数;
```

提示

1.“[位置偏移量]”为可选项，表示从哪一行记录开始显示。如果不指定位置偏移量，则默认从表的第一行记录开始显示，第一条记录的位置偏移量为 0，第二条记录的位置偏移量为 1，其余以此类推。

2.“行数”表示返回记录行的数量。

【案例 4-1-8】在学生表中按学号升序排序查询第 4 ～ 9 条记录

打开 Navicat，连接数据库。在左侧列表中选择教学管理系统数据库“schoolsys”，接着在主工具栏中单击“查询”按钮，然后单击对象列表工具栏中的“新建查询”按钮。

在查询页面中使用 SELECT 语句，其中查询的输出字段为所有字段，来自数据表“tb_student”，使用ORDER BY 子句指定按字段“stu_id”（学号）进行升序排列，使用 LIMIT 子句对结果行数进行限制，要查询第 4 ～ 9 条记录，通过计算得到其位置偏移量为 3，返回行数为 6。所输入的SQL 语句如下。

```
SELECT * FROM tb_student ORDER BY stu_id ASC LIMIT 3,6;
```

确认语法无误后，单击“运行”按钮执行上述代码，在“结果 1”选项卡中显示查询结果，如图 4-1-9 所示。在输出的结果中，字段“stu_id”经过升序排序，并且返回的是排序后的第 4 ～ 9 条记录。

```
1  SELECT * FROM tb_student ORDER BY stu_id ASC LIMIT 3,6;
```

信息 结果 1 剖析 状态

stu_id	stu_name	stu_gender	stu_height	stu_birthday	cla_id	stu_phone
20110101008	黄爱媛	女	164	2003-08-20	Z0001	15922048201
20110102005	李一昂	男	174	2002-06-28	B0002	13207908595
20110102006	林杰海	男	164	1999-08-15	B0002	13787998223
20110103002	王燕	女	168	1998-04-29	B0003	13857335738
20110103004	毛维旋	男	178	1997-07-10	B0003	13589736933
20110301001	刘嘉玲	女	154	1999-12-08	Z0028	13619763892

图 4-1-9　查询结果

1. 打开 Navicat 并创建查询

打开 Navicat，连接数据库。在左侧列表中选择数据库“schoolsys”，接着在主工具栏中单击“查询”按钮，然后单击对象列表工具栏中的“新建查询”按钮。

2. 在查询页面输入 SELECT 语句

在查询页面中使用 SELECT 语句，其中通配符“*”表示查询满足条件的记录的所有字段，数据来自“tb_course”（课程表），使用 WHERE 子句指定条件——该数据表中字段“cou_credit”（课程学分）为3 且字段“cou_type”（课程类型）为选修。所输入的 SQL 语句如下。

```
SELECT * FROM tb_course WHERE cou_credit=3 AND cou_type='选修';
```

3. 执行 SELECT 语句查询目标记录

确认语法无误后，单击“运行”按钮执行上述代码。

4. 查看“结果 1”选项卡输出的记录

选择“结果 1”选项卡，该选项卡中会显示查询结果，查询结果如图 4-1-1 所示，可见查询得到的记录中字段“cou_credit”的值为 3 且“cou_type”的值为“选修”，即表示该查询操作成功。

1. 查询系部表中系部号在 X01 和 X03 之间的记录。
2. 查询课程表中课程学分为 4 的必修课的全部信息。
3. 简述使用关键字 AND 和关键字 OR 进行多条件查询的区别及共同点。
4. 简述空值和空字符串的区别。

任务 2 使用聚合函数进行函数查询

1. 了解函数的作用。
2. 了解常用的单行函数。
3. 能使用聚合函数进行函数查询。
4. 能使用关键字 GROUP BY 和 HAVING 进行查询。
5. 了解 SELECT 语句的执行过程。

MySQL 内置函数可直接通过函数名调用，帮助用户简化复杂的数据处理，降低数据维护与管理难度。

本任务要求通过 Navicat 查询成绩表中每门课程的平均成绩，结果保留为整数，得到查询效果如图 4-2-1 所示。

```
SELECT cou_id,FLOOR(AVG(gra_score))
FROM tb_grade
GROUP BY cou_id
ORDER BY cou_id;
```

信息　结果 1　剖析　状态

cou_id	FLOOR(AVG(gra_score))
K0001	75
K0003	77
K0005	66
K0016	88
K0017	83
K0018	58
K0019	69
K0021	88
K0023	64
K0025	81

图 4-2-1　每门课程的平均成绩

一、函数概述

1. 函数的作用

函数在计算机语言的使用中贯穿始终，函数可以把经常使用的代码封装起来，需要的时候直接调用即可，这样既提高了代码的开发效率，又提高了代码的可维护性。通过使用函数，可以极大地提高用户对数据库的管理效率。

2. 不同 DBMS 函数的差异

不同 DBMS 的函数实现差异性很大，远超过 SQL 语言版本间的差异。实际上，只有很少的 SQL 函数是被 DBMS 同时支持的。比如，大多数 DBMS 使用“||”或者“+”作为拼接符，而在 MySQL 中，字符串拼接函数为 CONCAT( )。

大部分 DBMS 会有特定的函数，这就意味着采用 SQL 函数的代码可移植性是很差的，因此，在使用函数的时候要特别注意。

MySQL 提供了丰富的内置函数，这些函数使得数据的维护与管理更加方便。根据实现的功能不同，函数可以分为数值函数、字符串函数、日期和时间函数、流程控制函数、加密与解密函数、获取 MySQL 信息函数、聚合函数等。按照操作记录的行数和结果返回数不同，可将这些丰富的内置函数分为单行函数和聚合函数（或分组函数）。

3. 常用的单行函数

单行函数对每条记录单独计算并返回结果，常用的有数值函数、字符串函数、日期和时间函数等。

（1）常用的数值函数见表 4-2-1。

表 4-2-1　常用的数值函数

函数	注释	函数	注释
ABS(x)	返回 x 的绝对值	ASIN(x)	返回弧度 x 的反正弦值，如果 x 的值不在 –1 到 1 之间，则返回 NULL
SIGN(x)	返回 x 的符号，若 x 为正数则返回 1，若 x 为负数则返回 –1，若 x 为 0 则返回 0	COS(x)	返回弧度 x 的余弦值
PI( )	返回圆周率的近似值	ACOS(x)	返回弧度 x 的反余弦值，如果 x 的值不在 –1 到 1 之间，则返回 NULL
CEIL(x) CEILING(x)	返回大于或等于 x 的最小整数（向上取整）	TAN(x)	返回弧度 x 的正切值
FLOOR(x)	返回小于或等于 x 的最大整数（向下取整）	ATAN(x)	返回弧度 x 的反正切值
MOD(x,y)	返回 x 除以 y 后的余数	ATAN2(n,m)	返回点 (m,n) 的方位角（弧度）
RAND( )	返回 0 ～ 1 的随机浮点数	COT(x)	返回弧度 x 的余切值
RAND(x)	返回 0 ～ 1 的随机浮点数，以 x 为种子值，相同的 x 会产生相同的随机数	BIN(x)	返回 x 的二进制字符串
ROUND(x)	返回 x 四舍五入后的整数	HEX(x)	返回 x 的十六进制字符串
ROUND(x,y)	返回 x 四舍五入到小数点后 y 位的值	OCT(x)	返回 x 的八进制字符串
SIN(x)	返回弧度 x 的正弦值	CONV(x,f1,f2)	将 x 从 f1 进制变成 f2 进制

（2）常用的字符串函数见表 4-2-2。

表 4-2-2　常用的字符串函数

函数	注释	函数	注释
TRIM(LEADING s1 FROM s)	去掉字符串 s 开始处的 s1	FIELD (s,s1,s2,...,sn)	返回字符串 s 在字符串列表 s1,s2,...,sn 中第一次出现的位置
TRIM(TRAILING s1 FROM s)	去掉字符串 s 结尾处的 s1	CONCAT (s1,s2,...,sn)	返回 s1,s2,...,sn 拼接后的字符串
REPEAT(str,n)	返回 n 次 str 字符串	CONCAT_WS (x,s1,s2,...,sn)	与 CONCAT(s1,s2,...,sn) 函数作用类似，在每个字符串之间要拼接时以 x 为分隔符
SPACE(n)	返回 n 个空格	INSERT (str,idx,len, replacestr)	将字符串 str 从第 idx 位置开始 len 个字符长的子串替换为字符串 replacestr
STRCMP(s1,s2)	比较字符串 s1、s2 的 ASCII 码值的大小	REPLACE (str,a,b)	用字符串 b 替换字符串 str 中所有出现的字符串 a
SUBSTR (s,index,len)	返回字符串 s 从 index 位置开始的 len 个字符，作用与函数 SUBSTRING(s,n,len) 和 MID (s,n,len) 相同	UPPER(s) 或 UCASE(s)	将字符串 s 的所有字母转为大写字母
LOCATE (substr,str)	返回字符串 substr 在字符串 str 中首次出现的位置，作用与函数 POSITION(substr IN str)、函数 INSTR(str,substr) 相同。在字符串 str 中未找到字符串 substr 时，返回 0	LOWER(s) 或 LCASE(s)	将字符串 s 的所有字母转换成小写字母
ELT(m,s1,s2,...,sn)	返回指定位置的字符串，如果 m=1，则返回 s1；如果 m=2，则返回 s2；如果 m=n，则返回 sn	LEFT(str,n)	返回字符串 str 最左边的 n 个字符。而 RIGHT(str,n) 则返回字符串 str 最右边的 n 个字符

（3）常用的日期和时间函数见表 4-2-3。

表 4-2-3　常用的日期和时间函数

函数	注释	函数	注释
CURDATE() CURRENT_DATE()	返回当前日期，只包含年、月、日	FROM_UNIXTIME (timestamp)	将 UNIX 时间戳的时间转换为 MySQL 格式的时间
CURTIME() CURRENT_TIME()	返回当前时间，只包含时、分、秒	YEAR(date)/ MONTH(date)/ DAY(date)	返回 date 中的年 / 月 / 日
NOW() LOCALTIME() LOCALTIMESTAMP()	返回当前系统日期和时间	HOUR(time)/ MINUTE(time)/ SECOND(time)	返回 time 中的时 / 分 / 秒
UTC_ DATE()	返回当前 UTC 日期	MONTHNAME(date)	返回 date 中的月份名称，如 January、December 等
UTC_TIME()	返回当前 UTC 时间	DAYNAME(date)	返回 data 的星期名称，如 Monday、Tuesday、Sunday 等
UNIX_TIMESTAMP()	以 UNIX 时间戳的形式返回当前时间	EXTRACT(type FROM date)	返回 date 中指定部分（type 可为 YEAR、MONTH、DAY 等）
UNIX_TIMESTAMP (date)	将 date 以 UNIX 时间戳的形式返回		

EXTRACT(type FROM date) 函数中 type 的取值与含义见表 4–2–4。

表 4-2-4　type 的取值与含义

type 的取值	含义	type 的取值	含义
MICROSECOND	返回毫秒数	SECOND	返回秒数
MINUTE	返回分钟数	HOUR	返回小时数
DAY	返回天数	WEEK	返回日期在一年中的第几个星期
MONTH	返回日期在一年中的第几个月	OUARTER	返回日期在一年中的第几个季度
YEAR	返回日期的年份	SECOND_MICROSECOND	返回秒和毫秒值
MINUTE_MICROSECOND	返回分钟和毫秒值	MINUTE_SECOND	返回分钟和秒值
HOUR_MICROSECOND	返回小时和毫秒值	HOUR_SECOND	返回小时和秒值
HOUR_MINUTE	返回小时和分钟值	DAY_MICROSECOND	返回天和毫秒值
DAY_SECOND	返回天和秒值	DAY_MINUTE	返回天和分钟值
DAY_HOUR	返回天和小时	YEAR_MONTH	返回年和月

4. 常用的聚合函数

聚合函数对一组数据返回单个统计值，通常与 GROUP BY 配合使用。SUM( ) 函数用于计算表中某个数值类型字段取值的总和。AVG( ) 函数用于计算表中某个数值类型字段取值的平均值。MAX( )、MIN( ) 函数用于计算表中某个数值类型字段取值的最大值和最小值。COUNT( ) 函数用于统计表中的记录数，如果参数不为“*”，返回所选择集合中非 NULL 值的行的数目；如果参数为“*”，返回所选择集合中所有行的数目，包含 NULL 值所在的行。没有 WHERE 子句的 COUNT(*) 是经过内部优化的，能快速地返回表中所有记录的总数。

上述函数的 SQL 语法格式一致，其语法格式如下。

```
SELECT [<字段名>] 聚合函数(<字段名>) FROM <表名>
[WHERE <查询条件>]
[GROUP BY <字段名>]
[ORDER BY <字段名>];
```

【案例 4-2-1】查询学生表中身高的最大值和最小值并求学生人数

打开 Navicat，连接数据库。在左侧列表中选择教学管理系统数据库“schoolsys”，接着在主工具栏中单击“查询”按钮，然后单击对象列表工具栏中的“新建查询”按钮。

在查询页面中使用 SELECT 语句，需查询的输出字段为函数字段，数据来自数据表“tb_student”（学生表），分析要求得知需使用聚合函数，即求 MAX( ) 函数（最大值）和 MIN( ) 函数（最小值）以及求行数的 COUNT( ) 函数（求总数）。其中，最大值和最小值所对应的是数据表中的字段“stu_height”，求总数所使用的是通配符“*”。所输入的 SQL 语句如下。

```
SELECT COUNT(*),MAX(stu_height),MIN(stu_height)
FROM tb_student;
```

确认语法无误后，单击“运行”按钮执行上述代码，在“结果 1”选项卡中显示查询结果，查询结果如图 4-2-2 所示，在输出的结果中可见由函数直接命名的字段名中显示了查询结果。

```
1 SELECT COUNT(*),MAX(stu_height),MIN(stu_height)
2 FROM tb_student;
```

信息 结果 1 剖析 状态

COUNT(*)	MAX(stu_height)	MIN(stu_height)
27	178	152

图 4-2-2 查询结果

二、用关键字 GROUP BY 分组查询

通过 GROUP BY 子句可以将数据划分到不同的组中，实现对记录进行分组查询。GROUP BY 子句常常与聚合函数配合使用，SELECT 语句中未使用聚合函数的字段应包含在 GROUP BY 子句中。

1. 使用关键字 GROUP BY 进行分组查询

使用 GROUP BY 关键字的 SQL 语法格式如下。

```
SELECT <字段名>| 聚合函数(*|<字段名>) FROM <表名> GROUP BY <字段>;
```

提示

1. 查询的字段要存在 GROUP BY 子句中，需要对哪个字段分组则指定哪个字段。

2. 若单独使用 GROUP BY 关键字，查询结果只显示每组的一条记录。

3. 如果 SELECT 语句后有聚合函数，则该函数可以不存在 GROUP BY 子句。常见的聚合函数有 SUM()、AVG()、COUNT()、MAX()、MIN() 等。

【案例 4-2-2】查询班级表中每个系部的班级数

打开 Navicat，连接数据库。在左侧列表中选择教学管理系统数据库“schoolsys”，接着在主工具栏中单击“查询”按钮，然后单击对象列表工具栏中的“新建查询”按钮。

在查询页面中使用 SELECT 语句，需查询的输出字段为“dmp_id”（系部号）和函数字段，数据来自数据表“tb_class”（班级表）。分析要求得知需使用求记录行数的 COUNT( ) 函数，参数为通配符“*”。使用关键字 GROUP BY 对字段“dpm_id”进行分组，所输入的 SQL 语句如下。

```
SELECT dpm_id,COUNT(*)
FROM tb_class GROUP BY dpm_id;
```

确认语法无误后，单击“运行”按钮执行上述代码，在“结果 1”选项卡中显示查询结果，查询结果如图 4-2-3 所示，在输出的结果中可见字段“dpm_id”以及由函数直接命名的字段“COUNT(*)”，每个系部号对应一个统计结果，且系部号无重复值。

2. 按多个字段分组

使用关键字 GROUP BY 时还可按多个字段分组。分组过程中，先按照第一个字段分组，当第一个字段有相同值时，再按第二个字段分组，其余以此类推。

【案例 4-2-3】分组查询学生表中各班级男生女生的人数

打开 Navicat，连接数据库。在左侧列表中选择教学管理系统数据库“schoolsys”，接着在主工具栏中单击“查询”按钮，然后单击对象列表工具栏中的“新建查询”按钮。

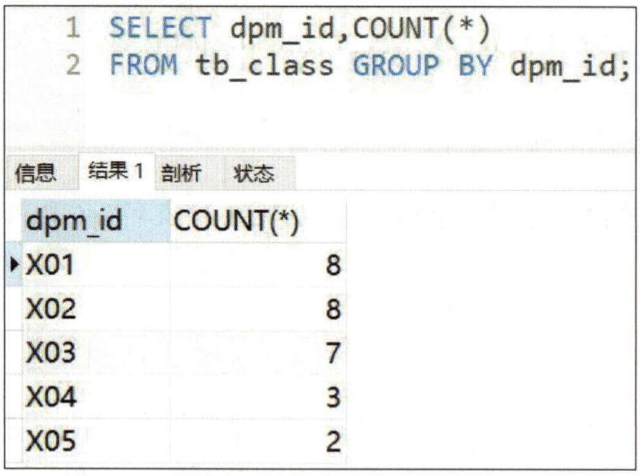

```
SELECT dpm_id,COUNT(*)
FROM tb_class GROUP BY dpm_id;
```

信息　结果 1　剖析　状态

dpm_id	COUNT(*)
X01	8
X02	8
X03	7
X04	3
X05	2

图 4-2-3　各系部班级数

在查询页面中使用 SELECT 语句，需查询的输出字段为“stu_gender”（性别）和“cla_id”（班级号），数据来自数据表“tb_student”（学生表），使用关键字 GROUP BY 对字段“stu_gender”和“cla_id”进行分组。所输入的 SQL 语句如下。

```
SELECT cla_id,stu_gender,COUNT(*)
FROM  tb_student
GROUP BY cla_id,stu_gender
ORDER BY cla_id;
```

确认语法无误后，单击“运行”按钮执行上述代码，在“结果 1”选项卡中显示查询结果，查询结果如图 4-2-4 所示，先以字段“stu_gender”进行分组查询，在得到相同值后又以字段“cla_id”进行分组查询。

三、用关键字 HAVING 分组过滤条件进行查询

HAVING 语句通常与 GROUP BY 语句联合使用，用来过滤由 GROUP BY 语句返回的记录集。其 SQL 语法格式如下。

```
SELECT [<字段名>] 聚合函数(<*|字段名>)
FROM 表名 [ WHERE <查询条件>]
[GROUP BY <字段名>]
[HAVING <查询条件>]
[ORDER BY <字段名>];
```

```
SELECT cla_id,stu_gender,COUNT(*)
FROM tb_student
GROUP BY cla_id,stu_gender
ORDER BY cla_id;
```

消息　摘要　结果 1

数据　信息

cla_id	stu_gender	COUNT(*)
B0002	男	2
B0003	女	1
B0003	男	1
B0026	女	4
B0026	男	3
Z0001	女	2
Z0001	男	2
Z0027	女	2
Z0027	男	4
Z0028	女	2
Z0028	男	4

图 4-2-4　学生性别及对应班级

【案例 4-2-4】查询成绩表中成绩大于 90 分的课程和成绩

打开 Navicat，连接数据库。在左侧列表中选择教学管理系统数据库“schoolsys”，接着在主工具栏中单击“查询”按钮，然后单击对象列表工具栏中的“新建查询”按钮。

在查询页面中使用 SELECT 语句，需查询的输出字段为“cou_id”（课程号）以及聚合函数“MAX（gra_score）”，数据来自数据表“tb_grade”（成绩表），使用关键字 GROUP BY 对字段“cou_id”进行分组，使用关键字 HAVING 过滤函数记录集，规定其值大于 90 才能被输出，使用关键字 ORDER BY 对字段“cou_id”进行排序。所输入的 SQL 语句如下。

```
SELECT cou_id,MAX(gra_score)
FROM tb_grade
GROUP BY cou_id
HAVING MAX(gra_score)>90
ORDER BY cou_id;
```

确认语法无误后，单击“运行”按钮执行上述代码，在“结果 1”选项卡中显示查询结果，查询结果如图 4-2-5 所示，输出的字段“cou_id”和“MAX(gra_score)”都符合关键字 HAVING 过滤的条件，且以字段“cou_id”为升序排列。

```
SELECT cou_id,MAX(gra_score)
FROM tb_grade
GROUP BY cou_id
HAVING MAX(gra_score)>90
ORDER BY cou_id;
```

信息 结果 1 剖析 状态

cou_id	MAX(gra_score)
K0001	96
K0003	96
K0016	94
K0017	95
K0021	93
K0025	95

图 4-2-5　成绩大于 90 分的课程及成绩

1. 打开 Navicat 并创建查询

打开 Navicat，连接数据库。在左侧列表中选择教学管理系统数据库“schoolsys”，接着在主工具栏中单击“查询”按钮，然后单击对象列表工具栏中的“新建查询”按钮。

2. 分析要求

任务要求查询成绩表中每门课程的平均成绩且输出的平均成绩都要为整数。分析得到需要输出的字段为“tb_grade”（成绩表）中的“cou_id”和“gra_score”。要求出平均成绩，则需要使用聚合函数 AVG( )，参数为“gra_score”。因输出要求为整数，则需要使用数值函数 FLOOR( )，参数为“AVG(gra_score)”。为了实现每门课程的分组，使用关键字 GROUP BY 指定按字段“cou_id”进行分组，以得到不同课程的成绩。使用关键字 ORDER BY 指定按字段“cou_id”排序得到有序的查询结果。

3. 在查询页面中输入 SELECT 语句

完成上述分析后，在查询页面中输入 SELECT 语句，所输入的SQL 语句如下。

```
SELECT cou_id, FLOOR(AVG(gra_score))
FROM tb_grade
GROUP BY cou_id
ORDER BY cou_id;
```

4. 执行 SELECT 语句查询目标记录

确认语法无误后，单击“运行”按钮执行上述代码。

5. 查看“结果 1”选项卡输出的记录

查询结果如图 4-2-1 所示，可见查询得到的记录中字段“cou_id”的值按顺序排列且“FLOOR(AVG(gra_score))”的值都为整数，表示该查询操作成功。

1. 使用 SUM( ) 函数求学生各门课程成绩的总和。
2. 简述常用的聚合函数的作用。
3. 简述分组查询的作用。

任务 3　多表间进行连接查询

1. 了解连接查询的作用。
2. 掌握内连接查询操作。
3. 掌握外连接查询操作。
4. 能合并查询结果。

连接查询（JOIN 操作）是 SQL 中用于整合多个相关数据表数据的核心机制。不同的数据表之间存在一定的联系，单表查询无法实现复杂数据表之间的连接，因此，使用连接查询，可利用数据表之间存在关联的特点进行多表间的查询。

本任务要求使用 Navicat 查询计算机系学生的平均分数，要求该平均分数取整数，得到的查询结果如图 4-3-1 所示。

```
SELECT FLOOR(AVG(g.gra_score)) AS 计算机系学生平均分数
FROM tb_grade g JOIN tb_student s ON g.stu_id=s.stu_id
                JOIN tb_class c ON s.cla_id=c.cla_id
WHERE c.dpm_id='X01'
```

信息　结果 1　剖析　状态

计算机系学生平均分数
74

图 4-3-1　计算机系学生的平均分数

一、连接查询

连接是关系数据库的核心机制，用于通过共有字段（如外键）关联多表数据。连接主要分为两类：内连接（INNER JOIN）和外连接（OUTER JOIN）。其中，内连接仅返回两表匹配的行（交集）。外连接包括左连接（LEFT JOIN）、右连接（RIGHT JOIN）和全连接（FULL JOIN）。其中，左连接保留左表全部行，右表无匹配时填充 NULL。右连接保留右表全部行，左表无匹配时填充 NULL。全连接（FULL JOIN）返回所有匹配与不匹配行。

1. 内连接查询

内连接查询使用比较运算符进行表间某（些）列数据的比较操作，并列出这些表中与连接条件相匹配的数据行，组合成新的记录。也就是说，在内连接查询中，只有满足条件的记录才能出现在结果中。

内连接查询的 SQL 语法格式如下。

```
SELECT <字段名> FROM <数据表 1> [INNER] JOIN <数据表 2> ON 条件;
```

提示

1. “[INNER]”为可选参数。

2. “<数据表 2>”是与“<数据表 1>”连接的表。

3. 关键字“ON”后的“条件”含有匹配两张表中的共有字段。

4. 内连接查询可以连接至少两张数据表，每连接一张数据表则需要使用一次 JOIN 子句。

【案例 4-3-1】查询成绩小于 60 分的学生姓名

打开 Navicat，连接数据库。在左侧列表中选择教学管理系统数据库“schoolsys”，接着在主工具栏中单击“查询”按钮，然后单击对象列表工具栏中的“新建查询”按钮，在查询页面中输入 SELECT 语句，使用关键字 FROM 仅指定一张数据表“tb_student”，使用关键字 JOIN 指定所需要连接的数据表“tb_grade”，使用关键字 ON 指定连接条件为两张数据表之间的共有字段“ stu_id ”，使用关键字 AND 增加查询条件为“gra_score < 60”。输入的 SQL 语句如下。

```
SELECT stu_name,gra_score
FROM tb_student JOIN tb_grade
ON tb_student.stu_id=tb_grade.stu_id
AND gra_score<60
GROUP BY stu_name,gra_score;
```

确认语法无误后，单击“运行”按钮执行上述代码，在“结果 1”选项卡中显示查询结果，如图 4-3-2 所示。由字段“gra_score”的值可见成绩都小于 60，则证明查询成功。

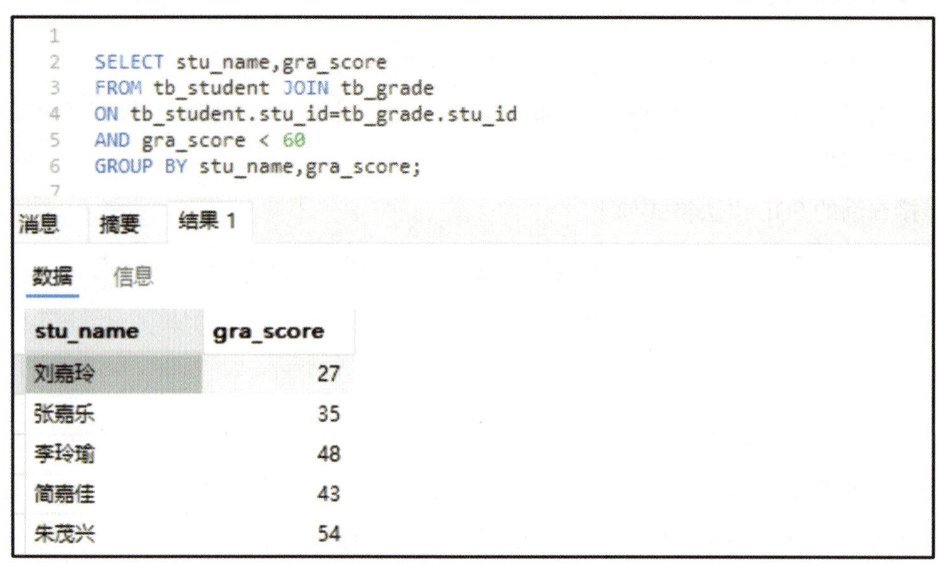

图 4-3-2 成绩小于 60 分的学生姓名（部分）

【案例 4-3-2】查询每名学生所在班级和系部

打开 Navicat 工具，连接数据库。在左侧列表中选择教学管理系统数据库“schoolsys”，接着在主工具栏中单击“查询”按钮，然后单击对象列表工具栏中的“新建查询”按钮。

需要查询字段学生姓名、班级名称和系部名称。使用关键字 FROM 指定学生表“tb_student”，关键字 JOIN 指定所需要连接的班级表“tb_class”，使用关键字 ON 指定连接条件为两张数据表之间的共有字段“cla_id”。本案例需要连接三个数据表，再次使用 JOIN 关键字连接系部表“tb_department”，使用关键字 ON 指定连接条件为两张数据表之间的共有字段“dpm_id”。输入 SQL 语句如下。

```
SELECT stu_id, stu_name,cla_name,dpm_name
FROM tb_student JOIN tb_class
ON tb_student.cla_id=tb_class.cla_id
JOIN tb_department
ON tb_class.dpm_id=tb_department.dpm_id
```

确认语法无误后，单击“运行”按钮执行上述代码，在“结果 1”选项卡中显示查询结果，查询结果如图 4-3-3 所示。

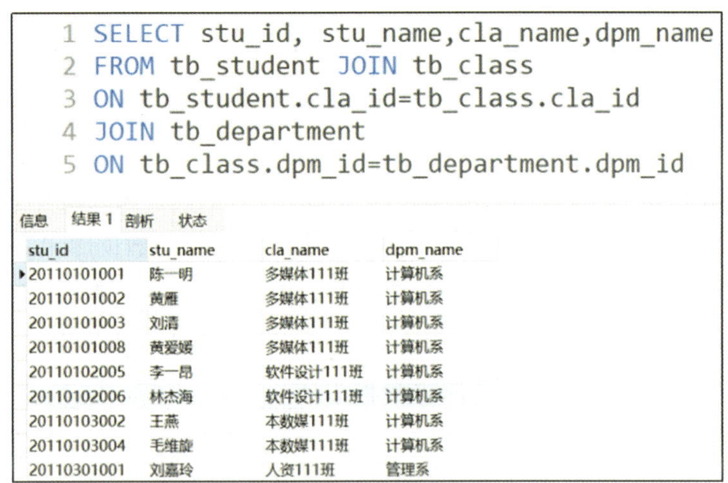

```
SELECT stu_id, stu_name,cla_name,dpm_name
FROM tb_student JOIN tb_class
ON tb_student.cla_id=tb_class.cla_id
JOIN tb_department
ON tb_class.dpm_id=tb_department.dpm_id
```


stu_id	stu_name	cla_name	dpm_name
20110101001	陈一明	多媒体111班	计算机系
20110101002	黄雁	多媒体111班	计算机系
20110101003	刘清	多媒体111班	计算机系
20110101008	黄爱媛	多媒体111班	计算机系
20110102005	李一昂	软件设计111班	计算机系
20110102006	林杰海	软件设计111班	计算机系
20110103002	王燕	本数媒111班	计算机系
20110103004	毛维旋	本数媒111班	计算机系
20110301001	刘嘉玲	人资111班	管理系

图 4-3-3　每名学生所在的班级和系部

2. 外连接查询

内连接查询仅返回查询结果集合中符合连接条件的行；而外连接查询既返回查询结果集合中符合连接条件的行，还包括左表（左外连接或左连接）、右表（右外连接或右连接）或两个连接表（全外连接）中的所有数据行。

外连接查询分为左外连接查询（左连接查询）、右外连接查询（右连接查询）和全外连接查询。

LEFT JOIN（左连接查询）子句可以返回包括左表中的所有记录和右表中连接字段值相等的记录。

左连接查询的结果包括 LEFT[OUTER]JOIN 子句中指定的左表的所有行，而不仅仅是连接字段所匹配的行。如果左表的某行在右表中没有匹配行，则在相关联的结果行中，右表的所有选择列表字段均为空值。

全外连接查询返回的结果集合中包含了左表中的所有记录和右表中的所有记录，不论是否存在匹配记录。外连接字段的 SQL 语法格式如下。

```
SELECT <字段名> FROM <数据表 1>
LEFT|RIGHT[OUTER] JOIN <数据表 2> ON 条件;
```

提示

1. “[OUTER]”为可选参数。
2. 关键字“LEFT|RIGHT”分别表示左连接查询和右连接查询。
3. 关键字“ON”后的“条件”含有匹配两张表中的共有字段。

【案例 4-3-3】用左连接查询成绩大于 60 分的学生姓名，并按成绩升序排列学生的姓名

打开 Navicat，连接数据库。在左侧列表中选择教学管理系统数据库“schoolsys”，接着在主工具栏中单击“查询”按钮，然后单击对象列表工具栏中的“新建查询”按钮。

在查询页面中输入 SELECT 语句。其中 SELECT 语句用来指定查询字段为“stu_name”和“gra_score”，使用关键字 FROM 指定两张数据表“tb_student”和“tb_grade”，使用关键字 LEFT OUTER JOIN 指定需要连接的数据表“tb_grade”，使用关键字 ON 指定连接条件为两张数据表之间的共有字段“stu_id”，使用关键字 AND 增加查询条件为“gra_score > 60”，使用 ORDER BY 子句按成绩升序排列。输入的 SQL 语句如下。

```
SELECT stu_name,IFNULL(gra_score, 'NULL') AS gra_score_display
FROM tb_student LEFT OUTER JOIN tb_grade
ON tb_student.stu_id=tb_grade.stu_id
AND gra_score>60
ORDER BY gra_score ASC;
```

确认语法无误后，单击“运行”按钮执行上述代码，在“结果 1”选项卡中显示查询结果，如图 4-3-4 所示。由字段“gra_score”的值可见部分记录因右表字段无匹配行而默认为 NULL，则证明查询成功。

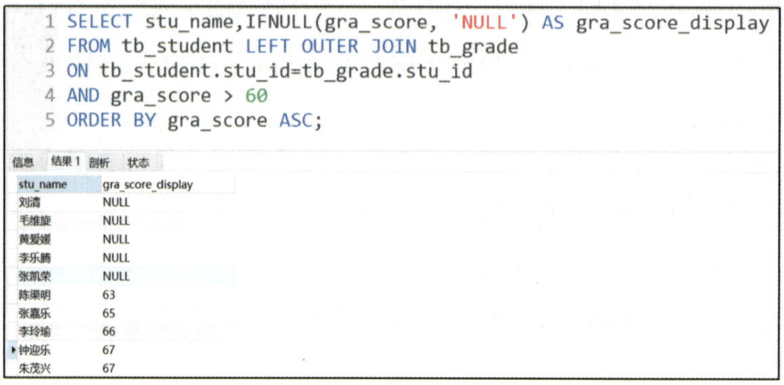

```
SELECT stu_name,IFNULL(gra_score, 'NULL') AS gra_score_display
FROM tb_student LEFT OUTER JOIN tb_grade
ON tb_student.stu_id=tb_grade.stu_id
AND gra_score > 60
ORDER BY gra_score ASC;
```

信息 结果 1 剖析 状态

stu_name	gra_score_display
刘清	NULL
毛维旋	NULL
黄爱媛	NULL
李乐腾	NULL
张凯荣	NULL
陈渠明	63
张嘉乐	65
李玲瑜	66
钟迎乐	67
朱茂兴	67

图 4-3-4　用左连接查询成绩大于 60 分的学生姓名（部分）

二、定义别名

在 MySQL 中，输出查询字段默认使用其列名，由于语句可能较为烦琐或者字段、表名称较为复杂，容易出现错误拼写等情况。MySQL 支持为表和字段取别名，使用别名能提高语句的可读性，同时也能为输出结果提供更清晰、精确的命名。为字段定义别名时，使用关键字 AS，其 SQL 语法格式如下。

```
<字段名>[AS]<字段别名>;
```

为数据表定义别名时，同样使用关键 AS，其 SQL 语法格式如下。

```
<数据表名>[AS]<数据表别名>;
```

提示

关键字 AS 为可选项，可以省略，不会影响定义别名。

【案例 4-3-4】以【案例 4-3-3】为例为字段和数据表添加别名

打开 Navicat，连接数据库。在左侧列表中选择教学管理系统数据库“schoolsys”，接着在主工具栏中单击“查询”按钮，然后单击对象列表工具栏中的“新建查询”按钮。

为所连接的学生表“tb_student”定义别名为“s”，为班级表“tb_class”定义别名为“c”，为系部表“tb_department”定义别名为“d”，并为输出字段“stu_name”定义别名为“姓名”，为“cla_name”定义别名为“班级”，为“dpm_name”定义别名为“系部”。所输入的SQL语句如下。

```
SELECT stu_id, stu_name AS '姓名', cla_name AS '班级', dpm_name AS '系部'
FROM tb_student s JOIN tb_class c ON s.cla_id=c.cla_id
                  JOIN tb_department d ON c.dpm_id=d.dpm_id
```

确认语法无误后，单击“运行”按钮执行上述代码，在“结果 1”选项卡中显示查询结果，如图 4-3-5 所示，分别显示了姓名、班级、系部即证明查询成功。从代码中可以对比发现，别名可以将名称便捷化，同时可以让输出的字段名称更加直白。

```sql
SELECT stu_id, stu_name AS '姓名', cla_name AS '班级', dpm_name AS '系部'
FROM tb_student s JOIN tb_class c ON s.cla_id=c.cla_id
                  JOIN tb_department d ON c.dpm_id=d.dpm_id
```

信息　结果 1　剖析　状态

stu_id	姓名	班级	系部
20110101001	陈一明	多媒体111班	计算机系
20110101002	黄雁	多媒体111班	计算机系
20110101003	刘清	多媒体111班	计算机系
20110101008	黄爱媛	多媒体111班	计算机系
20110102005	李一昂	软件设计111班	计算机系
20110102006	林杰海	软件设计111班	计算机系
20110103002	王燕	本数媒111班	计算机系
20110103004	毛维旋	本数媒111班	计算机系
20110301001	刘嘉玲	人资111班	管理系
20110301002	黄琪琦	人资111班	管理系
20110301003	张嘉乐	本营销客户111班	管理系
20110301004	李玲瑜	本营销客户111班	管理系
20110301005	张凯荣	人资111班	管理系
20110301006	谢绍习	人资111班	管理系
20110302001	简嘉佳	本营销客户111班	管理系
20110302003	陈渠明	人资111班	管理系
20110302004	朱茂兴	本营销客户111班	管理系
20110302005	苏羽伟	人资111班	管理系
20110302006	钟迎乐	本营销客户111班	管理系
20110302007	张欣欣	本营销客户111班	管理系
20110302008	李永乐	本营销客户111班	管理系
20110305001	邓健林	营销111班	管理系
20110305002	谭泽涛	营销111班	管理系
20110305003	黄晓筱	营销111班	管理系
20110305005	李乐腾	营销111班	管理系
20110305006	谢伟健	营销111班	管理系
20110305008	李莉	营销111班	管理系

图 4-3-5　每名学生所在的班级和系部

1. 打开 Navicat 并创建查询

打开 Navicat，连接数据库。在左侧列表中选择教学管理系统数据库“schoolsys”，接着在主工具栏中单击“查询”按钮，然后单击对象列表工具栏中的“新建查询”按钮。

2. 分析要求

任务要求查询计算机系学生平均分数。分析得到本次查询需要涉及数据表“tb_grade”（成绩表）、“tb_student”（学生表）和“tb_class”（班级表）。需要输出的字段为成绩表中的字段“gra_score”。要求平均成绩，则需要使用聚合函数 AVG( )，指定函数字段为“gra_score”。平均成绩的输出要求为整数，则需要使用数值函数中的 FLOOR( ) 函数，指定函数字段为“AVG(gra_score)”。使用关键字 FROM 指定成绩表，使用关键字 JOIN 后指定需要连接的学生表，使用关键字 ON 指定连接条件为两张数据表之间的共有字段“stu_id”。再次使用关键字 JOIN 连接班级表，使用关键字 ON 指定连接条件为两张数据表之间的共有字段“cla_id”。

3. 在查询页面中输入 SELECT 语句

完成上述分析后，在查询页面中输入 SELECT 语句，所输入的SQL 语句如下。

```
SELECT FLOOR(AVG(g.gra_score)) AS 计算机系学生平均分数
FROM tb_grade g JOIN tb_student s ON g.stu_id=s.stu_id
                JOIN tb_class c ON s.cla_id=c.cla_id
WHERE c.dpm_id='X01';
```

4. 执行 SELECT 语句查询目标记录

确认语法无误后，单击“运行”按钮执行上述代码。

5. 查看“结果 1”选项卡输出的记录

查询结果如图 4-3-1 所示，可见查询得到的记录中字段名称为“计算机系学生平均分数”的值为整数，表示该查询操作成功。

1. 根据成绩表和课程表查询各课程的平均分。
2. 简述复合条件查询。
3. 简述使用 WHERE 子句连接查询和 JOIN 子句连接查询的区别。

任务 4 使用关键字进行子查询

1. 了解子查询的概念。
2. 掌握子查询的嵌套方式。
3. 能使用关键字进行子查询操作。

如果说连接查询是通过连接不同的数据表形成一个数据源进行查询，子查询则是通过在查询中嵌套其他查询来获取结果。嵌套查询的语句可能不够简洁，但执行效率要比多次查询高，且对于较为复杂的查询要求来说，子查询提供了更强的功能和灵活性。

本任务要求使用 Navicat 查询选修了“数据库原理及应用”课程的学生姓名，执行效果如图 4-4-1 所示。

```
SELECT stu_name AS 姓名
FROM tb_student s WHERE stu_id IN
(SELECT stu_id
FROM tb_grade g JOIN tb_course c ON g.cou_id=c.cou_id
WHERE cou_name LIKE '%数据库原理及应用%');
```

信息 结果 1 剖析 状态

姓名
刘嘉玲
黄琪琦
张嘉乐
李玲瑜
简嘉佳
陈梁明

图 4-4-1 选修“数据库原理及应用”课程的学生姓名（部分）

子查询是指一个查询语句嵌套在另一个查询语句内部的查询，这个特性从 MySQL 4.1 开始引入。在 SELECT 语句中先计算子查询，其结果作为外层查询的过滤条件，查询可以基于一张表或者多张表。子查询中常用的关键字有 IN、EXISTS 等。子查询中也可以使用比较运算符，如“<”“<=”“>”“>=”“=”和“! =”等。子查询可以添加到 SELECT、UPDATE 和 DELETE 语句中，而且可以进行多层嵌套。

本项目中所使用的相关关键字的 SQL 语法格式如下。

```
SELECT ...WHERE column 比较运算符 |EXISTS|IN(SELECT...WHERE...)
```

提示

子查询没有单一固定的语法格式，最重要的是需要理解其嵌套逻辑，学会嵌套查询才能完全掌握子查询。

一、带比较运算符的子查询

比较运算符广泛地运用在查询中，子查询也可以使用比较运算符，包括“=”“! =”“>”“>=”“<”“<=”等。

比较运算符在子查询中的用法与基本查询一致，子查询也是通过查询嵌套形成的。用户可以通过一定程度的查询嵌套，实现连接查询。

【案例 4-4-1】查询软件设计 111 班的学生信息

打开 Navicat，连接数据库。在左侧列表中选择教学管理系统数据库“schoolsys”，接着在主工具栏中单击“查询”按钮，然后单击对象列表工具栏中的“新建查询”按钮。

分析任务要求，得到内层查询的嵌套内容为“软件设计 111 班的班级号”。在查询页面中使用 SELECT 语句先输入子查询语句，即先查询，输出字段“cla_id”，来自数据表“tb_class”（班级表），再使用 WHERE 子句指定条件——字段“cla_name”（班级名称）的值为“软件设计 111 班”。所输入的SQL 语句如下。

```
SELECT cla_id FROM tb_class
```

```
WHERE cla_name = ' 软件设计 111 班 ';
```

确认语法无误后，单击“运行”按钮执行上述代码，在“结果 1”选项卡中显示查询得到对应班级的班级号为“B0002”，查询结果如图 4-4-2 所示。

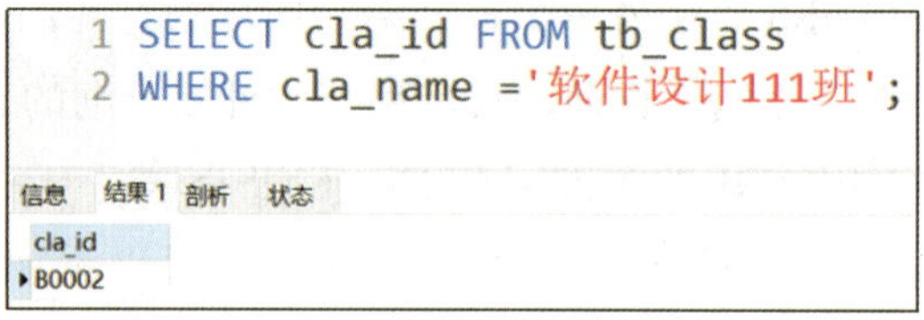

```
SELECT cla_id FROM tb_class
WHERE cla_name ='软件设计111班';
```

信息 结果 1 剖析 状态

cla_id
B0002

图 4-4-2　软件设计 111 班的班级号

分析任务要求，得到外层查询为查询学生表信息，且这些学生的班级号应为内层查询结果输出的对应班级号。在查询页面中使用SELECT 语句查询，输出通配符“*”，来自数据表“tb_student”（学生表），使用 WHERE 子句指定条件——班级号应等于内层查询得到的班级号。所输入的 SQL 语句如下。

```
SELECT * FROM tb_student
WHERE cla_id =
(SELECT cla_id FROM tb_class WHERE cla_name =' 软件设计 111 班 ');
```

确认语法无误后，单击“运行”按钮执行上述代码，在“结果 1”选项卡中显示查询结果，由于验证了子查询可查询得到结果集，只要在 WHERE 子句中指定班级号等于内层查询的结果集即可输出结果。查询结果如图 4-4-3 所示。

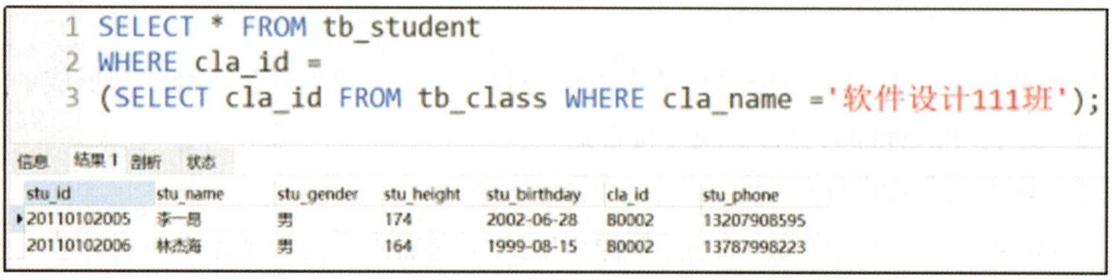

```
SELECT * FROM tb_student
WHERE cla_id =
(SELECT cla_id FROM tb_class WHERE cla_name ='软件设计111班');
```

信息 结果 1 剖析 状态

stu_id	stu_name	stu_gender	stu_height	stu_birthday	cla_id	stu_phone
20110102005	李一昂	男	174	2002-06-28	B0002	13207908595
20110102006	林杰海	男	164	1999-08-15	B0002	13787998223

图 4-4-3　软件设计 111 班的学生信息

提示

上述案例展示出子查询的强大功能，在一定程度上也能通过子查询实现连接查询。

二、带关键字 IN 的子查询

使用关键字 IN 进行子查询时，内层查询语句仅仅返回一个数据列，这个数据列里的值将提供给外层查询的语句进行比较操作。

【案例 4-4-2】查询选修课程号为“K0001”的学生姓名

打开 Navicat ，连接数据库。在左侧列表中选择教学管理系统数据库“schoolsys”，接着在主工具栏中单击“查询”按钮，然后单击对象列表工具栏中的“新建查询”按钮。

在查询页面中使用 SELECT 语句，指定查询的输出字段为“stu_name”（学生姓名），来自数据表“tb_student”（学生表），使用 WHERE 子句指定条件——该数据表中字段“stu_id”（学号）取自子查询中的集合。在子查询中单独查询成绩表中对应“K0001”的字段“cou_id”（课程号）。所输入的SQL 语句如下。

```
SELECT stu_name
FROM tb_student
WHERE stu_id IN(SELECT stu_id
                FROM tb_grade
                WHERE cou_id = 'K0001');
```

确认语法无误后，单击“运行”按钮执行上述代码，在“结果 1”选项卡中显示查询结果，如图 4-4-4 所示。

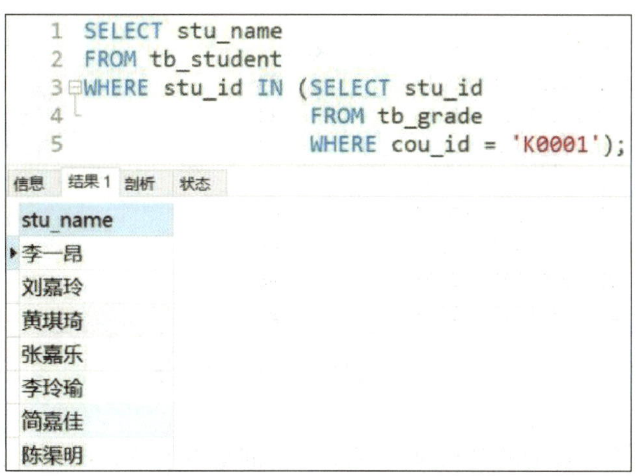

图 4-4-4 选修课程号为“K0001”的学生姓名（部分）

三、带关键字 EXISTS 的子查询

关键字 EXISTS 后面的参数是一个任意的子查询，系统对子查询进行运算以判断其是否返回行，如果至少返回一行，那么 EXISTS 子句的结果为 TRUE，此时外层查询语句将进行查询；如果子查询没有返回任何行，那么 EXISTS 子句返回的结果为 FALSE，此时外层语句将不进行查询。

【案例 4-4-3】查询是否存在成绩大于 90 分的学生信息，若存在则查询学生表的所有内容

打开 Navicat，连接数据库。在左侧列表中选择教学管理系统数据库“schoolsys”，接着在主工具栏中单击“查询”按钮，然后单击对象列表工具栏中的“新建查询”按钮。

分析任务要求，得到子查询的嵌套内容为“成绩大于 90 分”。在查询页面中使用 SELECT 语句输入子查询语句，其中查询的输出为通配符“*”，来自数据“tb_grade”（成绩表），使用 WHERE 子句指定条件——“gra_score”（成绩）大于 90 分。所输入的 SQL 语句如下。

```
SELECT * FROM tb_grade WHERE gra_score>90
```

确认语法无误后，单击“运行”按钮执行上述代码，在“结果 1”选项卡中显示查询结果，查询结果如图 4-4-5 所示。

```
SELECT * FROM tb_grade WHERE gra_score > 90
```

信息 结果 1 剖析 状态

stu_id	cou_id	gra_score
20110301001	K0016	94
20110301002	K0016	94
20110301004	K0017	95
20110302001	K0001	96
20110302003	K0025	94
20110302007	K0025	95
20110305002	K0003	96
20110305003	K0021	93

图 4-4-5　成绩大于 90 分的记录

分析任务要求，外层查询的逻辑是先判断子查询是否能查询出记录，若查询出记录，就查询学生表中的所有信息。在查询页面中使用 SELECT 语句，查询的输出为通配符“*”，来自

数据表“tb_student”（学生表），使用 WHERE 子句指定条件——使用关键字 EXISTS 判断嵌套查询中是否含有记录。所输入的SQL 语句如下。

```
SELECT *
FROM tb_student
WHERE EXISTS(SELECT * FROM tb_grade WHERE gra_score>90);
```

确认语法无误后，单击“运行”按钮执行上述代码，在“结果 1”选项卡中显示查询结果，若子查询能查询出记录，则此操作能成功查询学生表的信息。查询结果如图 4-4-6 所示。

```
SELECT *
FROM tb_student
WHERE EXISTS (SELECT * FROM tb_grade WHERE gra_score > 90);
```

信息　结果 1　剖析　状态

stu_id	stu_name	stu_gender	stu_height	stu_birthday	cla_id	stu_phone
20110101001	陈一明	男	168	2001-01-01	Z0001	13984938548
20110101002	黄雁	女	157	2001-12-21	Z0001	13587684985
20110101003	刘清	男	176	2000-09-01	Z0001	15972084459
20110101008	黄爱媛	女	164	2003-08-20	Z0001	15922048201
20110102005	李一昂	男	174	2002-06-28	B0002	13207908595
20110102006	林杰海	男	164	1999-08-15	B0002	13787998223
20110103002	王燕	女	168	1998-04-29	B0003	13857335738
20110103004	毛维旋	男	178	1997-07-10	B0003	13589736933
20110301001	刘嘉玲	女	154	1999-12-08	Z0028	13619763892
20110301002	黄琪琦	女	155	2001-09-02	Z0028	13193093221

图 4-4-6　成绩大于 90 分的记录

提示

使用 EXISTS 子句指定嵌套部分时，当有返回记录时其返回 TRUE，表示满足条件。反之，则返回 FALSE，表示无法查询。

四、带关键字 ANY 的子查询

关键字 ANY 表示数据满足其中任意一个条件即可返回查询结果，该关键字通常与比较运算符一起使用。使用关键字 ANY 时，只要满足子查询语句返回的结果中的任意一个，就可以通过该条件来执行外层查询语句。其 SQL 语法格式如下。

```
<字段名> 比较运算符 ANY( 子查询 );
```

如果比较运算符为“<”，则表示小于子查询结果集中的任意一个值，即小于结果集中的最大值；如果比较运算符为“>”，则表示大于子查询结果集中的任意一个值，即大于子查询结果集中的最小值。

【案例 4-4-4】查询比软件设计 111 班最矮身高要高的学生信息

打开 Navicat，连接数据库。在左侧列表中选择教学管理系统数据库“schoolsys”，接着在主工具栏中单击“查询”按钮，然后单击对象列表工具栏中的“新建查询”按钮。

分析任务要求，得到子查询的嵌套内容为“软件设计 111 班的学生身高”。在查询页面中使用 SELECT 语句输入子查询语句，即先输入查询，输出与外层查询有联系的字段“stu_height”（身高），来自数据表“tb_student”（学生表），再使用 WHERE 子句指定条件——该数据表中字段“cla_id”（班级号）的值为“B0002”（“软件设计 111 班”对应的班级号）。所输入的 SQL 语句如下。

```
SELECT stu_height FROM tb_student
JOIN tb_class
ON tb_student.cla_id=tb_class.cla_id
WHERE cla_name =' 软件设计 111 班 ';
```

确认语法无误后，单击“运行”按钮执行上述代码，在“结果 1”选项卡中显示查询结果，查询得到对应班级的学生身高为 174 和 164，查询结果如图 4-4-7 所示。

```
SELECT stu_height FROM tb_student
JOIN tb_class
ON tb_student.cla_id=tb_class.cla_id
WHERE cla_name ='软件设计111班';
```

信息 结果 1 剖析 状态

stu_height
174
164

图 4-4-7　软件设计 111 班学生的身高

分析任务要求，得到外层查询为查询学生表信息，且身高应大于子查询结果集中的最小值。在查询页面中使用 SELECT 语句，输入查询，输出为通配符“*”，来自数据表“tb_student”（学生表），使用 WHERE 子句指定条件——用关键字 ANY 指定身高大于嵌套部分查询得到的最小值。所输入的SQL语句如下。

```
SELECT * FROM tb_student WHERE stu_height>ANY
(SELECT stu_height FROM tb_student
JOIN tb_class
ON tb_student.cla_id=tb_class.cla_id
WHERE cla_name ='软件设计 111 班'
);
```

确认语法无误后，单击“运行”按钮执行上述代码，在“结果 1”选项卡中显示查询结果，由于验证了子查询可查询得到结果集，只要在 WHERE 子句中指定身高大于子查询的结果集的任一值即可输出结果。在所查询得到的记录中，身高大于嵌套部分最小值 164 即证明查询成功。查询结果如图 4-4-8 所示。

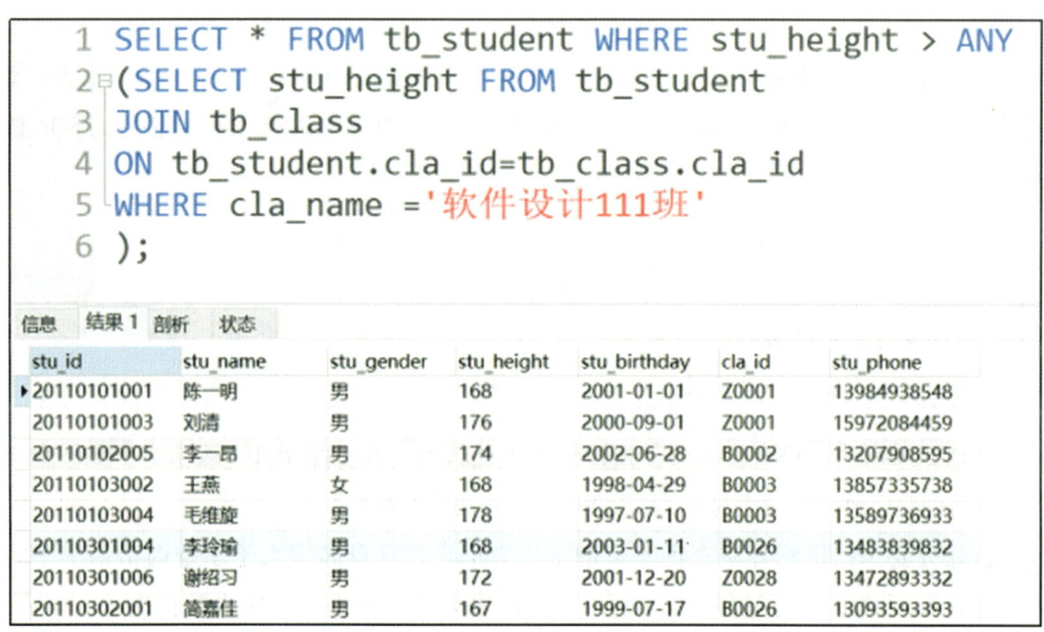

stu_id	stu_name	stu_gender	stu_height	stu_birthday	cla_id	stu_phone
20110101001	陈一明	男	168	2001-01-01	Z0001	13984938548
20110101003	刘清	男	176	2000-09-01	Z0001	15972084459
20110102005	李一昂	男	174	2002-06-28	B0002	13207908595
20110103002	王燕	女	168	1998-04-29	B0003	13857335738
20110103004	毛维旋	男	178	1997-07-10	B0003	13589736933
20110301004	李玲瑜	男	168	2003-01-11	B0026	13483839832
20110301006	谢绍习	男	172	2001-12-20	Z0028	13472893332
20110302001	简嘉佳	男	167	1999-07-17	B0026	13093593393

图 4-4-8　比最矮身高要高的学生信息（部分）

五、带关键字 ALL 的子查询

虽然关键字 ALL 与关键字 ANY 都常与比较运算符一起使用，但性质有所不同，关键字 ALL 表示满足所有条件，使用关键字 ALL 时，只有满足子查询返回的所有结果，才会继续执行外层查询。其 SQL 语法格式如下。

```
<字段名> 比较运算符 ALL (子查询);
```

如果比较运算符为“<”，则表示小于子查询结果集中所有的值，即小于结果集中的最小值；如果比较运算符为“>”，则表示大于子查询结果集中所有的值，即大于结果集中的最大值。

【案例 4-4-5】查询比软件设计 111 班最高身高还高的学生信息

打开 Navicat ，连接数据库。在左侧列表中选择教学管理系统数据库“schoolsys”，接着在主工具栏中单击“查询”按钮，然后单击对象列表工具栏中的“新建查询”按钮。

分析任务要求，得到子查询的嵌套内容为“软件设计 111 班的学生身高”。在查询页面中使用 SELECT 语句输入子查询语句，即先输入查询，输出与外部查询有联系的字段“stu_height”（身高），来自数据表“tb_student”（学生表），再使用 WHERE 子句指定条件——该数据表中字段“cla_id”（班级号）的值为“B0002”（“软件设计 111 班”对应的班级号）。所输入的 SQL 语句如下。

```
SELECT stu_height FROM tb_student
JOIN tb_class
ON tb_student.cla_id=tb_class.cla_id
WHERE cla_name ='软件设计 111 班';
```

确认语法无误后，单击“运行”按钮执行上述代码，在“结果 1”选项卡中显示查询结果，查询得到对应班级的学生身高为 174 和164 ，查询结果如图 4-4-9 所示。

分析任务要求，得到外层查询是查询学生表信息，且身高应大于子查询结果集中的最大值。在查询页面中使用 SELECT 语句，查询输出为通配符“*”，来自数据表“tb_student”（学生表），使用 WHERE 子句指定条件——使用关键字 ALL 指定身高大于嵌套部分查询得到的最大值。所输入的 SQL 语句如下。

```
SELECT stu_height FROM tb_student
JOIN tb_class
ON tb_student.cla_id=tb_class.cla_id
WHERE cla_name ='软件设计111班';
```

信息　结果 1　剖析　状态

stu_height
174
164

图 4-4-9　软件设计 111 班学生的身高

```
SELECT * FROM tb_student
WHERE stu_height>ALL
(SELECT stu_height FROM tb_student
JOIN tb_class
ON tb_student.cla_id=tb_class.cla_id
WHERE cla_name ='软件设计 111 班'
);
```

确认语法无误后，单击“运行”按钮执行上述代码，在“结果 1”选项卡中显示查询结果，由于验证了子查询可查询得到结果集，只要 WHERE 子句中指定身高大于嵌套部分的结果集的所有值即可输出结果。在查询得到的记录中，身高大于嵌套部分最大值 174 即证明查询成功。查询结果如图 4-4-10 所示。

```
SELECT * FROM tb_student
WHERE stu_height > ALL
(SELECT stu_height FROM tb_student
JOIN tb_class
ON tb_student.cla_id=tb_class.cla_id
WHERE cla_name ='软件设计111班'
);
```

信息　结果 1　剖析　状态

stu_id	stu_name	stu_gender	stu_height	stu_birthday	cla_id	stu_phone
20110101003	刘靖	男	176	2000-09-01	Z0001	15972084459
20110103004	毛维旋	男	178	1997-07-10	B0003	13589736933
20110302003	陈渊明	男	178	2002-10-28	Z0028	13087978965
20110305001	邓健林	男	175	1996-12-20	Z0027	13494902592
20110305005	李乐腾	男	177	1998-03-12	Z0027	13597600330

图 4-4-10　比软件设计 111 班最高身高还高的学生信息

1. 打开 Navicat 并创建查询

打开 Navicat，连接数据库。在左侧列表中选择教学管理系统数据库“schoolsys”，接着在主工具栏中单击“查询”按钮，然后单击对象列表工具栏中的“新建查询”按钮。

2. 分析子查询的嵌套部分

任务要求查询选修“数据库原理及应用”课程的学生姓名。分析得到本次查询需要涉及数据表“tb_grade”（成绩表）、“tb_student”（学生表）和“tb_course”（课程表）。其中需要输出的字段为学生表中的“stu_name”（姓名），与学生表有联系的是成绩表，共同字段为“stu_id”（学号）。与成绩表有联系的课程表包含共有字段“cou_id”（课程号）。在这些前提下，嵌套部分需要能求出符合“数据库原理及应用”课程的对应学号。

3. 在查询页面中输入子查询语句

在查询页面中使用 SELECT 语句先输入子查询语句，即先查询，输出与外层查询有联系的字段“stu_id”，因为该字段是由课程表限制条件为“数据库原理及应用”，连接到成绩表才能查询到学号，所以在子查询中使用连接查询，连接课程表和成绩表，其共有字段为“cou_id”，使用 WHERE 子句指定条件——该课程表中字段“cou_name”模糊查询“数据库原理及应用”。所输入的 SQL 语句如下。

```
SELECT stu_id
FROM tb_grade g JOIN tb_course c ON g.cou_id=c.cou_id
WHERE cou_name LIKE '%数据库原理及应用%';
```

4. 执行子查询语句，查询目标记录

确认语法无误后，单击“运行”按钮执行上述代码，在“结果 1”选项卡中显示查询结果，查询得到对应课程的学号结果集。查询结果如图 4-4-11 所示。

5. 在子查询添加外层查询形成完整查询

将上述语句作为嵌套部分输入外层查询，查询的输出字段为“stu_name”，该字段数据来

```sql
SELECT stu_id
FROM tb_grade g JOIN tb_course c ON g.cou_id=c.cou_id
WHERE cou_name LIKE '%数据库原理及应用%';
```

信息　结果 1　剖析　状态

stu_id
20110301001
20110301002
20110301003
20110301004
20110302001
20110302003
20110302004
20110302006
20110302007
20110305001
20110305002
20110305003
20110301002
20110305008

图 4-4-11　选修数据库原理及应用的学生学号（部分）

自学生表，且学生表的字段“stu_id”取值于嵌套部分的结果集。所输入的 SQL 语句如下。

```sql
SELECT stu_name AS 姓名
FROM tb_student s WHERE stu_id IN
(SELECT stu_id
FROM tb_grade g JOIN tb_course c ON g.cou_id=c.cou_id
WHERE cou_name LIKE '% 数据库原理及应用 %');
```

6. 执行完整查询输出目标记录

确认语法无误后，单击“运行”按钮执行上述代码，在“结果 1”选项卡中显示查询结果，查询得到选修对应课程的学生姓名。查询结果如图 4-4-1 所示。

1. 查询并判断学生表中男生平均身高是否大于 170 cm，若男生平均身高大于 170 cm 则输出字符串“男生平均身高挺高”，否则输出字符串“男生平均身高有点矮”。
2. 简述子查询的概念。
3. 说明子查询中关键字 EXISTS 的返回值。

任务 5 使用正则表达式进行查询

1. 了解正则表达式。
2. 能使用正则表达式进行查询。

任务描述

正则表达式通常被用来检索或替换那些符合某个模式的文本内容，根据指定的模式匹配文本中符合要求的字符串。正则表达式的查询能力比通配符更加强大，而且更加灵活。

本任务要求通过正则表达式查询学生表“tb_student”的字段“cla_id”中以字母“B”开头的记录，得到的执行效果如图 4-5-1 所示。

```
SELECT * FROM tb_student
WHERE cla_id REGEXP '^B';
```

信息 结果 1 剖析 状态

stu_id	stu_name	stu_gender	stu_height	stu_birthday	cla_id	stu_phone
20110102005	李一昂	男	174	2002-06-28	B0002	13207908595
20110102006	林杰海	男	164	1999-08-15	B0002	13787998223
20110103002	王燕	女	168	1998-04-29	B0003	13857335738
20110103004	毛维旋	男	178	1997-07-10	B0003	13589736933
20110301003	张嘉乐	女	152	2000-09-21	B0026	13085659672
20110301004	李玲瑜	男	168	2003-01-11	B0026	13483839832
20110302001	简嘉佳	男	167	1999-07-17	B0026	13093593393

图 4-5-1 字段“cla_id”中以字母“B”开头的记录

正则表达式是一种用于匹配和操作文本的强大工具，可以在文本中查找、替换、提取和验证特定的模式。例如，从一个文本文件中提取电话号码，查找一篇文章中重复的单词，或者替换用户输入的某些敏感词语等，这些场景都可以使用正则表达式。正则表达式强大而且灵活，可以应用于非常复杂的查询。

在 MySQL 中，使用运算符 REGEXP 来执行正则表达式匹配查询，其基本形式如下。

```
<字段名> REGEXP '匹配模式';
```

提示

1. “<字段名>”表示要进行正则匹配的目标字段。
2. “匹配模式”是正则表达式的具体规则，支持多种匹配字符，具体见表 4-5-1。

表 4-5-1　常用匹配字符列表

符号	说明	举例	匹配值示例
^	匹配文本的开始字符	^b	book，big，banana，bike
$	匹配文本的结束字符	st$	test，resist，persist
.	匹配任意单个字符	b.t	bit，bat，but
*	匹配前面的字符零次或多次	f*n	n，fn，ffn，ffffn
+	匹配前面的字符 1 次或多次	ba+	ba，bay，bare，battle
子字符串	匹配包含指定子字符串的文本	fa	fan，afa，faad
[字符集合]	匹配集合中的任意一个字符	[xz]	dizzy，zebra，extra，x-ray

续表

符号	说明	举例	匹配值示例
[^字符集合]	匹配不在括号中的任意字符	[^abc]	desk，fox，f8ke
{n}	匹配前面的字符恰好 n 次	b{2}	bbb，bbbb
{n,m}	匹配前面的字符至少 n 次，至多 m 次	b{2,4}	bb，bbb，bbbb

这里的正则表达式与 Java、PHP 等编程语言中的正则表达式基本一致。

1. 打开 Navicat 并创建查询

打开 Navicat，连接数据库。在左侧列表中选择教学管理系统数据库“schoolsys”，接着在主工具栏中单击“查询”按钮，然后单击对象列表工具栏中的“新建查询”按钮。

2. 在查询页面输入 SELECT 语句

在查询页面中使用 SELECT 语句，使用通配符“*”表示查询满足条件的记录的所有字段，数据来自“tb_student”（学生表），使用 WHERE 子句指定条件—— 该数据表中字段“cla_id”（班级号）匹配字符为字母 B 开头的记录。所输入的 SQL 语句如下。

```
SELECT * FROM tb_student WHERE cla_id REGEXP '^B';
```

3. 执行 SELECT 语句查询目标记录

确认语法无误后，单击“运行”按钮执行上述代码，在“结果 1”选项卡中显示查询结果，或在“信息”选项卡中显示“查询已成功执行”表示该代码执行成功。

4. 查看“结果 1”选项卡输出的记录

选择“结果 1”选项卡显示查询结果，可见查询得到的记录中字段“cla_id”的值都以字母 B 开头，表示该查询操作成功。

1. 查询学生表中字段“stu_name”以“乐”字结尾的记录。
2. 说明在正则表达式中类似于关键字 LIKE，可以实现模糊查询的符号。
3. 写出正则表达式的 SQL 语法格式。

项目五　数据表数据的插入、更新与删除

存储在系统中的数据是数据库管理系统的核心，设计数据库的目的就是管理数据的存储、访问，并维护数据的完整性。MySQL 中提供了功能丰富的数据操作语句，包括插入数据的 INSERT 语句、更新数据的 UPDATE 语句以及删除数据的 DELETE 语句。成功创建数据库和数据表以后，就可以对数据表中的数据进行各种交互操作了。这些操作可以有效地使用、维护和管理数据库中的数据。

本项目包括“向数据表中插入数据”“更新数据表数据”“删除数据表数据”三个任务。通过本项目的学习，可学会使用 SQL 语句实现数据表数据的增加、删除与更改操作，掌握数据库的核心操作。

1. 掌握 INSERT INTO 的 SQL 语法。
2. 能使用 INSERT INTO 语句插入数据。
3. 能将查询结果插入到数据表中。

插入数据是向数据表中插入新的记录。在 MySQL 中，主要通过 INSERT 语句实现插入数据操作。

本任务要求使用 Navicat 向数据库“schoolsys”中的课程表插入多条记录，要求插入的

记录内容为 ('K0029','mysql',' 必修 ','4',' 很重要 ')、('K0030','MySQL' ,' 必修 ','4',' 非常重要 ')、('K0031','Mysql',' 必修 ','4',' 十分重要 ')。得到执行效果如图 5-1-1 所示。

```
INSERT INTO tb_course
VALUES('K0029','mysql','必修','4','很重要'),
      ('K0030','MySQL','必修','4','非常重要'),
      ('K0031','Mysql','必修','4','十分重要')
```

```
信息  摘要  剖析  状态

INSERT INTO tb_course
VALUES('K0029','mysql','必修','4','很重要'),
      ('K0030','MySQL','必修','4','非常重要'),
      ('K0031','Mysql','必修','4','十分重要')
> Affected rows: 3
> 查询时间: 0.014s
```

图 5-1-1　插入多条记录

一、INSERT INTO 的 SQL 语法

1. 通过 INSERT...VALUES 语句插入数据

在使用数据库之前，数据库中必须有数据，在 MySQL 中，可使用 INSERT 语句向数据表中插入新的数据记录。

插入数据的 INSERT INTO 语句的 SQL 语法格式如下。

```
INSERT [INTO] <数据表名> [ (<字段 1>,<字段 2>,...)] VALUES (值 1, 值 2,...);
```

提示

1. 关键字 INTO 在 MySQL 中可以省略。

2. 如果不指定字段，关键字 VALUES 后的值必须包含所有字段的值，且按字段顺序排列。如果指定字段，“字段 1”对应插入的“值 1”，“字段 2”对应插入的“值 2”，其余以此类推。

3. 插入值的数据类型和对应字段的数据类型一定要匹配，否则数据将无法插入。

使用 INSERT...VALUES 语句插入数据有两种情况：第一种情况是为数据表的所有字段插入数据，第二种情况是为数据表的指定字段插入数据。

【案例 5-1-1】向系部表中的所有字段插入数据

打开 Navicat，连接数据库。在左侧列表中选择教学管理系统数据库“schoolsys”，接着在主工具栏中单击“查询”按钮，然后单击对象列表工具栏中的“新建查询”按钮。

在查询页面中使用 INSERT 语句插入数据，输入的 SQL 语句如下。

```
INSERT INTO tb_department
VALUES('X09','土木工程学院','87878787',' 工程楼 ');
```

也可输入如下 SQL 语句。

```
INSERT INTO tb_department(dpm_id,dpm_name,dpm_phone,dpm_address)
VALUES('X09',' 土木工程学院 ','87878787',' 工程楼 ');
```

单击“运行”按钮，执行上述代码，运行结果如图 5-1-2 和图 5-1-3 所示。

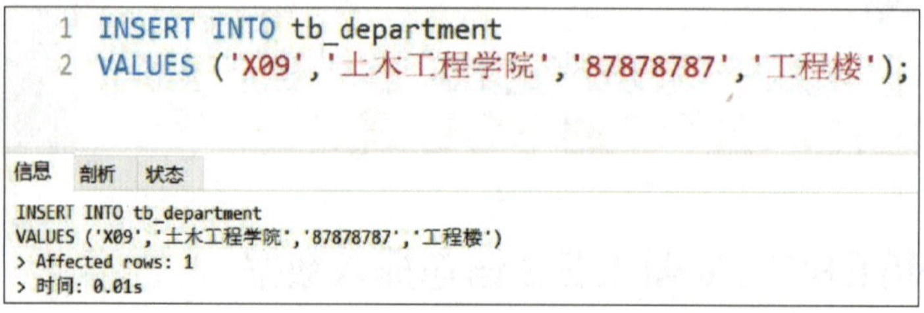

```
INSERT INTO tb_department
VALUES ('X09','土木工程学院','87878787','工程楼');

信息  剖析  状态
INSERT INTO tb_department
VALUES ('X09','土木工程学院','87878787','工程楼')
> Affected rows: 1
> 时间: 0.01s
```

图 5-1-2　执行插入操作（一）

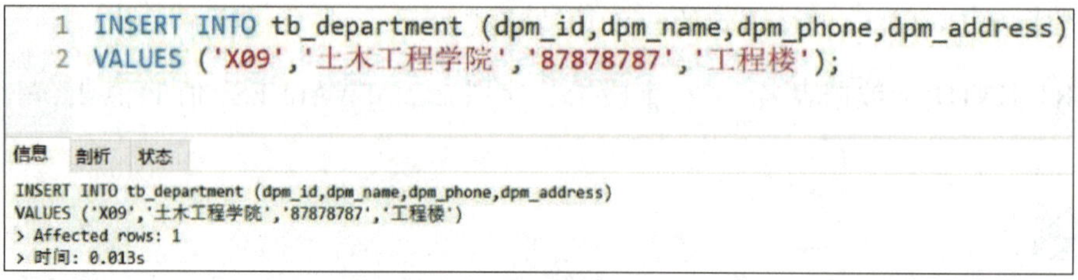

```
INSERT INTO tb_department (dpm_id,dpm_name,dpm_phone,dpm_address)
VALUES ('X09','土木工程学院','87878787','工程楼');

信息  剖析  状态
INSERT INTO tb_department (dpm_id,dpm_name,dpm_phone,dpm_address)
VALUES ('X09','土木工程学院','87878787','工程楼')
> Affected rows: 1
> 时间: 0.013s
```

图 5-1-3　执行插入操作（二）

执行上述代码且无报错后，在查询页面输入 SELECT 语句查看插入效果，使用的 SQL 语句如下。

```
SELECT * FROM tb_department;
```

单击“运行”按钮执行代码，执行效果如图 5–1–4 所示。

```
SELECT * FROM tb_department;
```

信息　结果 1　剖析　状态

dpm_id	dpm_name	dpm_phone	dpm_address
X01	计算机系	10987654321	9-408
X02	财经系	(NULL)	6-205
X03	管理系	(NULL)	6-306
X04	建筑工程系	(NULL)	9-303
X05	电气工程系	(NULL)	电气楼-302
X06	艺术系	(NULL)	7-415
X07	外语系	(NULL)	7-316
X08	机电工程系	14785296310	1-303
X09	土木工程学院	87878787	工程楼

图 5–1–4　插入数据成功

提示

本案例中 VALUES 子句中的值应用单引号括起来，因为其对应字段的数据类型为字符型。

【案例 5–1–2】 向系部表中的指定字段插入数据

打开 Navicat，连接数据库。在左侧列表中选择教学管理系统数据库“schoolsys”，接着在主工具栏中单击“查询”按钮，然后单击对象列表工具栏中的“新建查询”按钮。

在查询页面中使用 INSERT 语句，输入 SQL 语句如下。

```
INSERT INTO tb_department(dpm_id,dpm_name,dpm_address)
VALUES ('X10',' 马克思主义学院 ',' 行政楼 ');
```

单击“运行”按钮执行上述代码，运行结果如图 5–1–5 所示。

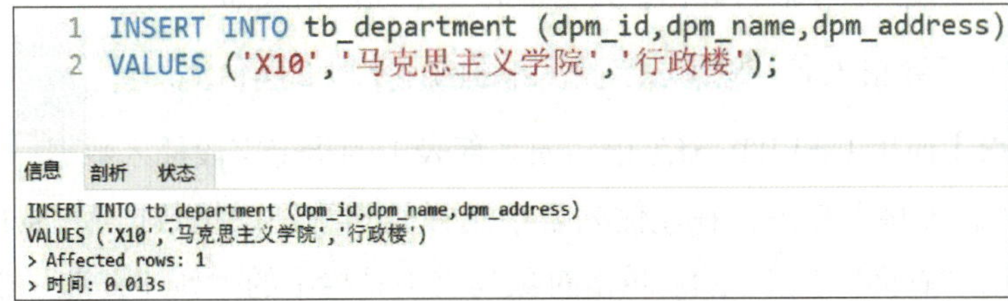

图 5–1–5　执行插入操作

执行上述代码且无报错后，在查询页面输入 SELECT 语句查看插入效果，使用的SQL 语句如下。

```
SELECT * FROM tb_department;
```

单击“运行”按钮执行代码，执行效果如图 5-1-6 所示。

```
1 SELECT * FROM tb_department;
```

信息　结果 1　剖析　状态

dpm_id	dpm_name	dpm_phone	dpm_address
X01	计算机系	10987654321	9-408
X02	财经系	(NULL)	6-205
X03	管理系	(NULL)	6-306
X04	建筑工程系	(NULL)	9-303
X05	电气工程系	(NULL)	电气楼-302
X06	艺术系	(NULL)	7-415
X07	外语系	(NULL)	7-316
X08	机电工程系	14785296310	1-303
X09	土木工程学院	87878787	工程楼
X10	马克思主义学院	(Null)	行政楼

图 5-1-6　插入数据成功

提示

1. 插入数据时，字段与 VALUES 的值必须一一对应。
2. 指定字段插入时，字段顺序无须与表定义顺序一致，但值的顺序必须与字段顺序匹配。
3. 未指定值的字段将自动插入默认值或空值（前提是该字段允许为空）。

2. 通过 INSERT...SET 语句插入数据

在 MySQL 中，除了通过 INSERT...VALUES 语句对指定字段插入数据以外，还能利用 INSERT...SET 语句往数据表中插入数据，其基本的 SQL 语法格式如下。

```
INSERT INTO <数据表名> SET <字段 1>= 值 1,<字段 2>=值 2,...
```

【案例 5-1-3】使用 INSERT...SET 语句向系部表中的指定字段插入数据

打开 Navicat，连接数据库。在左侧列表中选择教学管理系统数据库“schoolsys”，接着在主工具栏中单击“查询”按钮，然后单击对象列表工具栏中的“新建查询”按钮。

在查询页面中使用 INSERT 语句，输入 SQL 语句如下。

```
INSERT INTO tb_department
SET dpm_id='X10',dpm_name='马克思主义学院',dpm_address='行政楼';
```

单击“运行”按钮执行上述代码，运行结果如图 5-1-7 所示。

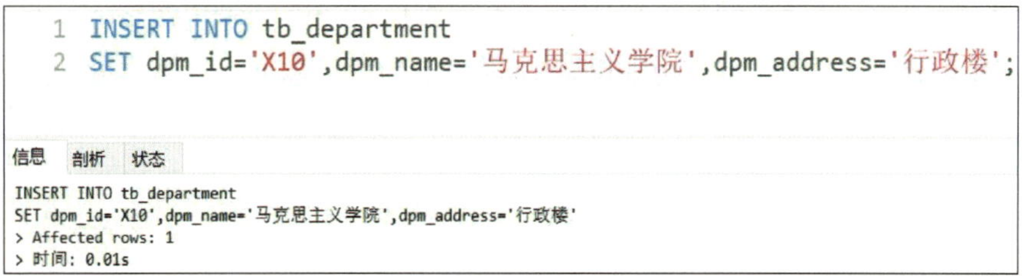

```
INSERT INTO tb_department
SET dpm_id='X10',dpm_name='马克思主义学院',dpm_address='行政楼';
```

信息 剖析 状态

```
INSERT INTO tb_department
SET dpm_id='X10',dpm_name='马克思主义学院',dpm_address='行政楼'
> Affected rows: 1
> 时间: 0.01s
```

图 5-1-7 执行插入操作

执行上述代码且无报错后，在查询页面输入 SELECT 语句查看插入效果，使用的SQL 语句如下。

```
SELECT * FROM tb_department;
```

单击“运行”按钮执行代码，执行效果如图 5-1-8 所示。

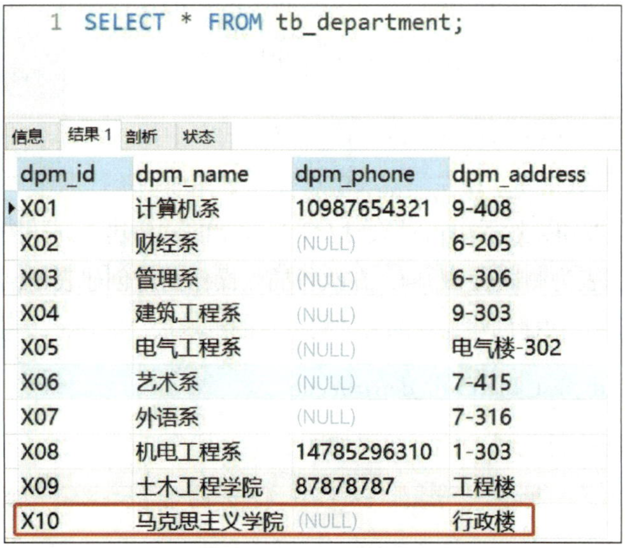

```
SELECT * FROM tb_department;
```

信息 结果 1 剖析 状态

dpm_id	dpm_name	dpm_phone	dpm_address
X01	计算机系	10987654321	9-408
X02	财经系	(NULL)	6-205
X03	管理系	(NULL)	6-306
X04	建筑工程系	(NULL)	9-303
X05	电气工程系	(NULL)	电气楼-302
X06	艺术系	(NULL)	7-415
X07	外语系	(NULL)	7-316
X08	机电工程系	14785296310	1-303
X09	土木工程学院	87878787	工程楼
X10	马克思主义学院	(NULL)	行政楼

图 5-1-8 插入数据成功

二、将查询结果插入表中的 SQL 语法

INSERT 语句不仅可以插入新数据，还可以将 SELECT 语句的查询结果批量插入表中。如果需要将一张表中的信息合并到另一张表中，不需要把每一条记录依次输入，只需要使用由 INSERT 语句和 SELECT 语句组成的语句即可实现记录的批量插入。其基本的 SQL 语法格式如下。

```
INSERT [INTO]<数据表名> [(<字段 1>,<字段 2>,...)] SELECT...;
```

提示

1. “ [INTO]<数据表名>”用于指定被插入数据的数据表，其中，“INTO”为可选项，可以省略。

2. “(< 字段 1>,< 字段 2>,...)”为可选项，默认表示向该数据表中的所有字段插入数据，否则表示向数据表的指定字段插入数据。

3. SELECT 子句用于从一张或者多张表中查询数据，并将这些查询结果集插入目标数据表中。需要注意的是，从 SELECT 子句返回的结果集的字段顺序、数量、数据类型必须与目标数据表中的字段顺序、数量、数据类型完全一致。

【案例 5-1-4】使用 INSERT...SELECT 语句向测试表中插入系部表中所有记录

打开 Navicat ，连接数据库。在左侧列表中选择教学管理系统数据库“schoolsys”，接着在主工具栏中单击“查询”按钮，然后单击对象列表工具栏中的“新建查询”按钮。

本案例的目标数据表为测试表 tb_test，在执行插入操作前应创建表格结构与系部表一致的测试表。可使用关键字 LIKE 快捷创建与系部表结构一致的测试表“tb_test”，使用的 SQL 语句如下。

```
CREATE TABLE tb_test LIKE tb_department;
```

单击“运行”按钮执行代码，执行效果如图 5-1-9 所示。

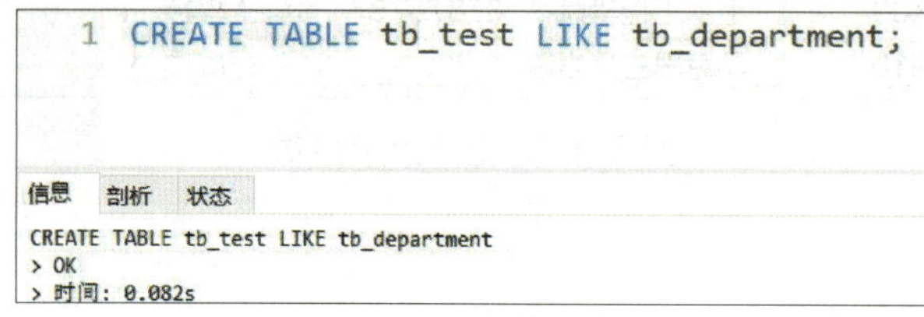

图 5-1-9　创建测试表

在查询页面中使用 DESC 语句查看系部表和测试表的表结构，所输入的 SQL 语句如下。

```
DESC tb_department;
DESC tb_test;
```

单击“运行”按钮执行上述代码，在“结果 1”选项卡中会显示系部表的表结构，在“结果 2”选项卡中会显示测试表的表结构，运行结果如图 5-1-10 和图 5-1-11 所示，由此可见与系部表结构一致的测试表创建成功。

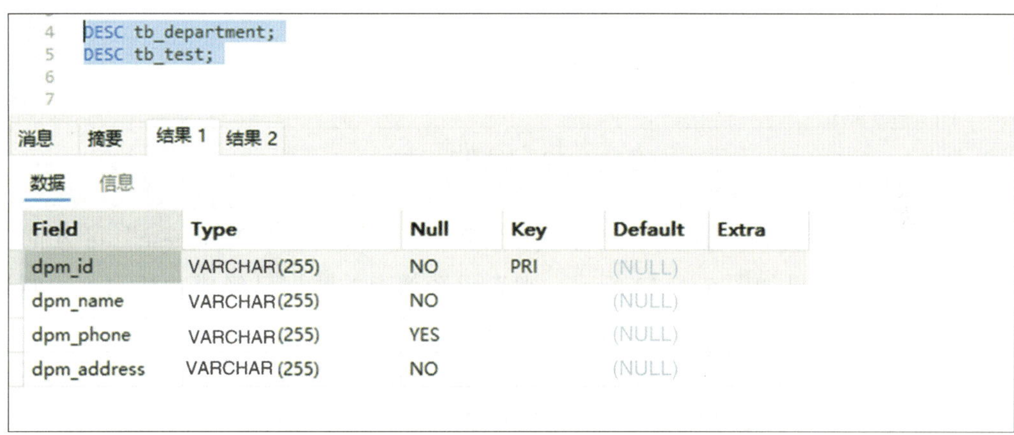

```
DESC tb_department;
DESC tb_test;
```

消息　摘要　结果 1　结果 2

数据　信息

Field	Type	Null	Key	Default	Extra
dpm_id	VARCHAR(255)	NO	PRI	(NULL)	
dpm_name	VARCHAR(255)	NO		(NULL)	
dpm_phone	VARCHAR(255)	YES		(NULL)	
dpm_address	VARCHAR(255)	NO		(NULL)	

图 5-1-10　执行查看系部表结构操作

```
DESC tb_department;
DESC tb_test;
```

消息　摘要　结果 1　结果 2

数据　信息

Field	Type	Null	Key	Default	Extra
dpm_id	VARCHAR(255)	NO	PRI	(NULL)	
dpm_name	VARCHAR(255)	NO		(NULL)	
dpm_phone	VARCHAR(255)	YES		(NULL)	
dpm_address	VARCHAR(255)	NO		(NULL)	

图 5-1-11　执行查看测试表结构操作

确认tb_test 和 tb_department 数据表结构相同后，利用 INSERT...SELECT 语句向测试表插入系部表中的所有记录，执行的 SQL 语句如下。

```
INSERT INTO tb_test(dpm_id,dpm_name,dpm_phone,dpm_address)
SELECT * FROM tb_department;
```

执行上述 SQL 语句，运行结果如图 5-1-12 所示，则表示数据插入成功。

```
1 INSERT INTO tb_test (dpm_id,dpm_name,dpm_phone,dpm_address)
2 SELECT * FROM tb_department;
```

信息 剖析 状态

```
INSERT INTO tb_test (dpm_id,dpm_name,dpm_phone,dpm_address)
SELECT * FROM tb_department
> Affected rows: 10
> 时间: 0.02s
```

图 5-1-12 数据插入成功

执行上述 SQL 语句后，输入并执行 SQL 语句 “SELECT * FROM tb_test;” 可查询测试表中的记录，查询结果如图 5-1-13 所示，则表示系部表的数据已经成功插入到了测试表中。

```
1 SELECT * FROM tb_test;
```

信息 结果 1 剖析 状态

dpm_id	dpm_name	dpm_phone	dpm_address
X01	计算机系	10987654321	9-408
X02	财经系	(NULL)	6-205
X03	管理系	(NULL)	6-306
X04	建筑工程系	(NULL)	9-303
X05	电气工程系	(NULL)	电气楼-302
X06	艺术系	(NULL)	7-415
X07	外语系	(NULL)	7-316
X08	机电工程系	14785296310	1-303
X09	土木工程学院	87878787	工程楼
X10	马克思主义学院	(NULL)	行政楼

图 5-1-13 查询测试表数据

由以上案例得知，使用 INSERT...VALUES 语句可以向表中插入一行数据，也可以插入多行数据；使用 INSERT...SET 语句可以指定插入行中每个字段的值，也可以指定部分字段的值；

使用 INSERT...SELECT 语句向表中插入其他表的数据。

在实际数据库开发中，推荐使用完整的对应字段插入对应值的 INSERT...VALUES 语句。在数据库的维护和更新过程中，存在修改字段顺序或者修改字段数值类型的情况，如果是使用按字段顺序插入的 INSERT 语句，反而会增加数据库的维护难度，约束了数据库的可拓展性。在插入多条记录时，INSERT...VALUES 语句的批量插入在运行效率上会远大于其他语句。

1. 打开 Navicat 并创建查询

打开 Navicat，连接数据库。在左侧列表中选择教学管理系统数据库“schoolsys”，接着在主工具栏中单击“查询”按钮，然后单击对象列表工具栏中的“新建查询”按钮。

2. 在查询页面中输入 INSERT INTO 语句

明确插入目标数据表为数据库“schoolsys”中的数据表“tb_course”(课程表)，选用 INSERT INTO ... VALUES 语句，并按数据表的字段顺序插入值，插入内容为“('K0029','mysql','必修','4','很重要'),('K0030','MySQL','必修','4','非常重要'),('K0031','Mysql','必修','4','十分重要');”。在新建的查询页面中输入 的 SQL 语句如下。

```
INSERT INTO tb_course
VALUES ('K0029','mysql','必修','4','很重要'),
        ('K0030','MySQL','必修','4','非常重要'),
        ('K0031','Mysql','必修','4','十分重要');
```

3. 执行 INSERT INTO 语句进行数据插入操作

确认语法和语句无误后，单击“运行”按钮，在“信息”选项卡中显示运行结果：“Affected rows：3”（受影响的行数：3）表示成功插入三行记录，执行效果如图 5-1-1 所示。

4. 查询课程表，确认数据是否插入成功

执行上述语句且无报错后，需要重新查询课程表以确认插入数据操作成功。在查询页面中输入查询语句，输入的 SQL 语句如下。

```
SELECT * FROM tb_course;
```

单击“运行”按钮，在“结果 1”选项卡中查询出课程表的所有记录，查看“cou_id”字段值为 K0029、K0030、K0031 的三行记录为所插入的数据，则表明插入操作成功，执行效果如图 5-1-14 所示。

```
1 SELECT * FROM tb_course;
```

信息 结果 1 剖析 状态

cou_id	cou_name	cou_type	cou_credit	cou_describe
K0014	教育学	选修	3	(NULL)
K0015	心理学	选修	3	(NULL)
K0016	人力资源管理	必修	4	(NULL)
K0017	企业金融学	必修	4	(NULL)
K0018	西方经济学	必修	4	(NULL)
K0019	物流基础	必修	4	(NULL)
K0020	物流企业会计	必修	3	(NULL)
K0021	国际物流导论	必修	3	(NULL)
K0022	物流信息技术	必修	3	(NULL)
K0023	市场营销	必修	4	(NULL)
K0024	经济学	必修	3	(NULL)
K0025	工商管理学	必修	4	
K0026	java入门到精通	必修	3	学习java，让
K0027	java世界	选修	3	让我们一起来
K0029	mysql	必修	4	很重要
K0030	MySQL	必修	4	非常重要
K0031	Mysql	必修	4	十分重要

图 5-1-14 查询课程表

1. 向系部表插入多条记录。要求使用 INSERT...VALUES 语句将上述案例使用的数据一次

性插入系部表中。

2. 试写出插入数据操作失败的可能原因。

3. 试写出同时插入多条记录时，效率最高的插入数据的 SQL 语法。

任务 2　更新数据表数据

1. 了解更新数据的 SQL 语法。
2. 能使用 UPDATE 语句修改字段值。

数据更新为数据表数据维护做出了较大的贡献，强大的更新功能提高了数据容错率，不会因为一次插入失误就重新开始。

本任务要求使用 Navicat 更新课程表中的字段“cou_credit”和“cou_describe”，要求将“cou_name”字段内容为“MySQL”的记录中的“cou_credit”字段内容修改为“3”，将“cou_describe”字段内容修改为空。得到执行效果如图 5-2-1 所示。

```
UPDATE tb_course
SET cou_credit='3',cou_describe=''
WHERE cou_name LIKE'MYSQL%'
```

信息　剖析　状态

```
UPDATE tb_course
SET cou_credit='3',cou_describe=''
WHERE cou_name LIKE'MYSQL%'
> Affected rows: 3
> 时间: 0.01s
```

图 5-2-1　更新数据成功

更新数据是修改表中已存在的记录，是数据处理中常见的操作。MySQL 中使用 UPDATE 语句可以更新表中特定的行或者同时更新所有行的记录。

更新数据的 UPDATE 语句中的 SQL 语法格式如下。

```
UPDATE  table_name
SET column_name1=value1,column_name2=value2, ..., column _namen=valuen
WHERE(condition);
```

提示

1. 数据表“table_name”用于指定待更新数据的表；“column_name1=value1, column_name2=value2, ..., column_namen=valuen”为相对应的指定字段的更新值；“condition”指定更新的记录需要满足的条件。

2. 更新多个字段时，每个“字段 - 值”对之间用逗号隔开，最后一个“字段 - 值”对之后不需要逗号。

3. 如果未使用 WHERE 子句指定条件，数据表将默认更新该字段的所有行。

1. 打开 Navicat 并创建查询

打开 Navicat，连接数据库。在左侧列表中选择教学管理系统数据库“schoolsys”，接着在主工具栏中单击“查询”按钮，然后单击对象列表工具栏中的“新建查询”按钮。

2. 在查询页面中输入 UPDATE 语句

明确更新目标数据表为数据库“schoolsys”中的数据表“tb_course”（课程表），分别为字段“cou_credit”和“cou_describe”更新值“3”及空。在新建的查询页面中输入 SQL 语句如下。

```
UPDATE  tb_course
```

```
SET cou_credit='3' , cou_describe=''
WHERE cou_name LIKE '%MYSQL%';
```

提示

此处所更新的值为空字符串，并非 SQL 中的 NULL 空值。空字符串和 NULL 空值是两个不同的概念。

3. 执行 UPDATE 语句进行数据更新操作

确认语法和语句无误后，单击“运行”按钮，在“信息”选项卡中显示运行结果为“Affected rows：3”（受影响的行数：3），执行效果如图 5-2-1 所示。

4. 查询课程表，检查数据更新是否成功

执行上述语句且无报错后，需要重新查询课程表，以确认更新数据操作是否成功。在查询页面中输入查询语句，输入 SQL 语句如下。

```
SELECT * FROM tb_course;
```

单击“运行”按钮，在“结果 1”选项卡中查询出课程表的所有记录，查看“cou_name”字段值为“MySQL”的三行记录，其字段“cou_credit”和“cou_describe”值都被修改，则证明更新数据操作成功，执行效果如图 5-2-2 所示。

```
1 SELECT * FROM tb_course;
```

信息　结果 1　剖析　状态

cou_id	cou_name	cou_type	cou_credit	cou_describe
K0014	教育学	选修	3	(NULL)
K0015	心理学	选修	3	(NULL)
K0016	人力资源管理	必修	4	(NULL)
K0017	企业金融学	必修	4	(NULL)
K0018	西方经济学	必修	4	(NULL)
K0019	物流基础	必修	4	(NULL)
K0020	物流企业会计	必修	3	(NULL)
K0021	国际物流导论	必修	3	(NULL)
K0022	物流信息技术	必修	3	(NULL)
K0023	市场营销	必修	4	(NULL)
K0024	经济学	必修	3	(NULL)
K0025	工商管理学	必修	4	
K0026	java入门到精通	必修	3	学习java，让
K0027	java世界	选修	3	让我们一起来
K0029	mysql	必修	3	
K0030	MySQL	必修	3	
K0031	Mysql	必修	3	

图 5-2-2　更新数据成功

1. 将课程表中字段“cou_credit”内容为“3”的记录中的“cou_type”字段内容修改为“选修”。

2. 试写出更新数据操作失败的可能原因。

3. 简述 UPDATE 语句中有无 WHERE 子句的区别。

1. 了解 DELETE 语句和 TRUNCATE TABLE 语句。
2. 能使用 DELETE 语句和 DROP 语句删除数据。
3. 了解 DELETE 语句、TRUNCATE TABLE 语句和 DROP 语句的区别。

删除数据与插入数据、更新数据同属于数据修改操作，但功能不同。数据库不能一味地增加数据，要根据需求保留和删除数据，删除操作为数据库减轻了负担，提高了运行效率。

本任务要求使用 Navicat 删除课程表“tb_course”中字段“cou_name”内容为“MySQL”的记录，得到执行结果如图 5-3-1 所示。

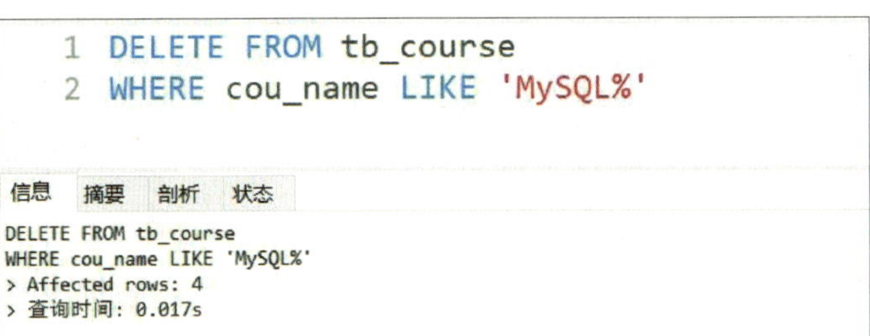

图 5-3-1 删除数据成功

一、通过 DELETE 语句删除数据

从数据表中删除数据使用 DELETE 语句，DELETE 语句允许 WHERE 子句指定删除条件。DELETE 语句的语法与 SELECT 语句的语法有着相似之处。如果说查询是将 SELECT 语句的查询结果显示出来的话，那么 DELETE 就是将这些查询到的结果删除。

DELETE 语句的基本 SQL 语法格式如下。

```
DELETE  FROM  数据表名 [WHERE(条件)];
```

小提示

“数据表名”指定要删除数据的表；“[WHERE(条件)]”为可选参数，用于指定删除条件，如果没有 WHERE 子句，DELETE 语句将删除表中的所有记录。

二、通过 TRUNCATE TABLE 语句清空数据表

如果要删除表中所有行，可以通过 TRUNCATE TABLE 语句实现，其基本 SQL 语法格式如下。

```
TRUNCATE  [TABLE]  <数据表名>;
```

提示

该语句用于快速清空表数据，保留表结构（字段、索引等）。

【案例 5-3-1】删除测试表中的数据

打开 Navicat，连接数据库。在左侧列表中选择教学管理系统数据库“schoolsys”，接着在主工具栏中单击“查询”按钮，然后单击对象列表工具栏中的“新建查询”按钮。

在查询页面中使用 TRUNCATE TABLE 语句删除数据表“tb_test”中的数据，所输入的 SQL 语句如下。

```
TRUNCATE TABLE schoolsys.tb_test;
```

单击“运行”按钮，执行上述代码，运行结果如图 5-3-2 所示。

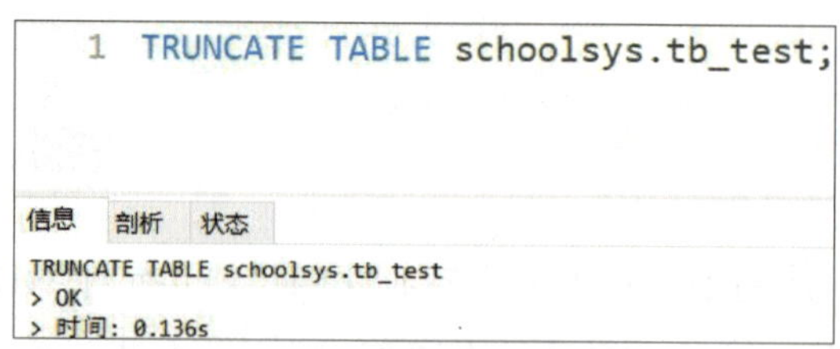

图 5-3-2 执行删除操作

执行上述代码且无报错后，在查询页面输入 SELECT 语句查看删除效果，使用的 SQL 语句如下。

```
SELECT * FROM tb_test;
```

单击“运行”按钮执行代码，执行效果如图 5-3-3 所示。

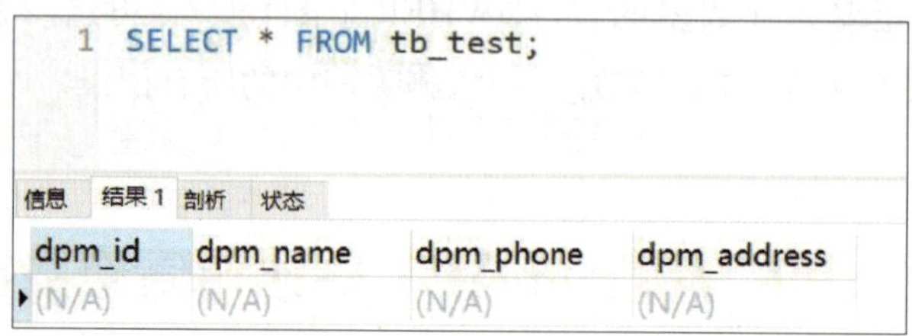

图 5-3-3 删除数据成功

DELETE 语句和 TRUNCATE TABLE 语句的区别如下。

1. 使用TRUNCATE TABLE 语句后，表中的 AUTO_INCREMENT 计数器将被重新设置为该列

的初始值。

2. 对于参与了索引和视图的表，不能使用 TRUNCATE TABLE 语句来删除数据，而应使用 DELETE 语句。

3. TRUNCATE TABLE 操作比DELETE 操作使用的系统和事务日志资源少。使用 DELETE 语句每删除一行，都会在事务日志中添加一行记录，而 TRUNCATE TABLE 语句是通过释放存储表数据所用的数据页来删除数据的，且在事务日志中仅记录页释放。

三、DELETE 语句、TRUNCATE TABLE 语句和DROP 语句的区别

1. 表和索引所占空间

DELETE 语句只会移除行数据，不会释放分配给表的空间，表结构和索引仍然存在。TRUNCATE TABLE 语句会移除所有行数据，通常释放表的空间，但表结构和索引保持不变。DROP 语句不仅会移除所有行数据，还会移除表结构及索引，完全释放表占用的空间。

2. 引用范围

DELETE 语句可以有条件地删除特定记录，允许 WHERE 子句来指定删除条件。TRUNCATE TABLE 语句不能有条件地删除数据，总是删除表中的所有行。DROP 语句没有引用范围的概念，因为整张表都被删除了。

3. 执行速度

由于 DELETE 语句是逐行操作的，并且触发器和约束（如外键）可以被激活，因此，它可能比其他两种方式的执行速度更慢。因为 TRUNCATE TABLE 语句不触发触发器，也不检查约束，所以比 DELETE 语句的执行速度更快。DROP 语句通常执行很快，因为它删除了整个对象。三者的执行速度从快到慢可排序为 DROP 语句 >TRUNCATE TABLE 语句 >DELETE 语句。

4. 使用场景

当需要根据某些条件删除部分数据时使用 DELETE 语句。当需要快速清空一张表的所

有数据而不删除表结构时使用 TRUNCATE TABLE 语句。当确定要永久删除整张表时，使用 DROP 语句。

5. 自增列处理

使用 DELETE 语句时，自增列的计数器不会重置，已使用的值不会重新使用。使用 TRUNCATE TABLE 语句时，大多数数据库系统会重置自增列的计数器。使用 DROP 语句时，因为表被彻底删除，所以不存在自增列的问题。

6. 回滚撤销

DELETE 操作是事务安全的，可以在事务中被回滚。TRUNCATE 通常是非事务性的，不可回滚（但在某些数据库系统中可能是事务安全的）。DROP 操作是非事务性的，一旦执行就无法轻易恢复（除非通过备份或其他机制）。

1. 打开 Navicat 并创建查询

打开 Navicat，连接数据库。在左侧列表中选择教学管理系统数据库“schoolsys”，接着在主工具栏中单击“查询”按钮，然后单击对象列表工具栏中的“新建查询”按钮。

2. 在查询页面中查询需要删除的记录

删除操作和查询操作的 SQL 语句仅关键字不同，因此，删除前可以先执行查询操作，查看需要删除的记录。在新建的查询页面中输入 SQL 语句如下。

```
SELECT * FROM tb_course WHERE cou_name LIKE '%MySQL%';
```

3. 执行 SELECT 语句查询目标记录

单击“运行”按钮，在“结果 1”选项卡中查询出课程表“tb_course”中字段“cou_name”值满足含有“MySQL”条件的记录，即需要删除的目标记录，执行效果如图 5-3-4 所示。

```
SELECT * FROM tb_course WHERE cou_name LIKE '%MySQL%';
```

信息　结果 1　剖析　状态

cou_id	cou_name	cou_type	cou_credit	cou_describe
K0028	MYSQL	必修	3	重要
K0029	Mysql	必修	3	重要
K0030	MySQL	必修	3	重要

图 5-3-4　查询目标记录

4. 将 SELECT 语句修改为 DELETE 语句

将查询语句中的关键字 SELECT 修改为 DELETE ，转换为删除语句，确保条件一致，转换得到的SQL 语句如下。

```
DELETE FROM tb_course WHERE cou_name LIKE '%MySQL%';
```

5. 执行 DELETE 语句进行数据删除操作

确认语法无误后，单击“运行”按钮，在“信息”选项卡中显示运行结果为“Affected rows：3”（受影响的行数：3），执行效果如图 5-3-5 所示。

```
DELETE FROM tb_course WHERE cou_name LIKE '%MySQL%';
```

信息　剖析　状态

```
DELETE FROM tb_course WHERE cou_name LIKE '%MySQL%'
> Affected rows: 3
> 时间: 0.002s
```

图 5-3-5　执行删除操作

6. 查询课程表，确认数据删除是否成功

执行上述语句且无报错后，需要重新查询课程表，以确认删除数据操作是否成功。将 DELETE 关键字修改为 SELECT，转换后的 SQL 语句如下。

```
SELECT * FROM tb_course WHERE cou_name LIKE '%MySQL%';
```

单击“运行”按钮，在“结果 1”选项卡中显示运行结果，查看“schoolsys”数据库下的课程表中课程名称“cou_name”为“MySQL”的记录为空，则表示删除成功，执行效果如图 5-3-1 所示。

1. 使用 DELETE 语句删除测试表中的数据。
2. 简述删除数据表的三个关键字的执行速度区别。
3. 简述 DELETE 语句和 DROP 语句的区别。

项目六　视图与索引

在 MySQL 中，视图是一张虚拟的表，通过封装查询逻辑，使得查询操作更加简洁，便于数据访问和逻辑封装。同时，使用视图将用户对数据的访问限制在特定的字段上，大大提高了数据库的安全性。而索引是一个单独的数据结构，基于表中特定字段建立索引键与数据行的映射关系，可以用来快速定位特定的记录，极大地提高了数据库查询效率。

本项目旨在通过“创建视图”“修改和删除已创建的视图”“创建和删除索引”三个任务实例来熟悉视图与索引的使用方法，提高数据库管理能力。

任务 1　创建视图

学习目标

1. 了解视图的概念。
2. 了解视图的作用。
3. 掌握视图的创建方法。
4. 能使用 SQL 语句创建视图。

任务描述

视图封装了 SELECT 查询的定义，与表不同，它在物理上不是真实存在的，而是一张虚拟表。数据库视图有助于限制特定用户对数据的访问，为数据提供了额外的安全层，也有助于简化复杂的查询。

本任务要求使用 Navicat 创建一个名为“s_count”的视图，如图 6-1-1 所示，该视图可统计“数媒 111 班”的人数。

```
CREATE VIEW s_count
AS
SELECT count(stu_name)
FROM tb_student JOIN tb_class ON tb_student.cla_id=tb_class.cla_id
WHERE cla_name LIKE '%数媒111班%'
GROUP BY tb_class.cla_id
```

```
信息    剖析    状态

CREATE VIEW s_count
AS
SELECT count(stu_name)
FROM tb_student JOIN tb_class ON tb_student.cla_id=tb_class.cla_id
WHERE cla_name LIKE '%数媒111班%'
GROUP BY tb_class.cla_id
> OK
> 时间: 0.005s
```

图 6-1-1 创建视图

一、视图的概念

MySQL 中的视图是一张虚拟表，该表与真实的表类似，包含一系列带有名称的列（字段），但不存储实际数据。视图的行数据来自定义视图时所引用的数据表，并且在查询视图时动态生成。

视图的操作与表非常相似，用户可以使用 SELECT 语句查询视图中的数据。在满足一定条件时，也可使用 INSERT、UPDATE 和 DELETE 语句操作视图数据。从 MySQL 5.0.1 版本开始，MySQL 支持视图功能，视图不仅可以使用户操作更加方便，还可以保障数据库系统的安全。

二、视图的作用

1. 简化操作

视图可以使查询语句更加直观和易于理解，将常用查询逻辑封装为视图，可以简化复杂的查询操作。

2. 提高数据安全性

通过视图可以限制用户对底层表的访问权限，选择性地展示数据，使不同用户只能看到被授权的信息。

3. 实现逻辑数据独立

视图可屏蔽真实表结构变化带来的影响，保证数据与程序之间的逻辑独立性（即逻辑数据独立性）。

三、视图的创建

创建视图时，从基本表中提取数据的逻辑封装。视图本身并不存储实际数据，而是保存一个 SELECT 查询语句，每次查询视图时动态执行该语句生成结果。创建视图使用 CREATE VIEW 语句，其基本的 SQL 语法格式如下。

```
CREATE [OR REPLACE] VIEW <视图名>
AS
<查询语句>;
```

提示

1. 视图可基于单表创建或多表创建。

2. 在单表上创建视图和在多表上创建视图的基本语法一致，区别在于单表视图使用单表查询，多表视图使用多表查询。

3. 可选项 OR REPLACE 用于在视图存在时替换现有视图。

1. 打开 Navicat 并创建查询

打开 Navicat，连接数据库。在左侧列表中选择教学管理系统数据库“schoolsys”，接着在主工具栏中单击“查询”按钮，然后单击对象列表工具栏中的“新建查询”按钮。

2. 输入创建视图语句

在查询页面中使用CREATE VIEW语句创建一个名为“s_count”的视图，其中使用COUNT()函数统计“数媒111班”的人数，WHERE子句通过“cla_name”匹配字段值为“数媒111班”的记录。创建视图所用SQL语句如下。

```
CREATE VIEW s_count
AS
SELECT COUNT(stu_name)
FROM tb_student JOIN tb_class
ON tb_student.cla_id = tb_class.cla_id
WHERE cla_name LIKE '%数媒 111班 %';
GROUP BY tb_class.cla–id;
```

3. 执行创建视图语句

单击“运行”按钮执行上述代码，在“信息”选项卡中显示“OK”表示该代码执行成功，运行结果如图6–1–2所示。

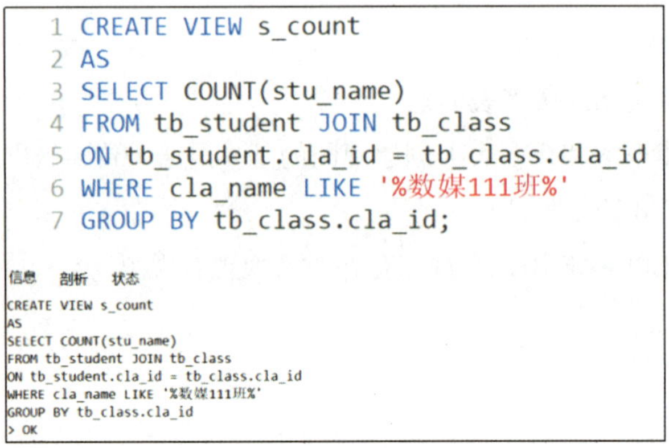

```
CREATE VIEW s_count
AS
SELECT COUNT(stu_name)
FROM tb_student JOIN tb_class
ON tb_student.cla_id = tb_class.cla_id
WHERE cla_name LIKE '%数媒111班%'
GROUP BY tb_class.cla_id;

信息  剖析  状态
CREATE VIEW s_count
AS
SELECT COUNT(stu_name)
FROM tb_student JOIN tb_class
ON tb_student.cla_id = tb_class.cla_id
WHERE cla_name LIKE '%数媒111班%'
GROUP BY tb_class.cla_id
> OK
```

图6-1-2　执行查询语句

4. 输入SELECT语句查询视图

创建完成后，使用SELECT语句从视图“s_count”中查询数据，具体SQL语句如下。

```
SELECT * FROM s_count;
```

确认语法无误后，单击“运行”按钮，执行上述代码。

5. 查看“结果 1”选项卡输出的记录

查询结果如图 6-1-3 所示，查看“COUNT(stu_name)”字段值为 2，表明“数媒 111 班”的人数统计正确，创建视图操作成功。

图 6-1-3 查询视图中的数据

1. 创建一个视图“stu_gra”，要求其中包含每名学生的成绩。
2. 简述视图的作用。
3. 简述 MySQL 中视图和表的区别。

任务 2 修改和删除已创建的视图

1. 了解更新视图数据的方法。
2. 了解查看视图的方法。
3. 能修改视图结构。
4. 能删除视图。

修改视图是指修改数据库中存在的视图，当基本表的某些字段发生变化时，可以通过修改视图来保持视图与基本表的一致性。删除视图时，只能删除视图的定义，不会删除数据。

本任务要求通过 Navicat 在教学管理系统数据库“schoolsys”中使用 CREATE OR REPLACE VIEW 语句修改视图，如图 6-2-1 所示，并用 DROP 语句删除视图。

```
CREATE OR REPLACE VIEW s_count
AS
SELECT stu_name,gra_score
FROM tb_student,tb_grade
WHERE tb_student.stu_id=tb_grade.stu_id
```

信息　剖析　状态

```
CREATE OR REPLACE VIEW s_count
AS
SELECT stu_name,gra_score
FROM tb_student,tb_grade
WHERE tb_student.stu_id=tb_grade.stu_id
> Affected rows: 0
> 时间: 0.005s
```

图 6-2-1　修改视图成功

一、视图数据的更新

1. 在已创建的视图中插入数据

对视图数据的更新本质上是对其基本表数据的更新，包括插入、修改和删除视图数据。

在视图中插入数据与在表中插入数据一样，使用基本的 INSERT 语句插入数据，其基本的 SQL 语法格式如下。

```
INSERT INTO <视图名>
VALUES ('< 数据 >');
```

2. 在已创建的视图中修改数据

修改视图中的数据可使用 UPDATE 语句，可同时修改多行数据，其基本的 SQL 语法格式如下。

```
UPDATE <视图名>
SET <数据>
WHERE <筛选条件>;
```

3. 在已创建的视图中删除数据

删除视图中数据的基本语法与删除表中的数据语法一致，都可使用 DELETE 语句，其中 DELETE 语句中使用允许 WHERE 子句指定删除条件，具体的 SQL 语法格式如下。

```
DELETE
FROM <视图名>
WHERE <筛选条件>;
```

二、视图的查看

1. 使用 DESCRIBE 语句查看视图的基本信息

使用 DESCRIBE 语句可以查看视图字段的定义、字段的数据类型、是否为空等信息，具体的 SQL 语法格式如下。

```
DESCRIBE <视图名>;
```

提示

"DESCRIBE" 可简写为 "DESC"。

2. 使用 SHOW TABLE STATUS 语句查看视图的基本信息

使用 SHOW TABLE STATUS 语句可以查看视图的基本信息，具体的 SQL 语法格式如下。

```
SHOW TABLE STATUS LIKE '视图名';
```

提示

使用 SHOW TABLE STATUS 语句可查看的信息包括存储引擎、创建时间等，注意使用时视图名称应用单引号括起来。

3. 使用 SHOW CREATE VIEW 语句查看视图的基本信息

使用 SHOW CREATE VIEW 语句可以查看视图的名称、创建视图的语句等信息，具体的 SQL 语法格式如下。

```
SHOW CREATE VIEW<视图名>;
```

4. 使用 SELECT 语句查看所有视图的详细信息

在 MySQL 中，数据库“information_schema”下的数据表“views”中存储了所有视图的定义。通过对数据表“views”的查询，可以查看数据库中所有视图的详细信息，具体的 SQL 语法格式如下。

```
SELECT * FROM information_schema.views;
```

三、视图结构的修改

1. 使用 CREATE OR REPLACE VIEW 语句

修改视图通常意味着更改视图的定义，可以使用 CREATE OR REPLACE VIEW 语句或 ALTER VIEW 语句实现。使用 CREATE OR REPLACE VIEW 语句可以修改视图结构，具体的 SQL 语法格式如下。

```
CREATE OR REPLACE VIEW<视图名>
AS
<查询语句>;
```

提示

CREATE OR REPLACE VIEW 语句既可用于创建视图（视图不存在时），也可用于修改视图。当视图已经存在时，执行该语句是对视图进行修改操作；当视图不存在时，执行该语句是进行视图的创建操作。

2. 使用 ALTER VIEW 语句

使用 ALTER VIEW 语句可以对视图的结构进行修改，该语句必须在视图已存在时使用（否则报错），具体的 SQL 语法格式如下。

```
ALTER VIEW <视图名>
AS
<查询语句>;
```

四、视图的删除

删除视图是指删除数据库中已存在的视图。删除一个或多个视图可使用 DROP VIEW 语句，具体的 SQL 语法格式如下。

```
DROP VIEW IF EXISTS '<视图名>';
```

提示

可同时删除多个视图，各视图名之间使用逗号隔开。删除视图要拥有 DROP 权限。删除视图时只能删除视图的定义，不会删除基本表数据。

1. 打开 Navicat 并创建查询

打开 Navicat，连接数据库。在左侧列表中选择教学管理系统数据库“schoolsys”，接着在主工具栏中单击“查询”按钮，然后单击对象列表工具栏中的“新建查询”按钮。

2. 输入修改视图结构语句

使用 CREATE OR REPLACE VIEW 语句修改视图的结构，将视图“s_count”修改为查询学生成绩，其中需要使用 SELECT 语句查询表“tb_student”“tb_grade”中的字段“stu_name”和“gra_score”。修改视图结构所用 SQL 语句如下。

```
CREATE OR REPLACE VIEW s_count
AS
SELECT stu_name,gra_score
FROM tb_student,tb_grade
WHERE tb_student.stu_id=tb_grade.stu_id;
```

3. 执行修改视图结构语句

单击“运行”按钮，执行上述代码，在“信息”选项卡中显示“Affected rows: 0”（受影响的行数：0）。修改视图定义不会影响数据行，因此，受影响行数为 0 是正常现象。运行结果如图 6-2-2 所示。

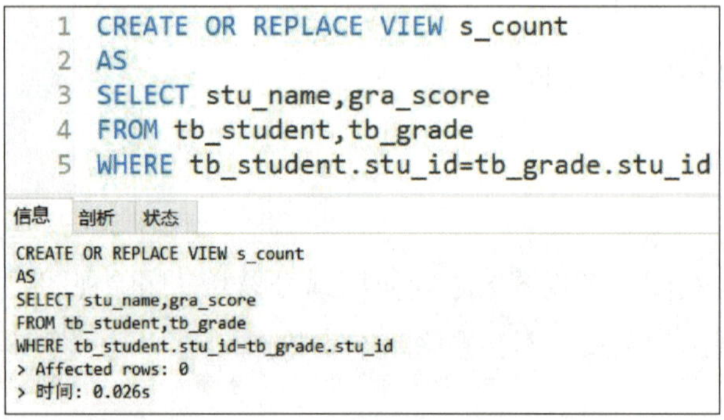

```
CREATE OR REPLACE VIEW s_count
AS
SELECT stu_name,gra_score
FROM tb_student,tb_grade
WHERE tb_student.stu_id=tb_grade.stu_id
```

信息 剖析 状态

```
CREATE OR REPLACE VIEW s_count
AS
SELECT stu_name,gra_score
FROM tb_student,tb_grade
WHERE tb_student.stu_id=tb_grade.stu_id
> Affected rows: 0
> 时间: 0.026s
```

图 6-2-2 修改视图结构成功

4. 查看视图中的数据

查看修改完成后视图中的数据，即使用 SELECT 语句从视图“s_count”中查询数据，具体 SQL 语句如下。

```
SELECT * FROM s_count;
```

确认语法无误后，单击“运行”按钮执行上述代码，在“信息”选项卡中显示“OK”表示该代码执行成功，运行结果如图 6-2-3 所示。

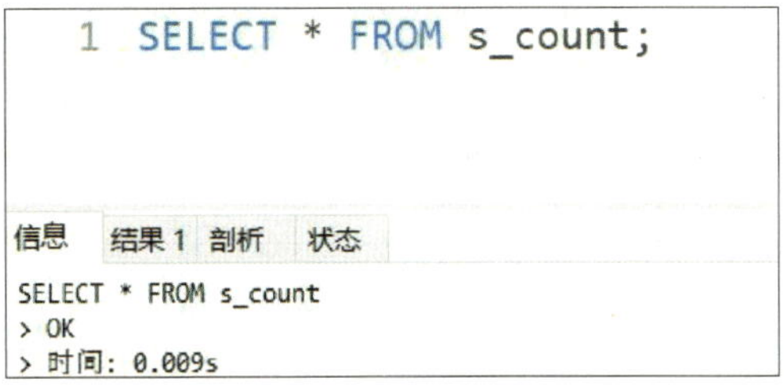

```
1 SELECT * FROM s_count;
```

信息　结果 1　剖析　状态

```
SELECT * FROM s_count
> OK
> 时间: 0.009s
```

图 6-2-3　执行查询语句

5. 查看“结果 1”选项卡输出的记录

选择“结果 1”选项卡，查询结果如图 6-2-4 所示，显示所有学生的成绩即证明视图结构已经修改成功。

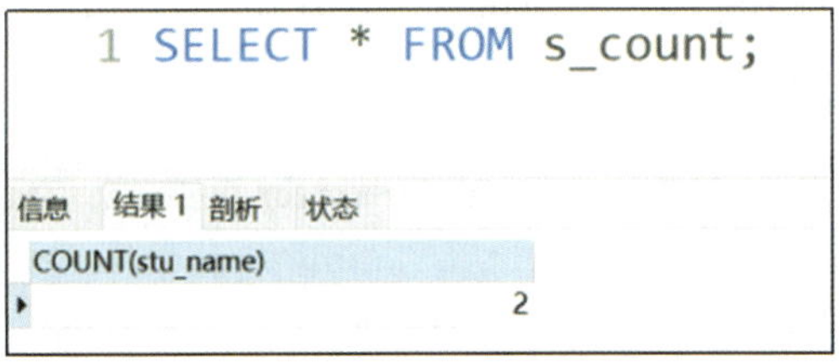

```
1 SELECT * FROM s_count;
```

信息　结果 1　剖析　状态

COUNT(stu_name)
2

图 6-2-4　查询视图中的数据（部分）

6. 输入删除视图语句

使用DROP VIEW 语句将已修改的视图“s_count”删除。删除视图所用SQL语句如下。

```
DROP VIEW IF EXISTS s_count;
```

7. 执行删除视图语句

单击“运行”按钮执行上述代码，在“信息”选项卡中显示“OK”说明代码执行成功，运行结果如图 6-2-5 所示。

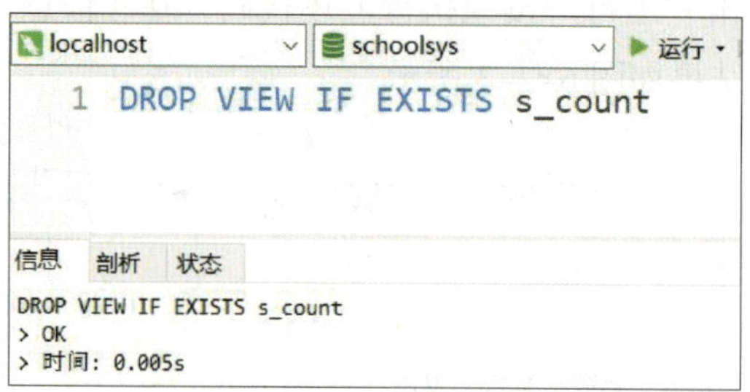

图 6-2-5 删除视图

8. 输入 SELECT 语句查看视图

在数据库“ information_schema ”的表“ views ”中可查看所有视图，即使用 SELECT 语句查询数据，使用 FROM 子句指定查询系统数据库“information_schema”的表“views”，使用的 SQL 语句如下。

```
SELECT * FROM information_schema.views;
```

确认语法无误后，单击“运行”按钮执行上述代码，在“信息”选项卡中显示“OK”表示该代码执行成功。运行结果如图 6-2-6 所示。

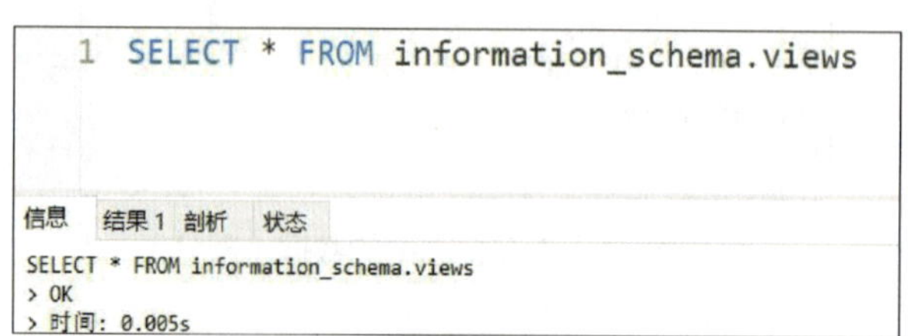

图 6-2-6 执行查询语句

9. 查看“结果 1”选项卡输出的记录

选择“结果 1”选项卡，查询结果如图 6-2-7 所示，可见“information_schema”数据库的“views”表中没有视图“s_count”记录，证明视图已成功删除。

```
SELECT * FROM information_schema.VIEWS;
```

信息　结果 1　剖析　状态

TABLE_CATALOG	TABLE_SCHEMA	TABLE_NAME	VIEW_DEFINITIO	CHECK_OPTION	IS_UPDATABLE	DEFINER	SECURITY_TYPE	CHARACTER_SET	COLLATION_CONNECTION
def	car_rental	order_date_view	select `car_rental`	NONE	YES	root@localhost	DEFINER	utf8mb4	utf8mb4_general_ci
def	car_rental	order_space_view	select `car_rental`	NONE	YES	root@localhost	DEFINER	utf8mb4	utf8mb4_general_ci
def	car_rental	order_view	select distinct `ca	NONE	NO	root@localhost	DEFINER	utf8mb4	utf8mb4_general_ci
def	car_rental	space_view	select distinct `ca	NONE	NO	root@localhost	DEFINER	utf8mb4	utf8mb4_general_ci
def	schoolsys	s_count	select count(`sch	NONE	NO	root@localhost	DEFINER	utf8mb4	utf8mb4_general_ci
def	sys	host_summary	select if(isnull(`pe	NONE	NO	mysql.sys@localh	INVOKER	utf8	utf8_general_ci
def	sys	host_summary_b	select if(isnull(`pe	NONE	NO	mysql.sys@localh	INVOKER	utf8	utf8_general_ci
def	sys	host_summary_b	select if(isnull(`pe	NONE	YES	mysql.sys@localh	INVOKER	utf8	utf8_general_ci
def	sys	host_summary_b	select if(isnull(`pe	NONE	YES	mysql.sys@localh	INVOKER	utf8	utf8_general_ci
def	sys	host_summary_b	select if(isnull(`pe	NONE	NO	mysql.sys@localh	INVOKER	utf8	utf8_general_ci
def	sys	host_summary_b	select if(isnull(`pe	NONE	YES	mysql.sys@localh	INVOKER	utf8	utf8_general_ci
def	sys	innodb_buffer_st	select if((locate('.'	NONE	NO	mysql.sys@localh	INVOKER	utf8	utf8_general_ci
def	sys	innodb_buffer_st	select if((locate('.'	NONE	NO	mysql.sys@localh	INVOKER	utf8	utf8_general_ci
def	sys	innodb_lock_wait	select `r`.`trx_wait	NONE	NO	mysql.sys@localh	INVOKER	utf8	utf8_general_ci
def	sys	io_by_thread_by	select if(isnull(`pe	NONE	NO	mysql.sys@localh	INVOKER	utf8	utf8_general_ci
def	sys	io_global_by_file	select `sys`.`forma	NONE	YES	mysql.sys@localh	INVOKER	utf8	utf8_general_ci
def	sys	io_global_by_file	select `sys`.`forma	NONE	YES	mysql.sys@localh	INVOKER	utf8	utf8_general_ci
def	sys	io_global_by_wai	select substring_i	NONE	YES	mysql.sys@localh	INVOKER	utf8	utf8_general_ci
def	sys	io_global_by_wai	select substring_i	NONE	YES	mysql.sys@localh	INVOKER	utf8	utf8_general_ci
def	sys	latest_file_io	select if(isnull(`inf	NONE	YES	mysql.sys@localh	INVOKER	utf8	utf8_general_ci
def	sys	memory_by_host	select if(isnull(`pe	NONE	NO	mysql.sys@localh	INVOKER	utf8	utf8_general_ci
def	sys	memory_by_thre	select `mt`.`THRE	NONE	NO	mysql.sys@localh	INVOKER	utf8	utf8_general_ci
def	sys	memory_by_user	select if(isnull(`pe	NONE	NO	mysql.sys@localh	INVOKER	utf8	utf8_general_ci
def	sys	memory_global_l	select `performan	NONE	YES	mysql.sys@localh	INVOKER	utf8	utf8_general_ci
def	sys	memory_global_t	select `sys`.`forma	NONE	NO	mysql.sys@localh	INVOKER	utf8	utf8_general_ci
def	sys	metrics	(select lower(`per	NONE	NO	mysql.sys@localh	INVOKER	utf8	utf8_general_ci
def	sys	processlist	select `pps`.`THRE	NONE	NO	mysql.sys@localh	INVOKER	utf8	utf8_general_ci
def	sys	ps_check_lost_ins	select `performan	NONE	YES	mysql.sys@localh	INVOKER	utf8	utf8_general_ci
def	sys	schema_auto_inc	select `informatio	NONE	NO	mysql.sys@localh	INVOKER	utf8	utf8_general_ci
def	sys	schema_index_st	select `performan	NONE	YES	mysql.sys@localh	INVOKER	utf8	utf8_general_ci
def	sys	schema_object_o	select `informatio	NONE	NO	mysql.sys@localh	INVOKER	utf8	utf8_general_ci
def	sys	schema_redunda	select `redundant	NONE	NO	mysql.sys@localh	INVOKER	utf8	utf8_general_ci
def	sys	schema_table_loc	select `g`.`OBJECT	NONE	NO	mysql.sys@localh	INVOKER	utf8	utf8_general_ci

图 6-2-7　查看视图

1. 写出查看视图基本信息的 4 种 SQL 语句。
2. 简述更新视图对数据表的影响。
3. 简述修改和删除视图对数据表的影响。

1. 了解索引的概念。
2. 掌握创建、查看和删除索引的方法。
3. 能创建和删除索引。

数据库索引是为了加快查询速度而附加于数据表字段的一种标识，相当于一本书的目录，有助于 MySQL 高效获取数据。

本任务要求使用 Navicat，使用 CREATE TABLE 语句创建表，并在创建表时对字段 “ s_id ” 创建唯一索引，如图 6-3-1 所示。

```
CREATE TABLE s_a
(s_id INT NOT NULL ,
 s_name VARCHAR(300) NULL,
 UNIQUE INDEX(s_id)
);
```

信息　剖析　状态

```
CREATE TABLE s_a
(s_id INT NOT NULL ,
 s_name VARCHAR(300) NULL,
 UNIQUE INDEX(s_id)
);
> OK
> 时间: 0.02s
```

图 6-3-1　创建唯一索引

一、索引的概念

索引是一个独立存储在磁盘上的数据结构，基于表中特定字段建立索引键与数据行的映射关系，用于快速定位数据。所有 MySQL 中的数据类型都可以被索引，为相关字段设置索引是提高查询操作速度的最佳途径。

如果不使用索引，MySQL 需逐行扫描全表，表越大查询效率越低。如果为表中需要查询的字段设置索引，MySQL 能快速定位到目标数据所在位置，避免全表扫描。

二、索引的类型

1. 按特性分类

（1）普通索引

普通索引是最基本的索引类型，无唯一性约束，允许有重复值，可以应用于大多数数据类型的列上，并且可以加快 SELECT 查询的速度。

（2）唯一索引

唯一索引能确保索引列值唯一，不允许出现重复值，常用于保证数据完整性。

（3）全文索引

全文索引专为文本搜索设计，主要用于处理大文本字段中的关键词搜索，支持复杂的自然语言查询和布尔模式匹配。

（4）空间索引

空间索引用于地理信息系统应用，针对空间数据类型，能高效地执行空间查询。

2. 按覆盖列数分类

（1）单列索引

单列索引是在单个列上创建的索引，适用于基于单一字段的查询。

（2）组合索引

组合索引是在多个列上创建的索引，当查询条件同时包含这些列时，组合索引可以显著提高查询效率。

三、索引的创建

1. 在创建表的同时创建索引

（1）创建普通索引

普通索引是最基本的索引类型，没有唯一性等的限制，其作用是加快对数据的访问速度。创建普通索引的 SQL 语法格式如下。

```
CREATE TABLE 表名
(< 字段 1> 数据类型 [约束条件],
< 字段 2> 数据类型 [约束条件],
INDEX < 索引名 >(<字段名 >)
);
```

（2）创建唯一索引

创建唯一索引的主要原因是减少查询索引列操作的执行时间，尤其是在面对比较庞大的数据表时。创建唯一索引的具体 SQL 语法格式如下。

```
CREATE TABLE 表名
(< 字段 1> 数据类型 [约束条件],
< 字段 2> 数据类型 [约束条件],
UNIQUE INDEX < 索引名 >(<字段名>)
);
```

提示

唯一索引列允许 NULL 值重复（除非字段声明为 NOT NULL）。

（3）创建单列索引

单列索引是在数据表中的某个字段上创建的索引，一张表中可以创建多个单列索引。创建单列索引的具体 SQL 语法格式如下。

```
CREATE TABLE 表名
(< 字段 1> 数据类型 [约束条件],
< 字段 2> 数据类型 [约束条件],
INDEX<索引名>(< 字段名 >)
);
```

（4）创建组合索引

组合索引是在多个字段创建的索引。创建组合索引的具体 SQL 语法格式如下。

```
CREATE TABLE 表名
（<字段 1> 数据类型 [约束条件],
```

```
<字段 2> 数据类型 [ 约束条件 ],
INDEX <索引名>(<字段 1, 字段 2,...>)
);
```

提示

组合索引可起到多个索引的作用，但在使用时并不是随意查询哪个字段都可以使用索引，而是遵从“最左前缀”原则——利用索引中最左边的列集来匹配行，这样的列集称为最左前缀。

（5）创建全文索引

使用关键字 FULLTEXT 创建的全文索引可以用于全文搜索。创建全文索引的具体 SQL 语法格式如下。

```
CREATE TABLE 表名
(<字段 1> 数据类型 [约束条件],
<字段 2> 数据类型 [约束条件],
FULLTEXT INDEX <索引名>(<字段名>)
);
```

提示

1. MyISAM 存储引擎支持全文索引，MySQL 5.6 及以上版本的 InnoDB 引擎也支持全文索引且只有数据类型为 CHAR、VARCHAR 和 TEXT 的字段可以创建全文索引。

2. 全文索引总是对整个字段进行，不支持局部（前缀）索引。

（6）创建空间索引

空间索引支持 MyISAM 和 InnoDB 引擎（需 MySQL 5.7 及以上），针对空间数据类型的字段，且该字段值必须为非空。创建空间索引的具体 SQL 语法格式如下。

```
CREATE TABLE 表名
(<字段 1> 数据类型 [约束条件],
<字段 2> 数据类型 [约束条件],
```

```
SPATIAL INDEX <索引名> (<字段名>)
);
```

提示

1. 空间索引是对空间数据类型的字段建立的索引，MySQL 中的空间数据类型有 4 种，分别为 GEOMETRY、POINT、LINESTRING 和 POLYGON 。

2. 创建空间索引的字段必须声明为 NOT NULL。

2. 在已存在的表上创建索引

（1）使用 ALTER TABLE

使用 ALTER TABLE 语句可以为已存在的表创建索引，与创建表时创建索引的语法不同的是，在这里使用了 ALTER TABLE 语句和 ADD 关键字，其中 ALTER TABLE 语句的作用是声明修改的数据表，ADD 关键字表示向表中添加索引，具体的 SQL 语法格式如下。

```
ALTER TABLE <表名> ADD <索引类型> <索引名> (<字段名>);
```

（2）使用 CREATE INDEX

CREATE INDEX 语句也可以为已存在的表添加索引。在 MySQL 中，CREATE INDEX 被映射到一个 ALTER TABLE 语句上，具体的 SQL 语法格式如下。

```
CREATE INDEX <索引名> ON <表名> (<字段名>);
```

四、索引的查看

使用 SHOW INDEX 语句查看指定表中创建的索引，具体的 SQL 语法格式如下。

```
SHOW INDEX FROM <表名>;
```

五、索引的删除

1. 使用 ALTER TABLE 语句删除索引

使用 ALTER TABLE 语句可删除任意表中的索引，具体的 SQL 语法格式如下。

```
ALTER TABLE <表名> DROP INDEX <索引名>;
```

提示

可删除普通索引、唯一索引、全文索引等（主键索引需先通过 DROP PRIMARY KEY 删除）。

2. 使用 DROP INDEX 语句删除索引

DROP INDEX 语句在内部被映射到一个 ALTER TABLE 语句中，具体的 SQL 语法格式如下。

```
DROP INDEX <索引名> ON <表名>;
```

提示

删除表中的字段时，如果要删除的字段为索引的组成部分，则该字段也会从索引中删除。如果组成索引的所有字段都被删除，则整个索引将被删除。

1. 打开 Navicat 并创建查询

打开 Navicat，连接数据库。在左侧列表中选择教学管理系统数据库“schoolsys”，接着在主工具栏中单击“查询”按钮，然后单击对象列表工具栏中的“新建查询”按钮。

2. 输入创建索引语句

使用CREATE TABLE 语句创建一个名为“s_a”的表，同时创建“s_id”和“s_name”字段，将字段“s_id”的数据类型设置为 INT 并设置非空约束，将字段“s_name”的数据类型设置为 VARCHAR(300)，最后为字段“s_id”创建唯一索引。创建索引所用 SQL 语句如下。

```
CREATE TABLE s_a(
```

```
s_id INT NOT NULL,
s_name VARCHAR(300) NULL ,
UNIQUE INDEX(s_id)
);
```

3. 执行创建索引语句

单击“运行”按钮，执行上述代码，在“信息”选项卡中显示“OK”代表代码执行成功，运行结果如图 6–3–1 所示。

4. 输入 SHOW INDEX 语句查看索引

查看索引是否创建成功，可以使用 SHOW INDEX 语句在表“s_a”中查找索引，使用的 SQL 语句如下。

```
SHOW INDEX FROM s_a;
```

确认语法无误后，单击“运行”按钮执行上述代码，在“信息”选项卡中显示“OK”表示该代码执行成功，运行结果如图 6–3–2 所示。

图 6-3-2　执行查看索引语句

5. 查看“结果 1”选项卡输出的记录

选择“结果 1”选项卡，查询结果如图 6–3–3 所示，若在表“s_a”中存在索引“s_id”，证明索引创建成功。

6. 输入删除索引语句

使用 DROP INDEX 语句删除索引，将表“s_a”中的唯一索引“s_id”删除。删除索引所用 SQL 语句如下。

```
DROP INDEX s_id ON s_a;
```

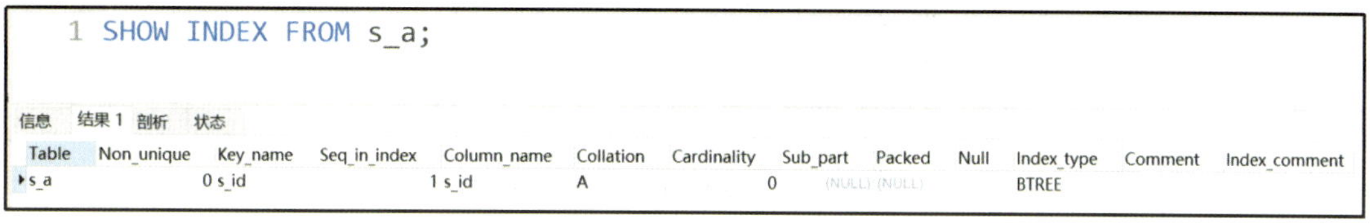

```
1 SHOW INDEX FROM s_a;
```

信息　结果 1　剖析　状态

Table	Non_unique	Key_name	Seq_in_index	Column_name	Collation	Cardinality	Sub_part	Packed	Null	Index_type	Comment	Index_comment
s_a	0	s_id	1	s_id	A	0	(NULL)	(NULL)		BTREE		

图 6-3-3　查看已创建的索引

7. 执行删除索引语句

单击“运行”按钮，执行上述代码，在“信息”选项卡中显示“OK”表示代码执行成功，运行结果如图 6-3-4 所示。

```
1 DROP INDEX s_id ON s_a;
```

信息　剖析　状态

```
DROP INDEX s_id ON s_a
> OK
> 时间: 0.023s
```

图 6-3-4　删除索引

8. 输入 SHOW INDEX 语句查看索引

要查看索引是否已删除，可使用 SHOW INDEX 语句在表“s_a”中查找索引，使用的 SQL 语句如下。

```
SHOW INDEX FROM s_a;
```

确认语法无误后，单击“运行”按钮执行上述代码，在“信息”选项卡中显示“OK”表示该代码执行成功。运行结果如图 6-3-5 所示。

9. 查看“结果 1”选项卡输出的记录

选择“结果 1”选项卡，查询结果如图 6-3-6 所示，在表“s_a”中没有索引“s_id”，证明该索引已被成功删除。

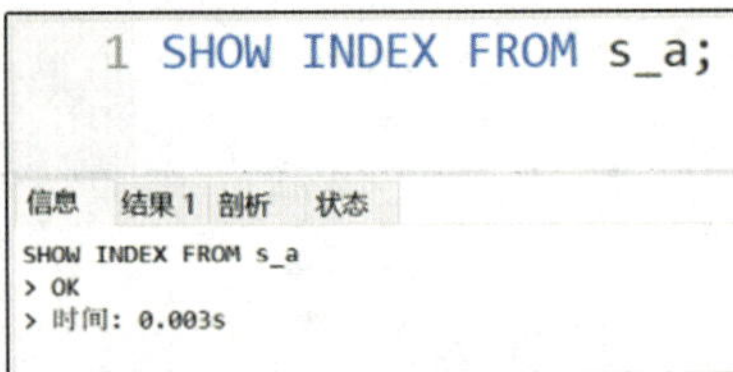

图 6-3-5 执行查看索引语句

```
1 SHOW INDEX FROM s_a;
```

信息 结果 1 剖析 状态

Table	Non_unique	Key_name	Seq_in_index	Column_name	Collation	Cardinality	Sub_part	Packed	NULL	Index_type	Comment	Index_comment
(N/A)	(N/A)	(N/A)	(N/A)	(N/A)	(N/A)	(N/A)	(N/A)	(N/A)	(N/A)	(N/A)	(N/A)	(N/A)

图 6-3-6 查看索引

1. 使用 ALTER TABLE 语句对表“s_a”中任一非“s_id”字段创建普通索引。
2. 简述索引的优点。

项目七　存储过程与存储函数

在 MySQL 中，用户对同一数据表进行操作时，经常需要重复编写相同的语句，为了避免重复编写业务逻辑和查询语句，简化应用开发并提高代码的可维护性和可重用性，MySQL 的存储过程与存储函数（统称存储程序）应运而生。使用存储程序，可以确保一系列数据操作的一致性，避免了数据的部分更新，由于存储操作是在服务器上进行了预编译和缓存，执行速度通常比客户端应用程序中的动态 SQL 语句更快，从而提高了查询和数据操作的效率。

本项目旨在通过“创建和调用存储过程”“创建存储函数”“使用变量及流程控制语句”“修改和删除存储过程与存储函数”4 个任务实例来熟悉存储过程与存储函数的使用，避免重复编码，提高数据管理效率。

任务 1　创建和调用存储过程

学习目标

1. 了解存储过程的概念。
2. 能创建存储过程。
3. 能调用存储过程。
4. 能使用游标。

任务描述

存储过程是一组预定义的 SQL 语句与控制逻辑的集合，作为数据库服务器端程序运行，功能远超简单的批处理。对数据库进行复杂操作时，可将这些复杂操作用存储过程封装起来，与数据库提供的事务处理结合在一起使用。

本任务要求通过 Navicat，在教学管理系统数据库“schoolsys”中使用 SQL 语句，创建一个名为“everyone_grade”的存储过程，如图 7-1-1 所示。该存储过程能实现查找所有学生的成绩，并通过调用语句执行该存储过程。

```
DELIMITER //
CREATE PROCEDURE everyone_grade()
BEGIN
 SELECT stu_name,gra_score
 FROM tb_grade JOIN tb_student ON tb_grade.stu_id=tb_student.stu_id;
END//
DELIMITER ;
```

信息　剖析　状态

```
CREATE PROCEDURE everyone_grade()
BEGIN
 SELECT stu_name,gra_score
 FROM tb_grade JOIN tb_student ON tb_grade.stu_id=tb_student.stu_id;
END
> OK
> 时间: 0.004s
```

图 7-1-1　创建存储过程

一、存储过程的概念

在大型数据库系统中，存储过程是一组为了完成特定功能的 SQL 语句集，并以特定的名字存储在数据库中。存储过程经过第一次编译后调用时不需要再次编译，用户可通过指定存储过程的名称和参数来执行它。存储过程是数据库中的一个重要对象，任何一个设计良好的数据库应用程序都会用到存储过程。

二、存储过程的创建

使用存储过程将简化操作，减少多余的操作步骤，同时，还可以减少操作过程中的失误，提高效率。在 MySQL 中，使用 CREATE PROCEDURE 语句创建存储过程，需配合 DELIMITER 修改语句结束符（避免分号冲突），基本的 SQL 语法格式如下。

```
DELIMITER//
CREATE PROCEDURE<存储过程名>(IN|OUT|INOUT<参数名>参数类型)
BEGIN
查询语句;
END//
DELIMITER;
```

提示

1. “IN”表示输入参数，“OUT”表示输出参数，“INOUT”表示既可以输入参数，也可以输出参数。创建存储过程时也可不定义参数。

2. “DELIMITER//”语句的作用是将 MySQL 的语句结束符设置为“//”，因为 MySQL 默认的语句结束符号为“;”。为了避免与存储过程中的 SQL 语句结束符相冲突，需要使用关键字 DELIMITER 改变存储过程的结束符，并以“END//”结束存储过程。存储过程定义完毕再使用“DELIMITER;”恢复默认结束符。关键字 DELIMITER 也可以指定其他符号作为结束符。

3. 当使用 DELIMITER 命令时，应避免使用反斜杠字符“\”，因为反斜杠是 MySQL 的转义字符。

三、存储过程的调用

在 MySQL 中，可使用 CALL 语句调用已创建的存储过程，其基本 SQL 语法格式如下。

```
CALL <存储过程名称> (<参数>);
```

调用存储过程时，若已创建的存储过程中没有设置参数，调用存储过程同样不需要参数。

四、游标的使用

在 MySQL 中，查询语句常返回多行数据，在存储过程或函数中，可以使用游标来逐个读取查询结果集中的记录。通过控制游标的移动，用户可以逐行查看和操作这些数据，但不能跳过任何记录。

提示

在 MySQL 中，游标只能在存储过程或存储函数中使用。

1. 声明游标

在 MySQL 中，使用 DECLARE 语句来声明游标，具体的 SQL 语法格式如下。

```
DECLARE <游标名> CURSOR FOR <查询条件语句>;
```

提示

1. “< 游标名 >”表示需要定义的游标名。

2. “<查询条件语句>”表示 SELECT 语句，可以是简单查询，也可以是复杂查询，但不能包含 INTO 子句。

3. 游标的声明必须在变量声明之后，在处理程序声明语句之前。

2. 打开游标

可使用关键字 OPEN 打开已声明的游标，该语句会将游标与相应的查询结果集关联起来，以便对查询结果集中的每条记录进行处理。如果游标未被声明，则 OPEN 语句会报错。具体的 SQL 语法格式如下。

```
OPEN <游标名>;
```

3. 使用游标

使用游标的具体 SQL 语法格式如下。

```
FETCH <游标名> INTO <参数>;
```

提示

1. “参数”可以有多个，各个参数之间用“,”隔开。

2. FETCH 语句可从结果集中读取一行数据，并将数据存储到参数定义的变量中，且变量数应与数据中的字段数一致。

3. FETCH 语句每执行一次，游标指针就会后移一行，故通常需要与循环语句相配合。如果所有的结果行都已被检索，再次执行该 FETCH 语句将产生“ERROR 1329(02000)”的错误提示。

4. 关闭游标

使用 CLOSE 语句可关闭已使用的游标，具体的 SQL 语法格式如下。

```
CLOSE <游标名>;
```

如果游标未打开，则使用该语句会报错。需要注意的是，如果游标未被明确地关闭，程序执行到 END 语句时会自动关闭游标，释放占用的资源和内存。

1. 打开 Navicat 并创建查询

打开 Navicat，连接数据库。在左侧列表中选择教学管理系统数据库“schoolsys”，接着在主工具栏中单击“查询”按钮，然后单击对象列表工具栏中的“新建查询”按钮。

2. 输入创建存储过程语句

使用 SQL 语句创建存储过程，使之能查询所有学生的姓名和成绩，使用 CREATE PROCEDURE 语句创建存储过程“everyone_grade( )”，使用 SELECT 语句完成表“tb_grade”、表“tb_student”连接查询，创建存储过程所用 SQL 语句如下。

```
DELIMITER//
CREATE PROCEDURE everyone_grade( )
BEGIN
  SELECT stu_name,gra_score
  FROM tb_grade JOIN tb_student ON tb_grade.stu_id=tb_student.stu_id;
```

```
END//
DELIMITER;
```

3. 执行创建存储过程语句

单击“运行”按钮执行上述代码，在“信息”选项卡中显示“OK”表示代码运行成功，已创建存储过程 everyone_grade，运行结果如图 7-1-2 所示。

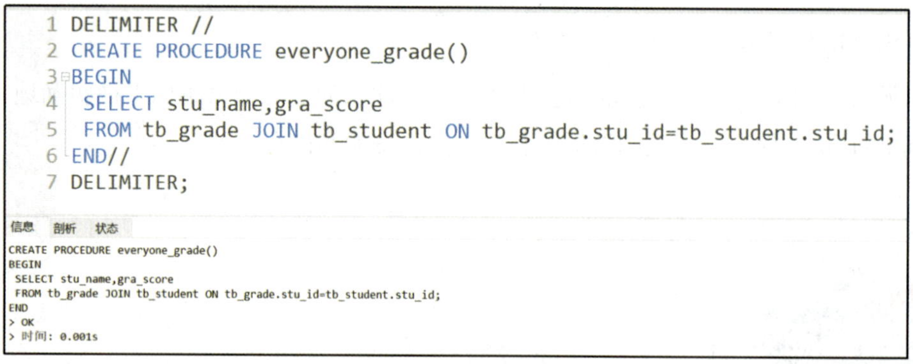

```
DELIMITER //
CREATE PROCEDURE everyone_grade()
BEGIN
 SELECT stu_name,gra_score
 FROM tb_grade JOIN tb_student ON tb_grade.stu_id=tb_student.stu_id;
END//
DELIMITER;
```

```
信息  剖析  状态
CREATE PROCEDURE everyone_grade()
BEGIN
 SELECT stu_name,gra_score
 FROM tb_grade JOIN tb_student ON tb_grade.stu_id=tb_student.stu_id;
END
> OK
> 时间: 0.001s
```

图 7-1-2 执行创建存储过程语句

4. 输入调用存储过程语句

使用 CALL 语句调用名为“everyone_grade”的存储过程，调用存储过程使用 SQL 语句如下。

```
CALL everyone_grade( );
```

确认语法无误后单击“运行”按钮执行上述代码，在“信息”选项卡中显示“OK”表示代码执行成功，运行结果如图 7-1-3 所示。

5. 查看“结果 1”选项卡输出的记录

选择“结果 1”选项卡，查询结果如图 7-1-4 所示，可查看到字段“stu_name”和“gra_score”的值，证明查询所有学生的成绩的存储过程已创建成功。

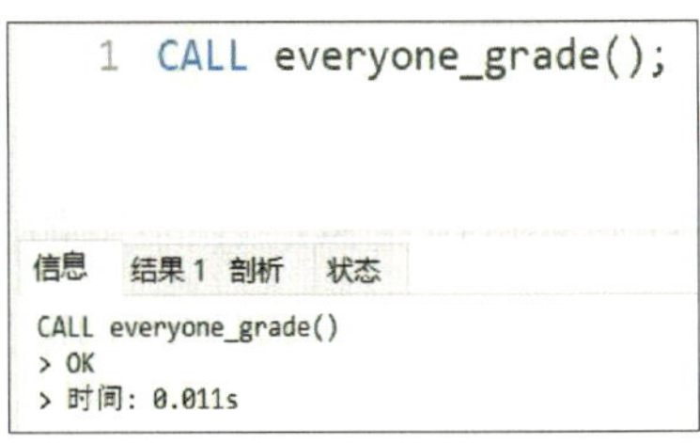

图 7-1-3　执行调用存储语句

```
1 CALL everyone_grade();
```

信息　结果 1　剖析　状态

stu_name	gra_score
李一昂	76
林杰海	89
林杰海	58

图 7-1-4　调用存储过程

1. 创建存储过程来查看表“tb_student”中的所有数据。
2. 简述存储过程的概念。
3. 在存储过程中可以调用其他的存储过程吗？为什么？

任务 2　创建存储函数

1. 了解存储函数的概念。
2. 能创建存储函数。
3. 能调用存储函数。

存储函数是 MySQL 提供的一种机制，它可以用来存储并重用在 SQL 查询中使用的常用逻辑或计算。通过存储函数，能在内置函数的基础上，以更简洁的方式实现个性化的数据处理。

本任务要求通过 Navicat，在教学管理系统数据库“schoolsys”中使用 SQL 语句，创建一个名为“s_find”的存储函数，如图 7-2-1 所示。通过该存储函数，可以在输入学生的学号后，在表“tb_student”中查询学生的姓名，若学生存在，则返回该学生的姓名；若学生不存在，则返回“查无此人”。

```sql
DELIMITER //
CREATE FUNCTION s_find(s_id BIGINT)
RETURNS VARCHAR(20)
DETERMINISTIC
BEGIN
 DECLARE s_name VARCHAR(20);
 SELECT stu_name INTO s_name
 FROM tb_student
 WHERE stu_id = s_id;
 IF s_name IS NULL THEN
  RETURN '查无此人';
 ELSE
  RETURN s_name;
 END IF;
END //
DELIMITER ;
```

信息　剖析　状态

```
CREATE FUNCTION s_find(s_id BIGINT)
RETURNS VARCHAR(20)
DETERMINISTIC
BEGIN
 DECLARE s_name VARCHAR(20);
 SELECT stu_name INTO s_name
 FROM tb_student
 WHERE stu_id = s_id;
 IF s_name IS NULL THEN
  RETURN '查无此人';
 ELSE
  RETURN s_name;
 END IF;
END
> OK
> 时间: 0s
```

图 7-2-1　创建存储函数

一、存储函数的概念

在 MySQL 中，存储函数是用户自定义的 SQL 代码块，用于扩展内置函数的功能。类似于存储过程，存储函数封装了一系列 SQL 语句，以执行特定的数据库操作或计算，两者的区别在于：存储函数必须使用 RETURN 子句返回单一值，而存储过程无须强制返回值，需使用 CALL 语句单独调用，不能在表达式中直接使用。

二、存储函数的创建

存储函数是用户自定义的函数，先定义后调用。在 MySQL 中，使用 CREATE FUNCTION 语句创建，其基本的 SQL 语法格式如下。

```
DELIMITER//
CREATE FUNCTION <存储函数名称> ([参数列表])
RETURNS <数据类型>
BEGIN
<查询语句>;
END//
DELIMITER;
```

提示

1. 参数默认为 IN 模式，存储函数中的“参数列表”只需要给定参数名称与类型即可。

2. RETURNS 子句用于定义返回类型，函数体内部必须包含一个“RETURNS <数据类型>”语句。

三、存储函数的调用

在 MySQL 中，存储函数的使用方法与 MySQL 内置函数的使用方法是一样的，都需使用 SELECT 语句调用已创建的存储函数，其基本的 SQL 语法格式如下。

```
SELECT <存储函数名称> (<参数>);
```

1. 打开 Navicat 并创建查询

打开 Navicat，连接数据库。在左侧列表中选择教学管理系统数据库“schoolsys”，接着在主工具栏中单击“查询”按钮，然后单击对象列表工具栏中的“新建查询”按钮。

2. 输入创建存储函数语句

使用 SQL 语句创建存储函数，用于通过学生学号查询学生姓名，使用 CREATE FUNCTION 语句创建存储函数“s_find”查找学生姓名，同时将存储函数的返回值数据类型设置为 VARCHAR(20)，在 BEGIN...END 语句中使用关键字 DECLARE 声明变量“s_name”；并使用关键字 SELECT 为变量“s_name”赋值，同时使用 IF 子句输出返回值“s_name”或“查无此人”。创建存储函数所用 SQL 语句如下。

```
DELIMITER//
CREATE FUNCTION s_find(s_id BIGINT)
RETURNS VARCHAR(20)
DETERMINISTIC
BEGIN
    DECLARE s_name VARCHAR(20);
    SELECT stu_name INTO s_name
    FROM tb_student
```

```
    WHERE stu_id=s_id;
    IF s_name IS NULL THEN
        RETURN '查无此人';
    ELSE
        RETURN s_name;
    END IF
END//
DELIMITER;
```

提示

1. 在 MySQL 中，函数可以被标记为 DETERMINISTIC 或 NOT DETERMINISTIC。函数被声明为 DETERMINISTIC 意味着它的输出只依赖于输入参数，并且在相同的输入条件下总是返回相同的结果，即无论何时调用该函数，只要输入参数相同，就会返回相同的结果。

2. 变量的声明与赋值参照本项目任务 3“变量的使用”中的相关内容。

3. IF 子句的使用参照本项目任务 3，具体内容见任务 3 中的“流程控制语句的使用”。

3. 执行创建存储函数语句

单击“运行”按钮执行上述代码，在“信息”选项卡中显示“OK”表示代码执行成功，运行结果如图 7–2–1 所示。

4. 输入调用存储函数语句

使用 SELECT 语句调用名为“s_find”的存储函数，调用存储函数使用的 SELECT 语句如下。

```
SELECT  s_find(20110101001);
SELECT  s_find(20220101001);
```

确认语法无误后，单击“运行”按钮执行上述代码，在“信息”选项卡中两段代码都显示“OK”表示代码执行成功，运行结果如图 7–2–2 所示。

5. 查看“结果 1”和“结果 2”选项卡输出的记录

选择“结果 1”和“结果 2”选项卡，查询结果如图 7–2–3 和图 7–2–4 所示，得到字段值为“陈一明”和“查无此人”，证明创建存储函数查找学生成功。

```
1 SELECT s_find(20110101001);
2 SELECT s_find(20220101001);

信息  结果 1  结果 2  剖析  状态
SELECT s_find(20110101001)
> OK
> 时间: 0s

SELECT s_find(20220101001)
> OK
> 时间: 0s
```

图 7-2-2　执行调用存储函数语句

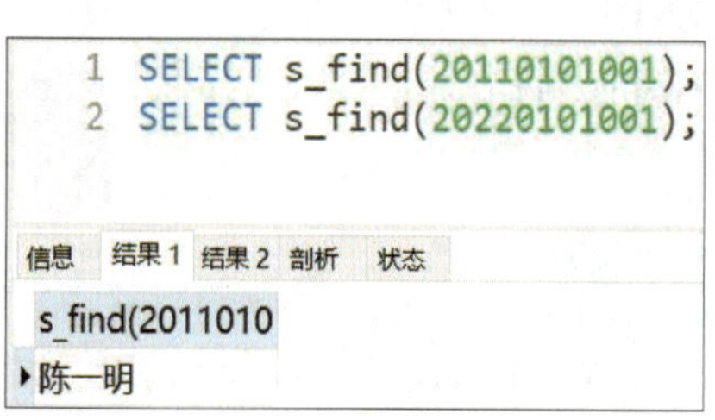

图 7-2-3　调用存储函数（一）

```
1 SELECT s_find(20110101001);
2 SELECT s_find(20220101001);

信息  结果 1  结果 2  剖析  状态
s_find(2022010
查无此人
```

图 7-2-4　调用存储函数（二）

1. 创建一个存储过程“s_a”，声明一个名为“a”的变量并赋值为 1。
2. 简述存储过程与存储函数的区别。
3. 在存储过程中可以调用存储函数吗？为什么？

任务 3　使用变量及流程控制语句

学习目标

1. 掌握变量的使用方法。
2. 了解流程控制语句的分类。
3. 掌握流程控制语句的使用方法。
4. 能使用流程控制语句对数据表进行复杂的查询操作。

任务描述

在 MySQL 中，变量用于存储中间结果或临时数据，流程控制语句用于实现复杂逻辑。通过变量和流程控制语句，可增强存储过程的灵活性。

本任务要求通过 Navicat，在教学管理系统数据库“schoolsys”中使用 CREATE PROCEDURE 语句创建一个名为“s_n”的存储过程，使用关键字 IN 声明输入参数“n”（数据类型 INT），使用关键字 DECLARE 声明变量“sum”和“num”，并使用关键字 SET 为变量赋值，使存储过程“s_n”能计算 1 至任意数的累加和，如图 7-3-1 所示。

```
DELIMITER //
CREATE PROCEDURE s_n(IN n INT)
BEGIN
 DECLARE sum INT;
 DECLARE num INT;
 SET sum = 0;
 SET num = 1;
 WHILE num <= n DO
  SET sum = sum + num;
  SET num = num + 1;
 END WHILE;
 SELECT sum;
END //
DELIMITER ;
```

信息　剖析　状态

```
CREATE PROCEDURE s_n(IN n INT)
BEGIN
 DECLARE sum INT;
 DECLARE num INT;
 SET sum = 0;
 SET num = 1;
 WHILE num <= n DO
  SET sum = sum + num;
  SET num = num + 1;
 END WHILE;
 SELECT sum;
END
> OK
> 时间: 0.001s
```

图 7-3-1　创建存储过程，求 1 至任意数的累加和

一、变量的使用

在 MySQL 中，除了支持标准的存储过程和存储函数外，还引入了表达式。MySQL 中的表达式与其他高级语言的表达式一样，由操作数和运算符构成。变量是操作数的重要表示方式，可以用来临时存储数据。在存储过程和函数中都可以定义及使用变量。

变量主要分为系统变量、用户变量和局部变量。

1. 系统变量

系统变量由 MySQL 服务器维护，用于控制服务器的行为和配置，系统变量分为全局变量和会话变量，通常由数据库管理员设置，以优化性能或调整服务器行为，其基本 SQL 语法格式如下。

```
-- 设置全局最大连接数
SET @@GLOBAL. max_connections=200;
-- 设置会话级别的字符集为 utf8mb4
SET SESSION character_set_client='utf8mb4';
-- 设置会话级别的字符集为 utf8mb4 的等价写法
SET @@session. character_set_client='utf8mb4';
```

2. 用户变量

用户变量是由用户自己定义和管理的变量，作用范围仅限于当前客户端连接（即会话），用户变量的名字以 @ 开头，允许在同一会话中的多个语句之间存储和传递值，用户变量不需要显式声明，可以直接赋值并使用，其基本 SQL 语法格式如下。

```
-- 设置变量
SET @<变量名称>=<值>;
-- 使用变量
SELECT@<变量名称>;
```

3. 局部变量

局部变量是在存储过程或函数内部声明的变量，作用范围仅限于声明的过程或函数体内，局部变量需要显式声明，并且可以用于保存临时数据或控制流程逻辑，其基本 SQL 语法格式如下。

```
CREATE<存储函数或者存储过程><存储名字>( )
BEGIN--声明局部变量
        DECLARE<局部变量名>INT DEFAULT<默认值>;
        -- 使用 SET 或 SELECT INTO 给局部变量赋值
        SET<局部变量名>=<值>;( 二选一 )
        -- 或者使用 SELECT INTO
        SELECT COUNT(*) INTO<局部变量名>FROM<查询条件表达式>;(二选一)
        -- 将用户变量的值设置为局部变量
        SET@<用户变量名>=<局部变量名>;
END;
```

二、流程控制语句的概念

流程控制语句用于控制存储过程中 SQL 语句的执行顺序，是完成复杂操作必不可少的一部分。MySQL 中的流程控制语句可以分为三类，其中 IF、CASE 语句为条件判断语句，LOOP、REPEAT、WHILE 语句为循环语句，LEAVE、ITERATE 语句为跳转语句。每个流程控制语句中可能包含一个单独语句，也可以使用 BEGIN...END 语句组合的语句块。

1. IF 语句

IF 语句用来进行条件判断，根据变量是否满足条件（可包含多个条件）来执行不同的语句，是流程控制语句中最常用的判断语句。

ELSEIF 语句用于对多个条件判断语句进行判断，产生不同分支，输出不同结果。

2. CASE 语句

CASE 语句也用来进行条件判断，与 IF 语句不同的是，CASE 语句提供了多个条件进行选择，可以实现比 IF 语句更复杂的条件判断。

3. LOOP 语句

LOOP 语句可以使某些特定的语句重复执行，是不含条件判断的简单循环。LOOP 语句内的子句一直重复执行，直到循环被 LEAVE 语句退出，则跳出循环。

4. LEAVE 语句

LEAVE 语句主要用于跳出循环控制，可以用在循环语句内，也可以用在以 BEGIN...END 语句包裹起来的程序体内，表示跳出循环或者跳出程序体的操作。

5. ITERATE 语句

ITERATE 为“再次循环”的意思，只能用在循环语句（LOOP、REPEAT 和 WHILE）内，作用是跳过当前循环的剩余语句，直接回到循环开始处重新执行。

6. REPEAT 语句

REPEAT 语句是有条件控制的循环语句，每次语句执行完毕，会对条件表达式进行判断，如果表达式返回值为 TRUE，则循环结束，否则重复执行循环中的语句。

7. WHILE 语句

WHILE 语句也是有条件控制的循环语句。WHILE 语句和 REPEAT 语句不同的是，WHILE 语句是满足条件时执行循环内的语句，否则退出循环。

三、流程控制语句的使用

1. IF 语句

IF 语句可根据表达式的结果为 TRUE 或 FALSE 执行相应的语句，其具体的 SQL 语法格式如下。

```
IF 条件 THEN
  语句 1
ELSE
```

```
  语句 2
END IF;
```

提示

使用 IF 语句进行判断时，若条件为 TRUE，则执行语句 1；若条件为 FALSE，则执行语句 2。

2. CASE 语句

CASE 语句是条件判断语句，可同时进行多个条件的判断。CASE 语句有两种格式：第一种为固定值条件判断，其具体的 SQL 语法格式如下。

```
CASE <字段 1>|< 变量名 >| 表达式
 WHEN <值 1> THEN 输出结果 1
 WHEN <值 2> THEN 输出结果 2
 ......
 ELSE 输出结果 n
 END
AS <字段 2>
FROM <表名>
```

第二种为非固定值条件判断，其具体的 SQL 语法格式如下。

```
CASE(
 WHEN 条件判断语句 1 THEN 输出结果 1
 WHEN 条件判断语句 2 THEN 输出结果 2
 .....
 ELSE 输出结果 n
 END
)AS <字段 1>
FROM <表名>
```

3. LOOP 语句

LOOP 循环语句可用来重复执行某些语句，与 IF 语句和 CASE 语句相比，LOOP 语句只是创建一个循环操作的过程，并不进行条件判断。LOOP 语句内的子句会一直重复执行直到循环被退出，所以 LOOP 语句需要通过与 IF 语句或 CASE 语句、LEAVE 语句或 ITERATE 语句结合，构成一个完整的循环。LEAVE 语句用来退出任何被标注的流程控制结构，常用于结束循环。ITERATE 语句只能出现在 LOOP 语句、REPEAT 语句和 WHILE 语句内。LOOP 语句的具体 SQL 语法格式如下。

```
循环名称 :LOOP
<循环语句>;
  IF <判断条件 1> THEN ITERATE <循环名称>;
  ELSEIF <判断条件 2> THEN LEAVE <循环名称>;
  END IF;
END LOOP;
```

4. WHILE 语句

WHILE 语句用于创建一个带条件判断的循环过程，与 REPEAT 语句不同，WHILE 语句在执行循环语句前先对指定的条件表达式进行判断，如果结果为 TRUE，就执行循环内的语句，否则退出循环。其具体的 SQL 语法格式如下。

```
WHILE 循环继续条件 DO
<循环语句>;
END WHILE;
```

5. REPEAT 语句

REPEAT 语句用于创建一个带条件判断的循环过程，每次循环语句执行完毕会对条件表达式进行判断，如果结果为 TRUE，则循环结束，否则重复执行循环中的语句。其具体的 SQL 语法格式如下。

```
REPEAT
<循环语句>
UNTIL 循环结束条件
END REPEAT;
```

6. LEAVE 语句

使用 LEAVE 语句，可以在循环过程中提前退出循环，它可以用在循环语句内，也可以用在以 BEGIN...END 语句包裹起来的程序体内，表示跳出循环或者跳出程序体的操作。其具体的 SQL 语法格式如下。

```
BEGIN
    REPEAT
        <循环语句>;
            IF <判断条件> THEN
                LEAVE;
            END IF;
    UNTIL 循环结束条件
    END REPEAT;
END;
```

7. ITERATE 语句

使用 ITERATE 语句，可以在循环语句中提前跳出接下来的循环语句，进行下次循环，它可以用在循环语句内，也可以用在以 BEGIN...END 语句包裹起来的程序体内，跳过当前循环的剩余语句，直接回到循环开始处重新执行。其具体的 SQL 语法格式如下。

```
WHILE <循环条件> DO
    <循环语句>
    IF <判断条件> THEN
        ITERATE;
    END IF;
END WHILE;
```

1. 打开 Navicat 并创建查询

打开 Navicat，连接数据库。在左侧列表中选择教学管理系统数据库“schoolsys”，接着在主工具栏中单击“查询”按钮，然后单击对象列表工具栏中的“新建查询”按钮。

2. 输入创建存储过程语句

使用 SQL 语句创建存储过程，先使用 CREATE PROCEDURE 语句创建名为“s_n”的存储过程，使用关键字 IN 表示输入参数，指定参数名称为“n”、数据类型为 INT，在 BEGIN...END 语句中使用关键字 DECLARE 声明变量“sum”和“num”，并使用关键字 SET 为变量“sum”和“num”赋初始值“0”及“1”，然后使用 WHILE 子句实现循环过程，创建该存储过程所用 SQL 语句如下。

```
DELIMITER//
CREATE PROCEDURE  s_n(IN n INT)
BEGIN
        DECLARE  sum  INT;
        DECLARE  num  INT;
        SET  sum = 0;
        SET  num = 1;
        WHILE num <= n  DO
                SET  sum = sum + num;
                SET  num = num + 1;
        END WHILE;
        SELECT sum;
END//
DELIMITER;
```

3. 执行创建存储语句

单击“运行”按钮执行上述代码，在“信息”选项卡中显示“OK”表示该代码执行成功，运行结果如图 7-3-1 所示。

4. 输入调用存储过程语句

使用 CALL 语句调用名为“s_n”的存储过程，调用存储过程使用的 SQL 语句如下。

```
CALL  s_n(50);
CALL  s_n(100);
```

确认语法无误后，单击“运行”按钮执行上述代码，在“信息”选项卡中两段代码都显示“OK”表示代码执行成功，运行结果如图 7-3-2 所示。

```
CALL s_n(50);
CALL s_n(100);
```

信息　结果 1　结果 2　剖析　状态

```
CALL s_n(50)
> OK
> 时间: 0.001s

CALL s_n(100)
> OK
> 时间: 0.002s
```

图 7-3-2　执行调用存储过程语句

5. 查看“结果 1”和“结果 2”选项卡输出的记录

选择“结果 1”和“结果 2”选项卡，查询结果如图 7-3-3 和图 7-3-4 所示，通过数学计算发现结果与字段“sum”值一致，证明求 1 至任意数的累加和的存储过程已创建成功。

```
CALL s_n(50);
CALL s_n(100);
```

信息　结果 1　结果 2　剖析　状态

sum
1275

图 7-3-3　调用存储过程（一）

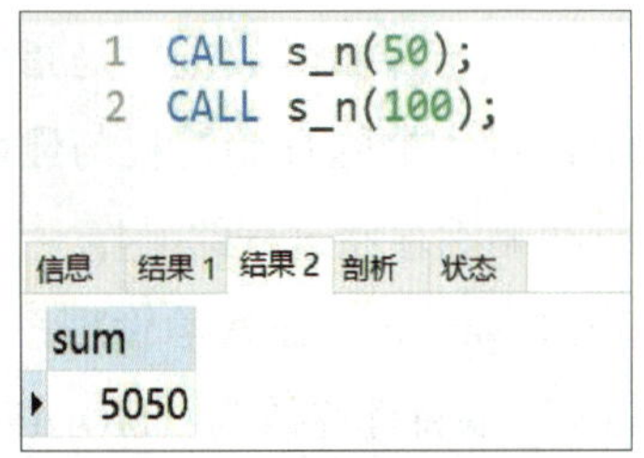

图 7-3-4　调用存储过程（二）

巩固与练习

1. 使用 IF 语句对计算机基础课程的平均成绩进行判断，平均成绩大于 80 分时输出结果为“优秀”，平均成绩小于等于 80 分时输出结果为“良好”。

2. 查询所有学生的成绩是否及格应使用哪个条件判断语句？请简述理由。

3. 查询所有学生的成绩为“优秀”“良好”或“不及格”等级应使用哪个条件判断语句？请简述理由。

任务 4 修改和删除存储过程与存储函数

学习目标

1. 了解修改存储过程与存储函数特性的方法。
2. 掌握查看存储过程与存储函数的操作步骤。
3. 能删除存储过程与存储函数。

任务描述

修改存储过程与存储函数主要是指修改它们的特性，例如修改访问权限等。修改存储过程与修改存储函数、删除存储过程与删除存储函数，这两类操作方法高度相似，因此，本任务只介绍修改和删除存储过程的操作。

本任务通过 Navicat，在教学管理系统数据库“schoolsys”中使用 SQL 语句，将存储过程“everyone_grade”的特性修改为“MODIFIES SQL DATA”，如图 7-4-1 所示，随后使用关键字 DROP 删除该存储过程。

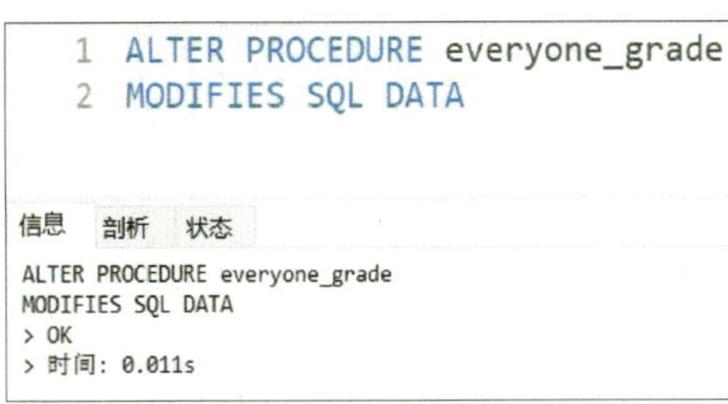

图 7-4-1　修改存储过程

一、修改存储过程与存储函数的特性

1. 存储过程与存储函数的特性

在 MySQL 中，存储过程与存储函数的特性用于设置其访问权限和规定程序中对 SQL 语句的操作权限，存储过程与存储函数的特性及功能见表 7-4-1。

表 7-4-1　存储过程与存储函数的特性及功能

特性	功能
CONTAINS SQL	表示存储过程或存储函数包含 SQL 语句，但不包含读或写数据的语句
NO SQL	表示存储过程或存储函数不包含 SQL 语句
READS SQL DATA	表示存储过程或存储函数中包含读数据的语句
MODIFIES SQL DATA	表示存储过程或存储函数中包含写数据的语句
SQL SECURITY DEFINER	表示只有定义者才能执行存储过程或存储函数
SQL SECURITY INVOKER	表示调用者可以执行存储过程或存储函数
COMMENT 'string'	表示注释信息

2. 修改存储过程的特性

使用 ALTER 语句可以修改存储过程的特性，其具体的 SQL 语法格式如下。

```
ALTER PROCEDURE <存储过程名>
<存储特性>;
```

3. 修改存储函数的特性

和修改存储过程特性相同，使用 ALTER 语句可以修改存储函数的特性，其具体的 SQL 语法格式如下。

```
ALTER FUNCTION <存储函数名>
<存储特性>;
```

二、查看存储过程与存储函数

1. 使用 SHOW PROCEDURE|FUNCTION STATUS 语句查看存储过程与存储函数

（1）查看存储过程

使用 SHOW PROCEDURE STATUS 语句可以查看存储过程的状态，该语句用于返回子程序的特征，如数据库、名字、类型、创建者及创建和修改日期。使用 SHOW PROCEDURE STATUS 语句查看存储过程的 SQL 语法格式如下。

```
SHOW PROCEDURE STATUS LIKE <存储过程名>;
```

（2）查看存储函数

查看存储函数状态的语法与查看存储过程状态的语法基本相同，使用 SHOW FUNCTION STATUS 语句。其具体的 SQL 语法格式如下。

```
SHOW FUNCTION STATUS LIKE <存储函数名>;
```

2. 使用 SHOW CREATE 语句查看存储过程与存储函数

（1）查看存储过程

除了 SHOW PROCEDURE STATUS 语句之外，MySQL 中还可以使用 SHOW CREATE PROCEDURE 语句查看存储过程的定义，使用该语句查看存储过程的具体语法格式如下。

```
SHOW  CREATE  PROCEDURE  <存储过程名>;
```

（2）查看存储函数

查看存储函数定义的语法与查看存储过程定义的语法基本相同，同样使用 SHOW CREATE FUNCTION 语句。其具体的 SQL 语法格式如下。

```
SHOW  CREATE  FUNCTION  <存储函数名>;
```

3. 从表“information_schema. ROUTINES”中查看存储过程与存储函数

（1）查看存储过程

MySQL 中存储过程的信息存储在数据库“information_schema”下的表“ROUTINES”中，其中字段“ROUTINE_NAME”中存储着存储程序的名称。可以通过查询该表的记录来查询存储过程的信息。其基本 SQL 语法格式如下。

```
SELECT  *  FROM  information_schema.ROUTINES
WHERE   ROUTINE_NAME='<存储过程名>'  AND  ROUTINE_TYPE='PROCEDURE';
```

（2）查看存储函数

MySQL 中存储函数的信息同样存储在数据库“information_schema”下的表“ROUTINES”中，可以通过查询该表的记录来查询存储函数的信息。其基本 SQL 语法格式如下。

```
SELECT  *  FROM  information_schema.ROUTINES
WHERE  ROUTINE_NAME='<存储函数名>'  AND  ROUTINE_TYPE='FUNCTION';
```

三、删除存储过程与存储函数

1. 删除存储过程

使用 DROP PROCEDURE 语句可删除已创建的存储过程。其具体 SQL 语法格式如下。

```
DROP  PROCEDURE  <存储过程名>;
```

2. 删除存储函数

使用 DROP FUNCTION 语句可删除已创建的存储过程。其具体 SQL 语法格式如下。

```
DROP FUNCTION <存储函数名>;
```

1. 打开 Navicat 并创建查询

打开 Navicat，连接数据库。在左侧列表中选择教学管理系统数据库“schoolsys”，接着在主工具栏中选择“查询”菜单，然后单击对象列表工具栏中的“新建查询”按钮。

2. 输入修改存储过程语句

使用 ALTER PROCEDURE 语句修改存储过程“everyone_grade”，将该存储过程的特性修改为“MODIFIES SQL DATA”，修改存储过程特性使用的 SQL 语句如下。

```
ALTER PROCEDURE everyone_grade
MODIFIES SQL DATA;
```

修改存储函数的语句即使用 ALTER FUNCTION 语句对存储函数进行修改，修改语句的语法一致。

3. 执行修改存储过程语句

单击“运行”按钮执行上述代码，在“信息”选项卡中显示“OK”表示代码执行成功，运行结果如图 7-4-1 所示。

4. 输入查看存储过程语句

查看存储过程是否修改成功，可使用 SELECT 语句查看在数据库“information_schema”下的表“ROUTINES”中字段“SPECIFIC_NAME”和字段“SQL_DATA_ACCESS”的字段值，并在 WHERE 子句中使用“=”匹配字段“ROUTINE_NAME”“ROUTINE_TYPE”的值分别为“everyone_grade”和“PROCEDURE”，使用的 SQL 语句如下。

```
SELECT  SPECIFIC_NAME,SQL_DATA_ACCESS
FROM  information_schema.ROUTINES
WHERE  ROUTINE_NAME='everyone_grade' AND ROUTINE_TYPE='PROCEDURE';
```

确认语法无误后，单击“运行”按钮执行上述代码，在“信息”选项卡中显示“OK”表示该代码执行成功，运行结果如图 7–4–2 所示。

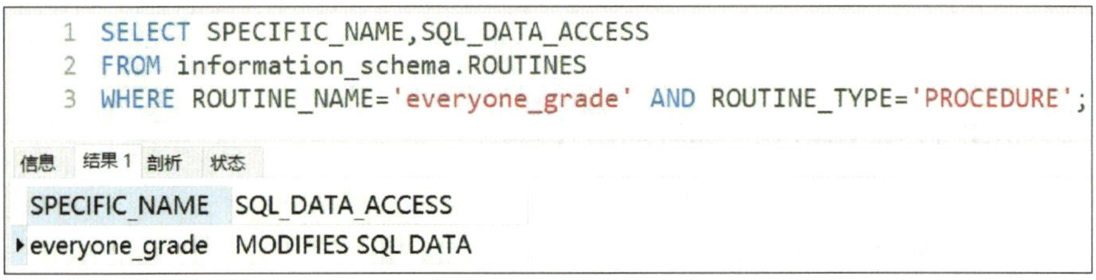

```
SELECT SPECIFIC_NAME,SQL_DATA_ACCESS
FROM information_schema.ROUTINES
WHERE ROUTINE_NAME='everyone_grade' AND ROUTINE_TYPE='PROCEDURE';
```

信息　结果 1　剖析　状态

SPECIFIC_NAME	SQL_DATA_ACCESS
everyone_grade	MODIFIES SQL DATA

图 7-4-2　执行查看存储过程语句

提示

查看存储函数同样使用 SELECT 语句，在数据库“information_schema”下的表“ROUTINES”中查看。与查看存储过程不同的是，查看存储函数需要在 WHERE 子句中使用“=”将相应字段值分别匹配对应的存储函数名称和“FUNCTION”。

5. 查看“结果 1”选项卡输出的记录

选择“结果 1”选项卡，查询结果如图 7–4–3 所示，查看字段“SQL_DATA_ACCESS”的字段值为“MODIFIES SQL DATA”，证明存储过程修改成功。

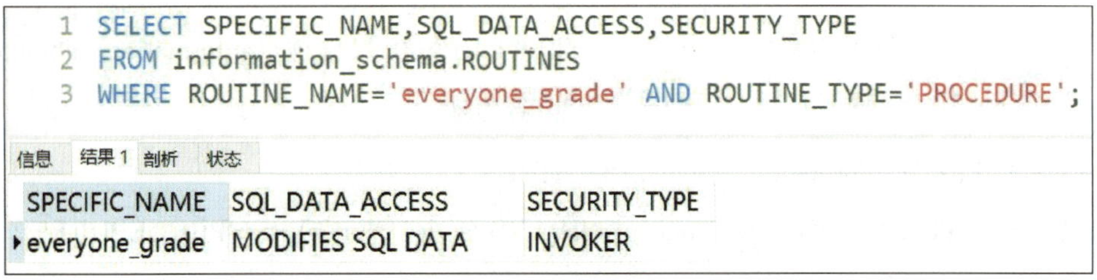

```
SELECT SPECIFIC_NAME,SQL_DATA_ACCESS,SECURITY_TYPE
FROM information_schema.ROUTINES
WHERE ROUTINE_NAME='everyone_grade' AND ROUTINE_TYPE='PROCEDURE';
```

信息　结果 1　剖析　状态

SPECIFIC_NAME	SQL_DATA_ACCESS	SECURITY_TYPE
everyone_grade	MODIFIES SQL DATA	INVOKER

图 7-4-3　查看已修改的存储过程

6. 输入删除存储过程语句

可使用 DROP PROCEDURE 语句将存储过程“everyone_grade”删除，所用 SQL 语句如下。

```
DROP PROCEDURE everyone_grade;
```

提示

可使用 DROP FUNCTION 语句将存储函数删除。

7. 执行删除存储过程语句

单击“运行”按钮执行上述代码，在“信息”选项卡中显示“OK”表示该代码执行成功，运行结果如图 7-4-4 所示。

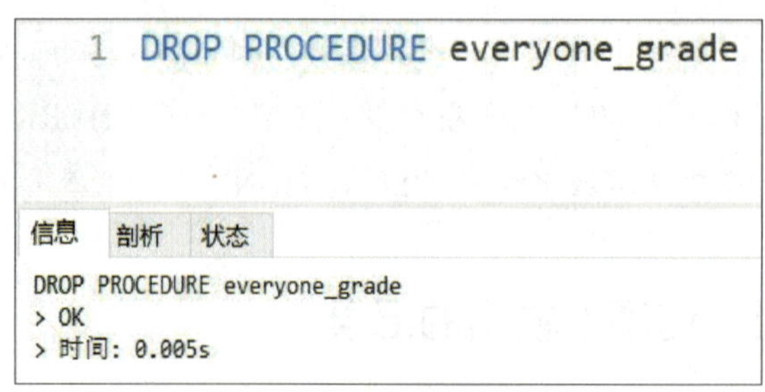

图 7-4-4　删除存储过程

8. 输入 SELECT 语句查看存储过程

查看存储过程是否成功删除，可使用 SELECT 语句在数据库“information_schema”下的表“ROUTINES”中查看存储过程，使用的 SQL 语句如下。

```
SELECT * FROM information_schema.ROUTINES
WHERE ROUTINE_NAME='everyone_grade' AND ROUTINE_TYPE='PROCEPURE';
```

确认语法无误后，单击“运行”按钮执行上述代码，在“信息”选项卡中显示“OK”表示该代码执行成功，运行结果如图 7-4-5 所示。

```
SELECT * FROM information_schema.ROUTINES
WHERE ROUTINE_NAME='everyone_grade' AND ROUTINE_TYPE='PROCEDURE';
```

信息　结果 1　剖析　状态

```
SELECT * FROM information_schema.ROUTINES
WHERE ROUTINE_NAME='everyone_grade' AND ROUTINE_TYPE='PROCEDURE'
> OK
> 时间: 0.002s
```

图 7-4-5　执行查看存储过程语句

9. 查看“结果 1”选项卡输出的记录

选择“结果 1”选项卡，查询结果如图 7-4-6 所示，在输出的结果中没有存储过程“everyone_grade”，证明存储过程已成功删除。

```
SELECT * FROM information_schema.ROUTINES
```

信息　结果 1　剖析　状态

SPECIFIC_NAME	ROUTINE_CATA	ROUTINE_SCHE	ROUTINE_NAM	ROUTINE_TYPE	DA
s_while3	def	schoolsys	s_while3	PROCEDURE	
s_loop	def	schoolsys	s_loop	PROCEDURE	
s_procedure	def	schoolsys	s_procedure	PROCEDURE	
s_o	def	schoolsys	s_o	PROCEDURE	
s_repeat	def	schoolsys	s_repeat	PROCEDURE	
doiterate	def	schoolsys	doiterate	PROCEDURE	
gender_name	def	schoolsys	gender_name	PROCEDURE	
min_grade	def	schoolsys	min_grade	PROCEDURE	
myProc	def	schoolsys	myProc	PROCEDURE	
num_loop	def	schoolsys	num_loop	PROCEDURE	
RepeatLoopProc	def	schoolsys	RepeatLoopPro	PROCEDURE	
show_someone_n	def	schoolsys	show_someone	PROCEDURE	
show_someone_sa	def	schoolsys	show_someone	PROCEDURE	
someone_grade	def	schoolsys	someone_grade	PROCEDURE	
sum_loop	def	schoolsys	sum_loop	PROCEDURE	
s_while	def	schoolsys	s_while	PROCEDURE	
s_n	def	schoolsys	s_n	PROCEDURE	

图 7-4-6　查看存储

1. 使用 ALTER PROCEDURE 语句将任一存储过程的特性修改为“READS SQL DATA”类型和“COMMENT 'FIND NAME'”类型。

2. 简述存储程序的特性。

3. 存储过程中的代码可以改变吗？为什么？

项目八　触发器的应用

在实际开发过程中，经常会遇到多张互相关联的表，此时需要将两个或多个互相关联的操作通过程序实现，并使用事务将这些操作包裹起来，确保它们全部执行或全部回滚。如果遇到特殊情况，还需要手动维护，可能导致数据缺失或不一致。触发器则是解决此类问题的有效手段。定义触发器后，当对表执行 INSERT、UPDATE 和 DELETE 语句时，会自动触发预设的操作，从而确保数据的完整性。

本项目通过“创建触发器”“删除触发器”两个任务实例来帮助熟悉触发器的应用，以维护数据的完整性和一致性。

任务 1　创建触发器

学习目标

1. 了解触发器的概念。
2. 能创建触发器。
3. 能使用触发器。

任务描述

触发器通过监听事件（如 INSERT、UPDATE 和 DELETE 语句）来触发预设操作。当数据库系统执行这些事件时，会自动触发触发器执行相应的逻辑。触发器可实现事件监听与响应机制，从而确保数据操作的一致性。

本任务要求使用 SQL 语句，创建名为“before_noupdate”且包含多条执行语句的触发器，如图 8-1-1 所示，该触发器能实现系部表“tb_deparement”中计算机系的电话字段不被更新。

```
CREATE TRIGGER before_noupdate
BEFORE UPDATE ON tb_department
FOR EACH ROW
BEGIN
 IF dpm_name ='计算机系' THEN
  SET NEW.dpm_phone = OLD.dpm_phone;
 END IF;
END ;
```

```
信息  剖析  状态
CREATE TRIGGER before_noupdate
BEFORE UPDATE ON tb_department
FOR EACH ROW
BEGIN
 IF dpm_name ='计算机系' THEN
  SET NEW.dpm_phone = OLD.dpm_phone;
 END IF;
END
> Affected rows: 0
> 时间: 0.005s
```

图 8-1-1　创建触发器

一、触发器概述

触发器是一个特殊的存储过程，与普通的存储过程不同的是，触发器无须通过 CALL 语句调用或手工启动，只要预定义的事件发生，就会被 MySQL 自动触发执行。

1. 触发器的作用

触发器在插入、删除或修改特定表中的数据时触发执行，常用于强制执行业务规则，具有较强的数据控制能力。

（1）安全控制

触发器能基于数据值限制用户操作，或根据数据库状态动态约束操作权限。

（2）审计跟踪

触发器能跟踪用户对数据库的操作，例如，记录用户执行的 INSERT、UPDATE、DELETE

语句，将数据变更写入审计表。

（3）数据完整性控制

触发器可以实现复杂的数据完整性规则，弥补标准约束的不足。与普通约束不同，触发器能引用表中的列或数据库对象，支持更灵活的逻辑判断。

（4）复杂的级联操作

外键可实现简单的级联更新或删除，而触发器能支持更复杂的级联逻辑。

2. 触发器的优点

触发器可以保证数据库中的数据始终处于合法状态，从而维护数据完整性。

使用触发器可以具体记录在什么时间发生了什么事。例如，记录会员储值金额的触发器可以记录储值金额的修改时间、操作人员、前后金额等信息，这对还原操作人员的具体操作步骤，更高效、更便捷地定位问题很有帮助。

超市进货的时候，超市管理员需要录入进货价格，但是人为操作很容易出错，例如在录入数据的时候，若录入有误，录入的价格远超售价，会导致账面上的亏损，这些都可以通过触发器，在实际插入或者更新操作之前，对相应的数据进行检查，及时提示错误，以防止错误数据被录入系统。

3. 触发器的缺点

在使用触发器带来诸多便利的同时，也引发了一些问题。触发器存储在数据库中，由事件驱动，这种特性对系统维护构成挑战。

数据表结构的变更也会导致触发器出错，进而影响数据操作。在触发器占用服务器端资源而造成较大压力后，在高频操作的数据表上不建议创建触发器，因为它会对数据表中受影响的每一行执行一次触发器，导致消耗服务器资源较多。

二、触发器的创建

1. 创建只有一条执行语句的触发器

使用 SQL 语句创建只有一条执行语句的触发器时，需要选择目标数据表、触发时机和触发事件。创建触发器的 SQL 语法格式如下。

```
CREATE  TRIGGER <触发器名称>
<触发时机 > <触发事件> ON <表名>
FOR EACH ROW
```

提示

1. 触发时机即触发器执行的时间，关键字为 BEFORE 或 AFTER。
2. 触发事件可指定为 INSERT、UPDATE 或 DELETE。

2. 创建有多条执行语句的触发器

创建有多条执行语句的触发器与创建有一条执行语句的触发器的操作极为相似，同样需要选择目标数据表、触发时机和触发事件，而创建有多条执行语句的触发器时，可以使用关键字 BEGIN 和 END 作为开始和结束，中间包含多条语句。创建有多条执行语句的触发器的 SQL 语法格式如下。

```
CREATE TRIGGER <触发器名称>
<触发时机> <触发事件> ON <表名>
FOR EACH ROW
BEGIN
    <执行语句列表>
END;
```

【案例 8-1-1】创建触发器以实现向系部表添加数据时，系部表日志自动记录操作信息

打开 Navicat，连接数据库。在左侧列表中选择教学管理系统数据库“schoolsys”，接着在主工具栏中单击“查询”按钮，然后单击对象列表工具栏中的“新建查询”按钮。

在查询页面中使用 CREATE TABLE 语句，创建名为“tb_department_logs”的表用于记录用户操作日志，指定字段“id”的数据类型为 INT；字段“date”的数据类型为 DATE；字段“log_text”的数据类型为 VARCHAR(200)，并设置“id”为自增主键，输入 SQL 语句如下。

```
CREATE  TABLE  tb_department_logs(
    id  INT  AUTO_INCREMENT,
    date  DATE,
```

```
    log_text VARCHAR(200),
    PRIMARY KEY(id)
);
```

单击“运行”按钮执行上述代码，在“信息”选项卡中显示“OK”表示代码执行成功，运行结果如图 8-1-2 所示。

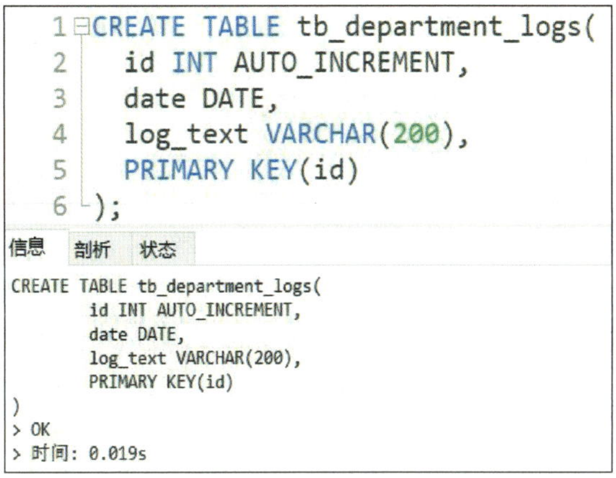

```
CREATE TABLE tb_department_logs(
   id INT AUTO_INCREMENT,
   date DATE,
   log_text VARCHAR(200),
   PRIMARY KEY(id)
);
```

信息　剖析　状态

```
CREATE TABLE tb_department_logs(
        id INT AUTO_INCREMENT,
        date DATE,
        log_text VARCHAR(200),
        PRIMARY KEY(id)
)
> OK
> 时间: 0.019s
```

图 8-1-2　创建数据表

在查询页面中使用 CREATE TRIGGER 语句，创建名为“after_insert”的触发器，分别指定“AFTER”和“INSERT”为触发时机及触发事件，并使用关键字 ON 匹配数据表“tb_department”，在 BEGIN...END 语句中使用 INSERT INTO 语句在表“tb_department_logs”中添加数据。所输入的 SQL 语句如下。

```
CREATE TRIGGER after_insert
AFTER INSERT ON tb_department
FOR EACH ROW
BEGIN
   INSERT INTO tb_department_logs(date,log_text)
   VALUES(CURDATE( ),' 添加了新的系部信息 ');
END ;
```

单击“运行”按钮执行上述代码，在“信息”选项卡中显示“Affected rows：0”（受影响行数：0）表示该代码执行成功，运行结果如图 8-1-3 所示。

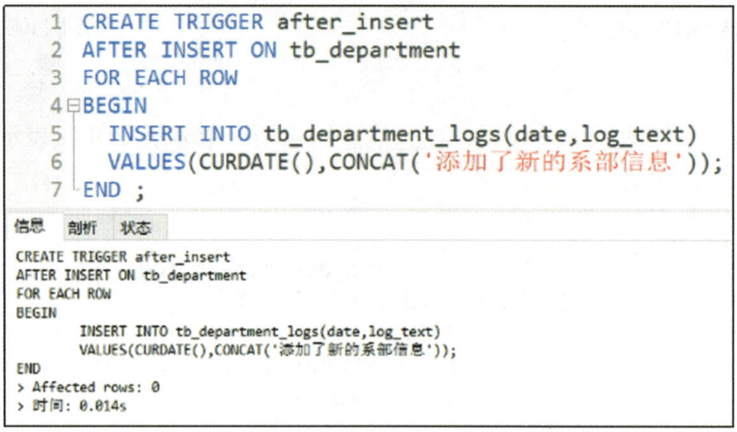

```
CREATE TRIGGER after_insert
AFTER INSERT ON tb_department
FOR EACH ROW
BEGIN
  INSERT INTO tb_department_logs(date,log_text)
  VALUES(CURDATE(),CONCAT('添加了新的系部信息'));
END ;
```

```
信息 剖析 状态
CREATE TRIGGER after_insert
AFTER INSERT ON tb_department
FOR EACH ROW
BEGIN
	INSERT INTO tb_department_logs(date,log_text)
	VALUES(CURDATE(),CONCAT('添加了新的系部信息'));
END
> Affected rows: 0
> 时间: 0.014s
```

图 8-1-3　创建触发器

在查询页面中输入 INSERT INTO 语句，向系部表“tb_department”插入数据，假设表“tb_department”有 dept_id、dept_name、phone、address 字段，使用的 SQL 语句如下。

```
INSERT INTO tb_department
VALUES('X666','数学系','12345678910','6-606');
```

单击“运行”按钮执行上述代码，在“信息”选项卡中显示“Affected rows：1”（受影响行数：1）表示该代码执行成功，运行结果如图 8-1-4 所示。

```
INSERT INTO tb_department
VALUES('X666','数学系','12345678910','6-606');
```

```
信息 剖析 状态
INSERT INTO tb_department
VALUES('X666','数学系','12345678910','6-606')
> Affected rows: 1
> 时间: 0.053s
```

图 8-1-4　插入数据成功

执行上述代码且无报错后，在查询页面输入 SELECT 语句查看触发器执行效果。使用的 SQL 语句如下。

```
SELECT * FROM tb_department_logs;
```

单击“运行”按钮执行代码，查看表“tb_department_logs”中插入了一条新的记录，证明在系部表添加数据之后，触发器触发，自动在系部日志表“tb_department_logs”中进行记录，运行结果如图 8-1-5 所示。

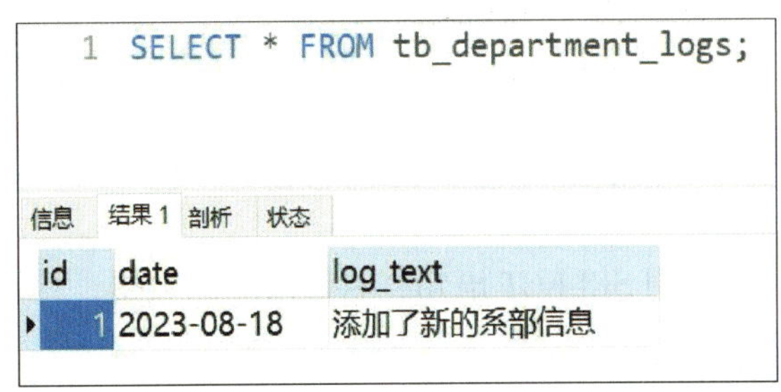

图 8-1-5 触发器触发成功

1. 打开 Navicat 并创建查询

打开 Navicat，连接数据库。在左侧列表中选择教学管理系统数据库“schoolsys”，接着在主工具栏中单击“查询”按钮，然后单击对象列表工具栏中的“新建查询”按钮。

2. 设置系部表“tb_department”中计算机系的电话信息

在查询页面中使用 UPDATE 语句指定要修改的数据表为“tb_department”，使用 SET 子句将字段“dpm_phone”的数据改为“10987654321”，并在 WHERE 子句中使用“=”将字段“dpm_name”的值匹配“计算机系”。修改数据表所用 SQL 语句如下。

```
UPDATE tb_department
SET dpm_phone = '10987654321'
WHERE dpm_name = ' 计算机系 ';
```

单击“运行”按钮执行上述代码，在“信息”选项卡中显示“Affected rows：1”（受影响行数：1）表示该代码执行成功，运行结果如图 8-1-6 所示。

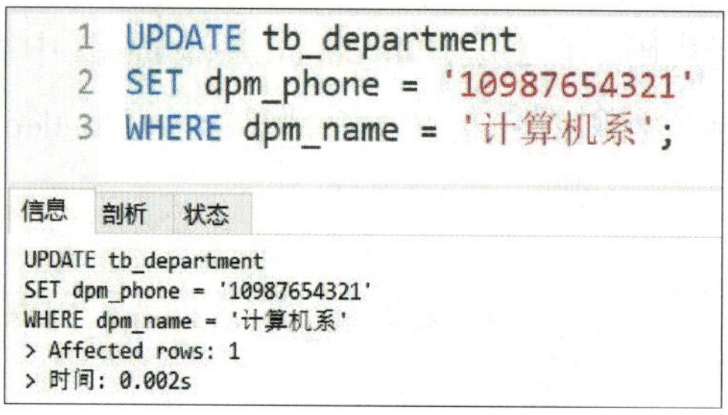

```
UPDATE tb_department
SET dpm_phone = '10987654321'
WHERE dpm_name = '计算机系';
```

信息 剖析 状态

```
UPDATE tb_department
SET dpm_phone = '10987654321'
WHERE dpm_name = '计算机系'
> Affected rows: 1
> 时间: 0.002s
```

图 8-1-6　执行修改数据表语句

在数据表修改完成后，使用 SELECT 语句查看修改后的数据，具体 SQL 语句如下。

```
SELECT * FROM tb_department;
```

确认语法无误后，单击“运行”按钮执行上述代码，在“信息”选项卡中显示“OK”表示该代码执行成功。

选择“结果 1”选项卡，查询结果如图 8-1-7 所示，查看“dpm_name”和“dpm_phone”字段的值，确认计算机系的联系方式为“10987654321”，表明数据表已经修改成功。

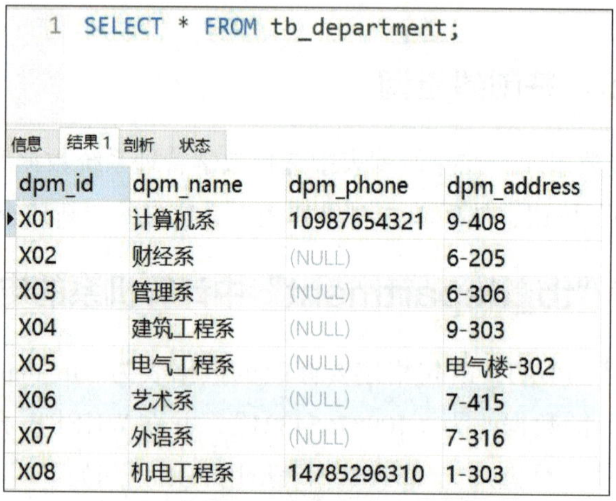

```
SELECT * FROM tb_department;
```

信息 结果 1 剖析 状态

dpm_id	dpm_name	dpm_phone	dpm_address
X01	计算机系	10987654321	9-408
X02	财经系	(NULL)	6-205
X03	管理系	(NULL)	6-306
X04	建筑工程系	(NULL)	9-303
X05	电气工程系	(NULL)	电气楼-302
X06	艺术系	(NULL)	7-415
X07	外语系	(NULL)	7-316
X08	机电工程系	14785296310	1-303

图 8-1-7　查询数据表中的数据

3. 为系部表“tb_department”创建触发器

在查询页面中使用 CREATE TRIGGER 语句创建一个名为“before_noupdate”的触发器，指定“BEFORE”和“UPDATE”为触发时机及触发事件，并使用关键字“ON”匹配数据表“tb_department”，在 BEGIN...END 语句中使用 IF 语句判断字段“dpm_name”的值是否为“计算机系”，若结果为“TRUE”则将更新后的电话值恢复为修改前的值，从而阻止电话被更改；若结果为“FALSE”则不进行任何操作。创建触发器所用 SQL 语句如下。

```
CREATE TRIGGER before_noupdate
BEFORE UPDATE ON tb_department
FOR EACH ROW
BEGIN
  IF NEW.dpm_name =' 计算机系 ' THEN
   SET NEW.dpm_phone = OLD.dpm_phone;
  END IF;
END;
```

单击“运行”按钮执行上述代码，在“信息”选项卡中显示“Affected rows：0”（受影响行数：0），表示该代码执行成功，运行结果如图 8-1-8 所示。

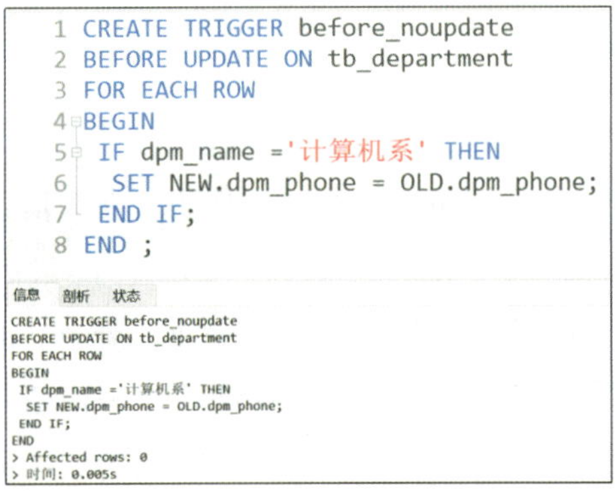

```
CREATE TRIGGER before_noupdate
BEFORE UPDATE ON tb_department
FOR EACH ROW
BEGIN
 IF dpm_name ='计算机系' THEN
  SET NEW.dpm_phone = OLD.dpm_phone;
 END IF;
END ;
```

信息　剖析　状态

```
CREATE TRIGGER before_noupdate
BEFORE UPDATE ON tb_department
FOR EACH ROW
BEGIN
 IF dpm_name ='计算机系' THEN
  SET NEW.dpm_phone = OLD.dpm_phone;
 END IF;
END
> Affected rows: 0
> 时间: 0.005s
```

图 8-1-8　创建触发器

4. 修改系部表“tb_department”中计算机系的信息

在查询页面中使用 UPDATE 语句指定要修改的数据表为“tb_department”，使用 SET 子句将字段“dpm_phone”的值改为“12345678910”，并在 WHERE 子句中使用“=”将字段“dpm_name”的值匹配“计算机系”。修改数据表所用 SQL 语句如下。

```
UPDATE  tb_department
SET  dpm_phone = '12345678910'
WHERE  dpm_name = ' 计算机系 ';
```

确认代码无误后，单击“运行”按钮执行上述代码，在“信息”选项卡中显示“1054–Unknown column 'dpm_name' in 'field list'”，表示触发器已触发成功，修改操作被阻止，运行结果如图 8-1-9 所示。

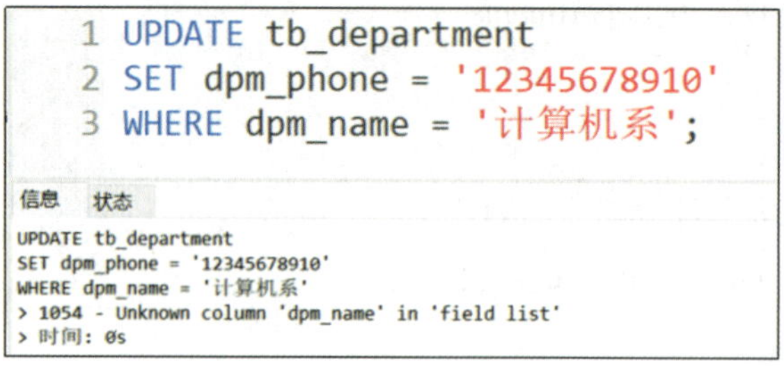

```
UPDATE tb_department
SET dpm_phone = '12345678910'
WHERE dpm_name = '计算机系';
```

信息　状态

```
UPDATE tb_department
SET dpm_phone = '12345678910'
WHERE dpm_name = '计算机系'
> 1054 - Unknown column 'dpm_name' in 'field list'
> 时间: 0s
```

图 8-1-9　再次执行修改数据表语句

5. 查看系部表中的数据并与修改前的数据进行对比

查看修改完成后视图中的数据，可使用 SELECT 语句再次从表“tb_department”中查询数据，具体 SQL 语句如下。

```
SELECT * FROM tb_department;
```

确认语法无误后，单击“运行”按钮执行上述代码，在“信息”选项卡中显示“OK”表示该代码执行成功。

选择“结果 1”选项卡，查询结果如图 8-1-10 所示，查看“dpm_name”和“dpm_phone”字段的值，计算机系的联系方式仍为“10987654321”，字段“dpm_phone”的值未被修改，证明触发器已成功触发。

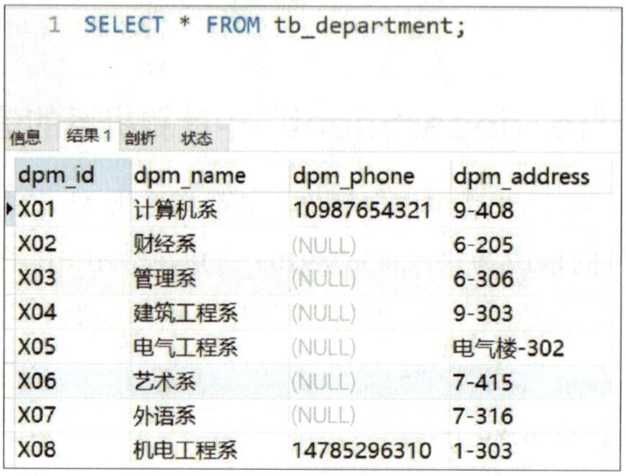

```
SELECT * FROM tb_department;
```

信息　结果 1　剖析　状态

dpm_id	dpm_name	dpm_phone	dpm_address
X01	计算机系	10987654321	9-408
X02	财经系	(NULL)	6-205
X03	管理系	(NULL)	6-306
X04	建筑工程系	(NULL)	9-303
X05	电气工程系	(NULL)	电气楼-302
X06	艺术系	(NULL)	7-415
X07	外语系	(NULL)	7-316
X08	机电工程系	14785296310	1-303

图 8-1-10　查询数据表中的数据

1. 使用 CREATE TRIGGER 语句创建触发器，要求在对学生表进行数据更新时保护班级编号为“Z0001”的学生的姓名不被更改。

2. 简述触发器的作用。

3. 简述使用触发器时要特别注意的事项。

任务 2　删除触发器

1. 了解查看触发器的方法。
2. 能删除触发器。

虽然触发器便捷灵活，但是也存在一些缺陷。在同一触发条件下，触发器的指令可能会重叠，这就容易出现指令冲突的情况，可能会造成系统或数据库宕机，所以需要及时清理数据库中多余的触发器。

本任务通过 Navicat，在教学管理系统数据库“schoolsys”中使用 SELECT 语句，在数据库“information_schema”的表“TRIGGERS”中查找名为“before_noupdate”的触发器并使用 DROP 语句删除，如图 8-2-1 所示。

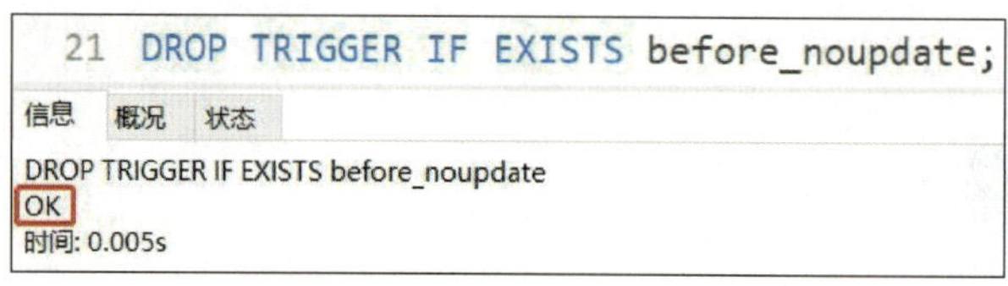

图 8-2-1 删除触发器

一、触发器的查看

1. 查看当前数据库中所有触发器的定义

在 MySQL 中，使用 SHOW TRIGGERS 语句可查看当前数据库中所有触发器的定义，包括名称、触发时机、关联表、触发语句和创建时间等。具体 SQL 语法格式如下。

```
SHOW TRIGGERS;
```

提示

上述 SQL 语句可通过 LIKE 子句筛选指定触发器。推荐在触发器数量较少的情况下使用该语句查询触发器的基本信息。

【案例 8-2-1】使用 SHOW TRIGGERS 语句查看触发器

打开 Navicat，连接数据库。在左侧列表中选择教学管理系统数据库“schoolsys”，接着在主工具栏中单击“查询”按钮，然后单击对象列表工具栏中的“新建查询”按钮。

在查询页面中使用 SHOW TRIGGERS 语句查看所有触发器，输入 SQL 语句如下。

```
SHOW TRIGGERS;
```

确认语法无误后，单击“运行”按钮执行上述代码，在“信息”选项卡中显示“OK”表示该代码执行成功。

选择“结果 1”选项卡，查询结果如图 8-2-2 所示，查看所有已创建的触发器的名称（Trigger）、触发事件（Event）、所基于的数据表（Table）、触发器中包含的执行语句（Statement）及触发时机（Timing）等。

图 8-2-2 查看所有触发器定义

2. 查看当前数据库中某个触发器的定义

查看某个触发器的定义时，可使用 SHOW CREATE TRIGGER 语句，具体 SQL 语法格式如下。

```
SHOW CREATE TRIGGER <触发器名>;
```

【案例 8-2-2】使用 SHOW CREATE TRIGGER 语句查看触发器

打开 Navicat，连接数据库。在左侧列表中选择教学管理系统数据库“schoolsys”，接着在主工具栏中单击“查询”按钮，然后单击对象列表工具栏中的“新建查询”按钮。

在查询页面使用 SHOW CREATE TRIGGER 语句查看触发器“before_noupdate”的定义，输入 SQL 语句如下。

```
SHOW CREATE TRIGGER before_noupdate;
```

确认语法无误后，单击“运行”按钮执行上述代码，在“信息”选项卡中显示“OK”表示该代码执行成功。

选择“结果 1”选项卡，查询结果如图 8-2-3 所示，查看触发器“before_noupdate”的触发器名称（Trigger）、语法校验规则（sql_mode）、触发器的创建语句（SQL Original Statement）、客户端所用字符集（Collation_connection）以及创建时间（Created）。

```
1 SHOW CREATE TRIGGER before_noupdate;
```

信息 结果 1 剖析 状态

Trigger	sql_mode	SQL Original Stat	character_set_clie	collation_connection	Database Collatic	Created
before_noupdate	ONLY_FULL_GROUP_BY	CREATE DEFINER	utf8mb4	utf8mb4_general_ci	utf8_general_ci	2025-05-17 01:5

图 8-2-3 查看单个触发器定义

3. 在表“TRIGGERS”中查看触发器的信息

在 MySQL 中，所有触发器的定义都存储在数据库“information_schema”的表“TRIGGERS”中，可通过 SELECT 语句查看，且可通过 WHERE 子句来查看指定名称的触发器，具体的 SQL 语法格式如下。

```
SELECT * FROM information_schema.TRIGGERS
WHERE TRIGGER_NAME=< 触发器名 >;
```

提示

其中，数据库“information_schema”是 MySQL 中提供访问数据库元数据的方式，表“TRIGGERS”中记录了触发器信息，通过 SELECT 语句可查看该表中的数据。

二、触发器的删除

使用 DROP TRIGGER 语句可以删除 MySQL 中定义的触发器，关键字 IF EXISTS 用于避免因触发器不存在而报错，若触发器存在则删除，否则不执行任何操作。具体的 SQL 语法格式如下。

```
DROP TRIGGER IF EXISTS < 触发器名 >;
```

1. 打开 Navicat 并创建查询

打开 Navicat，连接数据库，在左侧列表中选择教学管理系统数据库“schoolsys”，接着在主工具栏中单击“查询”按钮，然后单击对象列表工具栏中的“新建查询”按钮。

2. 输入并执行查看触发器语句

在查询页面中使用 SELECT 语句在数据库“information_schema”的表“TRIGGERS”中查看所有触发器，使用的 SQL 语句如下。

```
SELECT * FROM information_schema.TRIGGERS;
```

确认语法无误后，单击“运行”按钮执行上述代码，在“信息”选项卡中显示“OK”表示该代码执行成功。

3. 查看“结果 1”选项卡输出的记录

选择“结果 1”选项卡，查询结果如图 8-2-4 所示，当前数据库中存在触发器“before_noupdate”。

```
1 SELECT * FROM information_schema.TRIGGERS;
```

信息　结果 1　剖析　状态

TRIGGER_CATAL(	TRIGGER_SCHEM	TRIGGER_NAME	EVENT_MANIPUL	EVENT_OBJECT_C	EVENT_OBJECT_S	EVENT_OBJECT_TABLE
def	schoolsys	before_noupdate	UPDATE	def	schoolsys	tb_department
def	sys	sys_config_insert_set_user	INSERT	def	sys	sys_config
def	sys	sys_config_update_set_user	UPDATE	def	sys	sys_config

图 8-2-4　查看触发器

4. 输入删除触发器语句

在查询页面使用 DROP TRIGGER 语句，将已创建的触发器“before_noupdate”删除，使用的 SQL 语句如下。

```
DROP TRIGGER IF EXISTS before_noupdate;
```

5. 执行删除触发器语句

单击“运行”按钮执行上述代码，在“信息”选项卡中显示“OK”表示该代码执行成功，运行结果如图 8-2-1 所示。

6. 输入并执行查看触发器语句

在查询页面中使用 SELECT 语句再次在数据库“information_schema”的表“TRIGGERS”中查看触发器，使用的 SQL 语句如下。

```
SELECT * FROM information_schema.TRIGGERS;
```

确认语法无误后，单击“运行”按钮执行上述代码，在“信息”选项卡中显示“OK”表示该代码执行成功。

7. 查看“结果 1”选项卡输出的记录

选择“结果 1”选项卡，查询结果如图 8-2-5 所示，查看字段“TRIGGER_NAME”的值，可见该字段中不存在值“before_noupdate”，证明触发器“before_noupdate”已被成功删除。

```
SELECT * FROM information_schema.TRIGGERS;
```

信息　结果 1　剖析　状态

TRIGGER_CATA	TRIGGER_SCHEMA	TRIGGER_NAMI	EVENT_MANIPU	EVENT_OBJECT_	EVEN	EVENT_OBJECT_TABLE
def	sys	sys_config_inse	INSERT	def	sys	sys_config
def	sys	sys_config_upd	UPDATE	def	sys	sys_config

图 8-2-5　查看所有触发器

1. 使用 SHOW CREATE 语句查看当前数据库中的“before_noupdate”触发器。
2. 可通过哪几种方式查看触发器?
3. 为什么要及时删除不再需要的触发器?

项目九　数据库安全

数据库作为业务系统的核心和基础，承载着越来越多的关键数据，其安全稳定运行直接决定着业务系统能否正常使用，重要性可见一斑。通过学习数据库安全相关知识，掌握用户访问权限设置等操作，可以为数据库构建一道安全防线。

本项目包括“管理用户”“管理权限”“管理角色”三个任务，通过完成任务实例来掌握数据库安全的相关操作，以更全面地保护数据库数据。

1. 了解数据库的不安全因素。
2. 了解用户身份鉴别方式。
3. 了解存取控制机制及方法。
4. 能创建用户并设置密码。
5. 能修改和删除用户。

数据库的用户管理可以控制用户对数据库的访问和操作权限，防止未经授权的访问和操作，确保数据的安全性和完整性。

本任务要求通过 Navicat 创建新用户“stu1”并设置密码为“123456”。执行效果如图 9-1-1 所示。

```
1 CREATE USER 'stu1'@'localhost' IDENTIFIED BY '123456';
```

```
信息  剖析  状态
CREATE USER 'stu1'@'localhost' IDENTIFIED BY '123456'
> OK
> 时间: 0.015s
```

图 9-1-1　创建用户并设置密码

一、数据库的不安全因素

导致数据库不安全的因素如下。

1. 非授权用户对数据库的恶意存取和破坏。非授权用户通过非法获取用户名和口令，假冒合法用户获取、修改甚至破坏数据。

2. 重要或敏感数据泄露。黑客等可能通过攻击手段盗窃数据库中的机密信息，导致敏感数据泄露。

3. 安全环境的脆弱性。数据库安全性依赖于计算机系统安全性（硬件、操作系统、网络等），任何环节的安全事件都可能危及数据库安全。

二、数据库安全控制

1. 用户身份鉴别

在数据库中，用户身份鉴别的具体方式如下。

（1）静态口令鉴别。由用户设定静态不变的口令。

（2）动态口令鉴别。采用一次一密机制，每次鉴别使用动态产生的新口令。

（3）生物特征鉴别。通过人脸识别、指纹识别等生物特征进行认证。

（4）智能卡鉴别。使用内置加密芯片的不可复制硬件（智能卡）进行身份认证。

2. 存取控制

（1）存取控制机制

1）定义用户权限。数据库管理系统通过特定语言定义用户权限，存储于数据字典（安全规则或授权规则）。

2）合法权限检查。用户发出操作请求，数据库管理系统基于数据字典进行权限校验。

（2）存取控制方法

1）自主存取控制。针对不同的数据对象，用户拥有不同权限，且可将其权限转授给其他用户。

2）强制存取控制。为数据对象和用户分别标注密级和许可证级别，仅允许符合级别的用户访问对应密级的数据。

3. 自主存取控制方法

通过 SQL 的 GRANT 语句和 REVOKE 语句，可以定义用户存取权限，即用户可操作的数据库对象及操作类型，详见表 9-1-1。

表 9-1-1　关系数据库系统中的存取控制对象

对象类型	对象	操作类型
数据库	库	CREATE DATABASE
模式对象	基本表	CREATE TABLE、ALTER TABLE
	视图	CREATE VIEW
	索引	CREATE INDEX
数据	基本表和视图	SELECT、INSERT、UPDATE、DELETE、REFERENCES、ALL PRIVILEGES
	属性列	SELECT、INSERT、UPDATE、REFERENCES、ALL PRIVILEGES

三、使用 CREATE USER 语句创建用户

CREATE USER 语句用于创建新的 MySQL 用户。要使用 CREATE USER 语句，必须拥有

MySQL 数据库的全局 CREATE USER 权限，或拥有 INSERT 权限。每创建一个账户，CREATE USER 语句会在 mysql.user 表中插入一个新记录，用于存储和管理用户信息。如果用户已经存在，则会出现错误。IDENTIFIED BY 子句可以为账户设置一个密码。CREATE USER 语句的 SQL 语法格式如下。

```
CREATE  USER '用户名' @ '主机名' [IDENTIFIED BY '密码']
```

提示

1. 用户名格式为 '用户名' @ '主机名'，@ 后可指定允许登录的主机。

2. 可选项 “IDENTIFIED BY” 用于指定用户登录时的验证密码，若缺省则说明未指定验证密码，用户可以直接登录。无密码的用户登录方式不安全，不建议使用。

3. 使用 CREATE USER 语句可以同时创建多个用户。

四、修改用户的 SQL 语句

1. 修改用户名

修改用户名可以使用 UPDATE 语句，在 MySQL 中，还可以使用 RENAME USER 语句重命名用户。RENAME USER 语句的 SQL 语法格式如下。

```
RENAME  USER  'old_user'  @ 'localhost' TO  'new_user'  @ 'localhost';
```

提示

对用户名进行修改等操作需要在 root 权限下进行；如果旧用户不存在或者新用户已存在，则会出现错误提示。

【案例 9-1-1】将测试用户 “stu1” 的用户名修改为 “xiaoming”

打开 Navicat，连接数据库。在左侧列表中选择系统数据库 “mysql”，接着在主工具栏中单击 “查询” 按钮，然后单击对象列表工具栏中的 “新建查询” 按钮。

使用 RENAME USER 语句将测试用户 “stu1” 的用户名修改成 “xiaoming”，在新建的查询页面中输入的 SQL 语句如下。

```
RENAME USER 'stu1'@'localhost' TO 'xiaoming'@'localhost';
```

单击“运行”按钮，在“信息”选项卡中显示运行结果，执行效果如图 9–1–2 所示。

```
1 RENAME USER 'stu1'@'localhost' TO 'xiaoming'@'localhost';
```

信息　剖析　状态

```
RENAME USER 'stu1'@'localhost' TO 'xiaoming'@'localhost'
> OK
> 时间: 0.005s
```

图 9–1–2　修改用户名语句

使用 SELECT 语句查看系统数据库“mysql”下的表“user”，如图 9–1–3 所示，在“结果 1”选项卡中可见字段“User”的值中无“stu1”，但有“xiaoming”，则表示用户名修改成功。

```
1 SELECT * FROM user;
```

信息　结果 1　剖析　状态

Host	User	Select_priv	Insert_priv	Update_priv	Delete_priv	Create_priv
%	Test	N	N	N	N	N
%	root	Y	Y	Y	Y	Y
localhost	mysql.infoscher	Y	N	N	N	N
localhost	mysql.session	N	N	N	N	N
localhost	mysql.sys	N	N	N	N	N
localhost	xiaoming	N	N	N	N	N

图 9–1–3　重命名成功

2. 修改用户密码

可以使用 ALTER USER 语句对用户密码进行修改，其 SQL 语法格式如下。

```
ALTER USER '用户名'@'主机名' [IDENTIFIED BY '密码'];
```

提示

可以通过重新打开 cmd 控制台登录 MySQL，检查密码是否修改成功。

【案例 9-1-2】将测试用户“xiaoming”的用户密码修改为“666666”

打开 Navicat，连接数据库。在左侧列表中选择系统数据库“mysql”，接着在主工具栏中单击“查询”按钮，然后单击对象列表工具栏中的“新建查询”按钮。

使用 ALTER USER 语句将测试用户“xiaoming”的用户密码修改为“666666”，可在新建的查询页面中输入 SQL 语句如下。

```
ALTER USER 'xiaoming'@'localhost' IDENTIFIED BY '666666';
```

单击“运行”按钮，在“信息”选项卡中显示运行结果，执行效果如图 9-1-4 所示。

```
1  ALTER USER 'xiaoming'@'localhost' IDENTIFIED BY '666666';

信息  剖析  状态
ALTER USER 'xiaoming'@'localhost' IDENTIFIED BY '666666'
> OK
> 时间: 0.006s
```

图 9-1-4　执行修改用户密码语句

按 Win+R 组合快捷键调出“运行”对话框，输入“cmd”，进入命令提示符窗口，输入“mysql –u xiaoming –p666666”命令，按 Enter 键确认，即可登录测试用户“xiaoming”，登录结果如图 9-1-5 所示，则表示该用户登录成功，即修改用户密码操作成功。

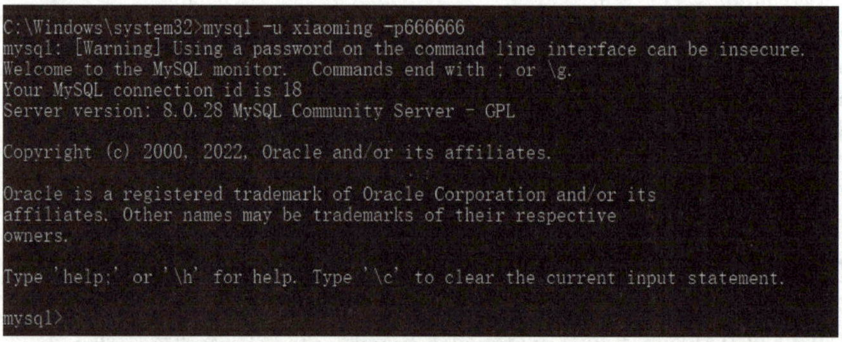

```
C:\Windows\system32>mysql -u xiaoming -p666666
mysql: [Warning] Using a password on the command line interface can be insecure.
Welcome to the MySQL monitor.  Commands end with ; or \g.
Your MySQL connection id is 18
Server version: 8.0.28 MySQL Community Server - GPL

Copyright (c) 2000, 2022, Oracle and/or its affiliates.

Oracle is a registered trademark of Oracle Corporation and/or its
affiliates. Other names may be trademarks of their respective
owners.

Type 'help;' or '\h' for help. Type '\c' to clear the current input statement.

mysql>
```

图 9-1-5　登录用户“xiaoming”

五、删除用户的 SQL 语句

删除不再需要的用户可以防止未授权访问，减少数据库安全风险，有助于简化数据库管理。删除用户可以使用如下两种 SQL 语法格式。

```
DELETE FROM mysql.user WHERE Host='主机名' AND User='用户名';
```

或者

```
DROP USER '用户名'@'主机名';
```

提示

使用 DROP USER 语句会删除用户账号以及对应的数据库权限，确保无残留；而 DELETE 语句仅删除 mysql.user 表记录，可能导致权限残留，因此，强烈推荐使用 DROP USER。

1. 打开 Navicat 并创建查询

打开 Navicat，连接数据库。在左侧列表中选择系统数据库“mysql”，接着在主工具栏中单击“查询”按钮，然后单击对象列表工具栏中的“新建查询”按钮。

2. 输入 CREATE USER 语句创建新用户

使用 CREATE USER 语句创建新用户“stu1@localhost”并在 IDENTIFIED BY 关键字后设置密码“123456”。在新建的查询页面中输入 CREATE USER 语句如下。

```
CREATE USER 'stu1'@'localhost' IDENTIFIED BY '123456';
```

3. 执行 CREATE USER 语句创建新用户

确认语法无误后，单击“运行”按钮，在“信息”选项卡中运行结果显示“OK”，表示该代码执行成功，执行效果如图 9-1-1 所示。

4. 查询表“user”，确认用户是否创建成功

表“user”是系统数据库“mysql”中存放用户信息的数据表，在查询页面中输入 SQL 语句如下。

```
SELECT User,Host FROM mysql.user;
```

单击“运行”按钮，选择“结果 1”选项卡，查看系统数据库“mysql”下的表“user”中的所有信息，其中字段“User”中有值为“stu1”且 'Host' 值为 'localhost' 则表示新用户创建成功，执行效果如图 9-1-6 所示。

```
SELECT * FROM mysql.user;
```

信息 摘要 结果 1 剖析 状态

Host	User	Select_priv	Insert_priv	Update_priv	Delete_priv	Create_priv	Drop_priv	Reload_priv
localhost	mysql.infoschema	Y	N	N	N	N	N	N
localhost	mysql.session	N	N	N	N	N	N	N
localhost	mysql.sys	N	N	N	N	N	N	N
localhost	root	Y	Y	Y	Y	Y	Y	Y
localhost	stu1	N	N	N	N	N	N	N

图 9-1-6　创建用户成功

1. 创建一个用户，设置用户名为“张三”，登录密码为“999999”。
2. 简述用户身份鉴别常用的方式。
3. 简述在 MySQL 中创建用户的 SQL 语句。

任务 2　管理权限

学习目标

1. 能授予用户权限。
2. 能收回用户权限。

任务描述

数据库的权限管理用于控制用户对数据库对象的访问权限，实现权责明确、数据访问分离，确保数据库的安全性和数据的完整性。

本任务要求通过 Navicat 对测试用户的权限进行收回并删除该用户。收回用户权限的执行效果如图 9-2-1 所示，删除用户的执行效果如图 9-2-2 所示。

```
1 REVOKE ALL PRIVILEGES ON *.* FROM 'stu1'@'localhost';

信息  剖析  状态
REVOKE ALL PRIVILEGES ON *.* FROM 'stu1'@'localhost'
> OK
> 时间: 0s
```

图 9-2-1　收回用户权限

```
1 DROP USER 'stu1'@'localhost';

信息  剖析  状态
DROP USER 'stu1'@'localhost'
> OK
> 时间: 0.014s
```

图 9-2-2　删除用户

提示

本任务中所使用的测试用户衔接上一个任务。

一、授予权限

1. 权限控制的原则

权限控制主要出于安全因素，因此，需要遵循以下原则。

（1）只授予用户能满足需要的最小权限，以防止用户进行非法操作。例如，如果用户只需要进行查询操作，那就只授予其 SELECT 权限即可，而不授予 UPDATE、INSERT 或者 DELETE 权限。

（2）创建用户的时候要限制用户登录的主机，一般限制为指定 IP 段或者内网 IP 段。

（3）为每个用户设置符合复杂度要求的密码。

（4）定期清理不需要的用户，及时收回用户权限或者删除用户。

2. 使用 GRANT 语句设置用户权限

在 MySQL 中，拥有 GRANT 权限的用户才能执行 GRANT 语句，为其他用户授予权限，其 SQL 语法格式如下。

```
GRANT PRIVILEGES ON <数据库名>.<表名> TO '用户名'@'主机名';
```

提示

1. 参数“PRIVILEGES”是要授予用户的操作权限，如 SELECT、INSERT、UPDATE 等。若要授予所有权限，则使用 ALL。

2. “< 数据库名 >.< 表名 >”表示授予该用户操作权限的数据库对象。若要授予对所有数据库和表的相应操作权限，则可用通配符“*”表示，如“*.*”。

3. 用以上命令授权的用户无法为其他用户授权，除非加上 [WITH GRANT OPTION] 选项。

【案例 9-2-1】授予用户“xiaoming”SELECT、INSERT、DELETE、UPDATE 权限

打开 Navicat，连接数据库。在左侧列表中选择教学管理系统数据库“schoolsys”，接着在主工具栏中单击“查询”按钮，然后单击对象列表工具栏中的“新建查询”按钮。

使用 GRANT 语句为用户“xiaoming”设置权限，在新建的查询页面中输入 SQL 语句如下。

```
GRANT SELECT,INSERT,DELETE,UPDATE ON *.* TO 'xiaoming'@'localhost';
```

单击“运行”按钮，在“信息”选项卡中显示运行结果，执行效果如图 9-2-3 所示。

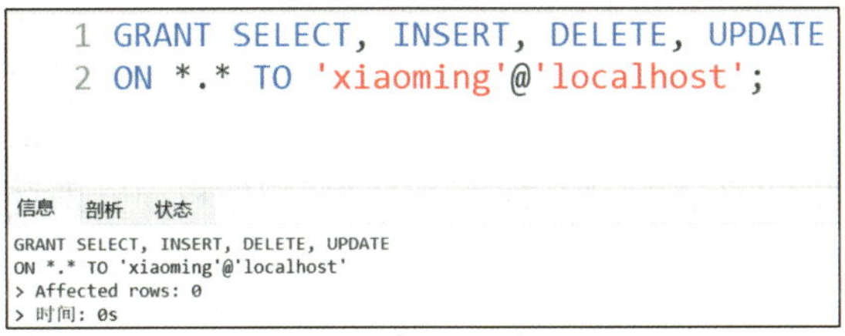

```
GRANT SELECT, INSERT, DELETE, UPDATE
ON *.* TO 'xiaoming'@'localhost';
```

信息　剖析　状态

```
GRANT SELECT, INSERT, DELETE, UPDATE
ON *.* TO 'xiaoming'@'localhost'
> Affected rows: 0
> 时间: 0s
```

图 9-2-3　执行 GRANT 语句

输入并执行 SELECT 语句，选择“结果 1”选项卡，如图 9-2-4 所示，查看系统数据库“mysql”下的表“user”，可以看到修改后的字段“Select_priv”“Insert_priv”“Update_priv”“Delete_priv”的字段值都为“Y”，即为允许该用户进行 SELECT、INSERT、UPDATE、DELETE 操作的状态。

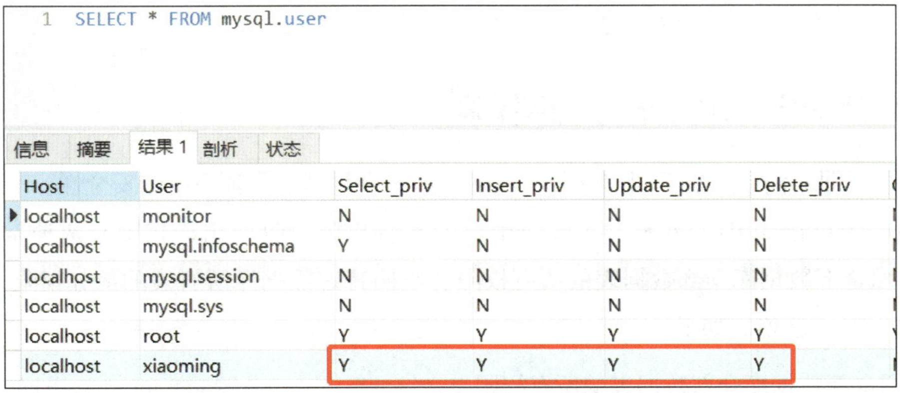

```
SELECT * FROM mysql.user
```

信息　摘要　结果 1　剖析　状态

Host	User	Select_priv	Insert_priv	Update_priv	Delete_priv
localhost	monitor	N	N	N	N
localhost	mysql.infoschema	Y	N	N	N
localhost	mysql.session	N	N	N	N
localhost	mysql.sys	N	N	N	N
localhost	root	Y	Y	Y	Y
localhost	xiaoming	Y	Y	Y	Y

图 9-2-4　查看用户权限

二、收回权限

1. 使用 SHOW GRANTS 语句查看权限

在成功设置权限后，如果需要能直接查看指定用户所拥有的权限，可以使用 SHOW GRANTS 语句，其 SQL 语法格式如下。

```
SHOW GRANTS FOR '用户名'@'主机名';
```

提示

创建用户或角色时，系统都默认其拥有 USAGE 操作权限，即登录权限。

以【案例 9-2-1】为例，也可使用 SHOW GRANTS 语句查看用户“xiaoming”的权限，执行效果如图 9-2-5 所示。

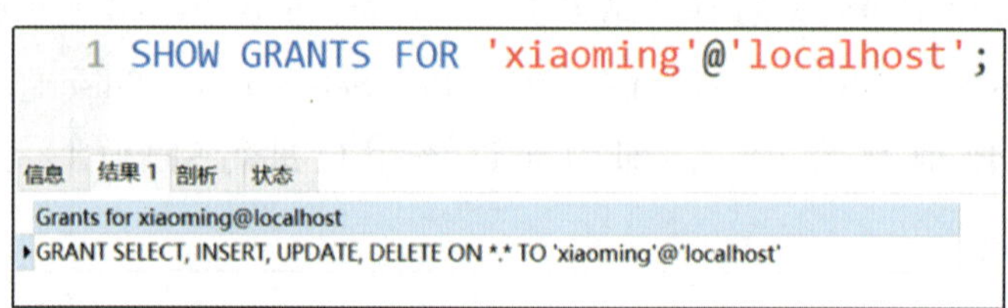

图 9-2-5　查看用户“xiaoming”的权限

2. 使用 REVOKE 语句收回权限

收回权限即取消已经授予用户的某些权限，在一定程度上保证系统的安全性。

MySQL 中可使用 REVOKE 语句收回用户的某些权限。收回用户权限有两种常见方式，分别是收回全部数据库全部数据表的所有权限和收回特定数据库所有表的部分权限，收回某些权限的 SQL 语法格式如下。

```
# 收回全部数据库全部数据表的所有权限
REVOKE ALL PRIVILEGES ON *.* FROM '用户名'@'主机名';
# 收回数据库 schoolsys 下的所有表的 SELECT、INSERT、UPDATE、DELETE 权限
REVOKE SELECT,INSERT,UPDATE,DELETE ON schoolsys.* FROM '用户名'@'主机名';
```

提示

既可以使用相关的SQL语句授予用户权限和收回用户权限，以限制用户对数据的操作，也可以直接使用SQL语句创建和删除用户，以快速修改权限设置。

1. 打开 Navicat 并创建查询

打开 Navicat，连接数据库。在左侧列表中选择系统数据库“mysql”，接着在主工具栏中单击“查询”按钮，然后单击对象列表工具栏中的“新建查询”按钮。

2. 输入并执行 REVOKE 语句，收回用户权限

收回用户所有权限需使用“*.*”，表示系统数据库中的所有数据表，在新建的查询页面中输入 REVOKE 语句如下。

```
REVOKE ALL PRIVILEGES ON *.* FROM 'xiaoming'@'localhost';
```

确认语法无误后，单击“运行”按钮，在“信息”选项卡中运行结果显示“OK”表示该代码执行成功，执行效果如图 9-2-1 所示。

3. 查询用户“xiaoming”的权限，确认权限是否收回成功

执行上述语句且无报错后，需要重新查询用户“xiaoming”当前的权限，以检查收回权限操作是否成功，在查询页面中输入 SHOW GRANTS 语句如下。

```
SHOW GRANTS FOR 'xiaoming'@'localhost';
```

单击“运行”按钮，在“结果 1”选项卡中查看用户“xiaoming”只有 USAGE 权限，即登录权限，表示执行收回权限操作成功，执行效果如图 9-2-6 所示。

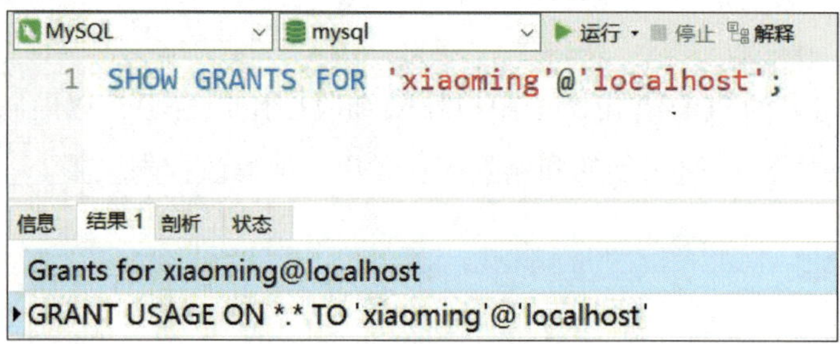

图 9-2-6 查询用户权限

4. 使用 DROP USER 语句删除用户

在收回用户权限后，可使用 DROP USER 语句删除该用户，在新建的查询页面中输入 SQL 语句如下。

```
DROP USER 'xiaoming'@'localhost';
```

单击“运行”按钮，在“信息”选项卡中运行结果显示“OK”表示该代码执行成功，执行效果如图 9-2-2 所示。

5. 查询表“user”，确认用户是否成功删除

在查询页面中输入 SQL 语句如下。

```
SELECT * FROM mysql.user;
```

单击“运行”按钮，在“结果 1”选项卡中查看系统数据库“mysql”下的表“user”中的所有信息，其中字段“User”中不存在值“xiaoming”，则表示用户删除成功。

1. 在收回用户的全部权限前，尝试仅收回该用户对教学管理系统数据库“schoolsys”所有表的增、删、查、改权限，在 Navicat 中完成并能自行检查操作是否成功。

2. 简述在 MySQL 中授予用户权限的原则。

任务 3　管理角色

学习目标

1. 了解角色的概念。
2. 能创建角色并授予权限。
3. 能查看角色并收回权限。
4. 能为用户授予角色并激活。
5. 能撤销用户的角色。

任务描述

当数据库中存在大量用户时，权限管理变得较为烦琐，通过角色可以简化权限管理，提高运维效率。

本任务要求使用 Navicat 收回本任务中新建的角色权限并删除，执行结果如图 9-3-1 和图 9-3-2 所示。

```
REVOKE SELECT ON schoolsys.tb_student FROM 'monitor'@'localhost';

信息　剖析　状态
REVOKE SELECT ON schoolsys.tb_student FROM 'monitor'@'localhost'
> OK
> 时间: 0.002s
```

图 9-3-1　收回角色权限

```
DROP ROLE 'monitor'@'localhost';

信息　剖析　状态
DROP ROLE 'monitor'@'localhost'
> OK
> 时间: 0.004s
```

图 9-3-2　删除角色

相关知识

角色是 MySQL 8.0 中引入的新功能。在 MySQL 中，角色是权限的集合，可以为角色添加或移除权限。用户可以被授予角色，从而获得角色包含的权限。对角色进行操作需要拥有相应的管理权限。像用户权限一样，角色可以被授予给用户或从用户处收回。

引入角色的目的是方便管理拥有相同权限的用户。恰当的角色权限设定，对数据库的安全性有着至关重要的作用。

一、创建角色并授予权限的 SQL 语句

创建角色使用 CREATE ROLE 语句，其 SQL 语法格式如下。

```
CREATE ROLE 'role_name1'[@'host_name'] [,'role_name2'[@'host_name']]...
```

提示

参数“role_name”为角色名，命名规则和用户名类似。参数“host_name”为主机名（可选），默认为“%（允许从任意主机使用角色）”。但参数“role_name”不可省略或为空。

创建角色之后，需要为角色授权，给角色授予权限的 SQL 语法格式如下。

```
GRANT PRIVILEGES ON <数据库名 . 表名> TO 'role_name'[@'host_name'];
```

【案例 9-3-1】创建“monitor”角色并授予其 tb_student 表只读权限

打开 Navicat，连接数据库。在左侧列表中选择教学管理系统数据库“schoolsys”，在主工具栏中单击“查询”按钮，并单击对象列表工具栏中的“新建查询”按钮。

在新建的查询页面中输入 CREATE ROLE 语句如下。

```
CREATE ROLE 'monitor'@'localhost';
```

单击“运行”按钮，在“信息”选项卡中显示运行结果，执行效果如图 9-3-3 所示。

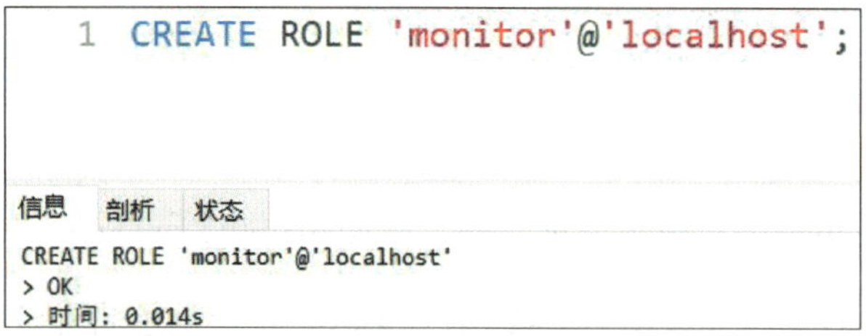

```
CREATE ROLE 'monitor'@'localhost';
```

信息 剖析 状态

```
CREATE ROLE 'monitor'@'localhost'
> OK
> 时间: 0.014s
```

图 9-3-3 创建班长角色“monitor”

创建角色后，给该角色授予 tb_student 表只读的权限，使用 SQL 语句如下。

```
GRANT SELECT ON schoolsys.tb_student TO 'monitor'@'localhost';
```

单击“运行”按钮，在“信息”选项卡中显示运行结果，执行效果如图 9-3-4 所示。

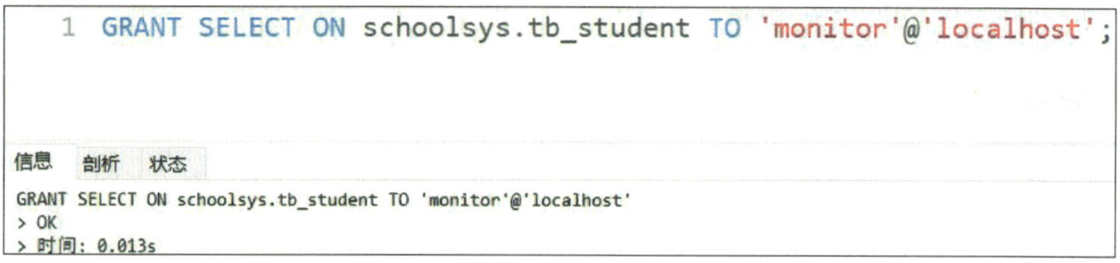

```
GRANT SELECT ON schoolsys.tb_student TO 'monitor'@'localhost';
```

信息 剖析 状态

```
GRANT SELECT ON schoolsys.tb_student TO 'monitor'@'localhost'
> OK
> 时间: 0.013s
```

图 9-3-4 执行授予角色权限语句

使用 SHOW GRANTS 语句查看班长角色“monitor”的权限，输入的 SQL 语句如下。

```
SHOW GRANTS FOR 'monitor'@'localhost';
```

执行结果如图 9-3-5 所示，在“结果 1”选项卡中可以看到“SELECT ON 'schoolsys'.'tb_student' TO 'monitor'@'localhost'”则表示权限设置成功。

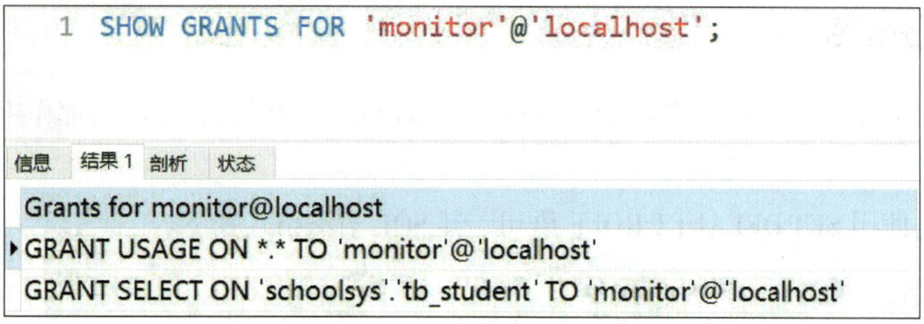

```
SHOW GRANTS FOR 'monitor'@'localhost';
```

信息 结果 1 剖析 状态

Grants for monitor@localhost
GRANT USAGE ON *.* TO 'monitor'@'localhost'
GRANT SELECT ON 'schoolsys'.'tb_student' TO 'monitor'@'localhost'

图 9-3-5 执行查看角色权限语句

二、收回角色权限的 SQL 语句

与用户权限相似，角色的权限也能被收回，收回角色权限的 SQL 语法格式如下。

```
REVOKE PRIVILEGES ON <数据库名 . 表名> FROM '<角色名称>' [@'host_name'];
```

提示

修改角色权限后，所有拥有该角色的用户权限会同步变更。

三、给用户授予角色并激活的 SQL 语句

1. 授予角色

设置完角色后，要将用户和角色联系起来，需要给用户授予对应的角色。为用户授予角色的 SQL 语法格式如下。

```
GRANT 'ROLE'@'localhost' TO 'USER'@'localhost';
```

提示

参数“'ROLE'@'localhost'”代表角色，参数“'USER'@'localhost'”代表用户。可将多个角色同时授予多个用户，多个角色和用户之间用逗号隔开即可。

2. 激活角色

创建角色并授予权限后，要授予用户角色且角色处于激活状态才能发挥作用。激活角色有两种方式。

方式一是使用 SET DEFAULT ROLE 语句，其 SQL 语法格式如下。

```
# 设置指定角色为用户的默认角色
SET DEFAULT 'ROLE'@'localhost' TO 'USER'@'localhost';
# 设置用户拥有的所有角色为默认角色，包括未来赋给用户的角色
SET DEFAULT 'ROLE'@'localhost' ALL TO 'USER'@'localhost';
```

```
# 不设置任何角色为默认角色，但此时用户仍旧会默认激活 public 角色
SET DEFAULT 'ROLE'@'localhost' NONE TO 'USER'@'localhost';
```

方式二是将系统变量“activate_all_roles_on_login”设置为 ON，其 SQL 语法格式如下。

```
SET GLOBAL activate_all_roles_on_login=ON;
```

使用 SHOW VARIABLES 语句查看系统变量“activate_all_roles_on_login”的值，如图 9-3-6 所示，该变量默认值为 OFF。

```
mysql> SHOW VARIABLES LIKE '%activate_all_roles_on_login%';
+-----------------------------+-------+
| Variable_name               | Value |
+-----------------------------+-------+
| activate_all_roles_on_login | OFF   |
+-----------------------------+-------+
1 row in set (0.00 sec)
```

图 9-3-6　查看系统变量“activate_all_roles_on_login”

提示

方式二中的 SQL 语句是将所有角色永久激活，运行该语句之后，用户才真正拥有了授予角色的所有权限。

【案例 9-3-2】 为本项目任务 2 的用户“xiaoming”授予班长角色“monitor”并激活

打开 Navicat，连接数据库。在左侧列表中选择教学管理系统数据库“schoolsys”，接着在主工具栏中单击“查询”按钮，然后单击对象列表工具栏中的“新建查询”按钮。

在新建的查询页面中使用授予用户角色语句将角色“monitor”授予用户“xiaoming”，具体的 SQL 语句如下。

```
GRANT 'monitor'@'localhost' TO 'xiaoming'@'localhost';
```

单击“运行”按钮，在“信息”选项卡中显示运行结果，执行效果如图 9-3-7 所示。

授予角色后，将角色激活，使用 SQL 语句如下。

```
SET DEFAULT 'ROLE'@'localhost' ALL TO 'xiaoming'@'localhost';
```

单击“运行”按钮，在“信息”选项卡中显示运行结果，执行效果如图 9-3-8 所示。

```
1 GRANT 'monitor'@'localhost' TO 'xiaoming'@'localhost';

信息  剖析  状态
GRANT 'monitor'@'localhost' TO 'xiaoming'@'localhost'
> OK
> 时间: 0.01s
```

图 9-3-7　执行授予角色语句

```
1 SET DEFAULT ROLE ALL TO 'xiaoming'@'localhost';

信息  剖析  状态
SET DEFAULT ROLE ALL TO 'xiaoming'@'localhost'
> OK
> 时间: 0.01s
```

图 9-3-8　执行激活角色语句

四、撤销用户角色的 SQL 语句

撤销用户角色与收回用户权限相似，撤销用户角色的同时也意味着用户将失去角色带来的权限。撤销用户角色的 SQL 语法格式如下。

```
REVOKE 'ROLE'@'localhost' FROM 'USER'@'localhost';
```

提示

参数“'ROLE'@'localhost'”表示撤销的角色，参数“'USER'@'localhost'”表示使用该角色的用户。

同时也可以直接删除该角色来实现撤销用户角色，可使用 DROP 语句，该 SQL 语法格式如下。

```
DROP 'ROLE'@'localhost' <角色名>;
```

1. 打开 Navicat 并创建查询

打开 Navicat，连接数据库。在左侧列表中选择系统数据库“mysql”，接着在主工具栏中单击“查询”按钮，然后单击对象列表工具栏中的“新建查询”按钮。

2. 输入收回角色权限语句

与本项目任务 2 中的收回权限操作相似，但是不同的是收回的是角色权限，而非用户权限。使用 REVOKE 语句，指定收回 SELECT 权限，且该权限指定收回的范围为数据库“schoolsys”的数据表“tb_student”，在查询页面中输入如下 SQL 语句。

```
REVOKE SELECT ON schoolsys.tb_student  FROM  'monitor'@'localhost';
```

3. 执行收回角色权限命令

确认语法无误后，单击“运行”按钮，在“信息”选项卡中运行结果显示“OK”表示该代码运行成功，执行效果如图 9-3-1 所示。

4. 查看角色当前权限，确认收回权限是否成功

执行上述语句且无报错后，需要重新查询角色当前权限，以查看角色权限收回操作是否成功，在查询页面中输入 SHOW GRANTS 语句如下。

```
SHOW GRANTS FOR 'monitor'@'localhost';
```

单击“运行”按钮，在“结果 1”选项卡中可看到角色“monitor”仅剩 USAGE 权限，表示执行收回权限操作成功。执行效果如图 9-3-9 所示。

5. 使用 DROP ROLE 语句删除角色

收回角色权限后删除该角色，使用 DROP ROLE 语句，在查询页面中输入如下 SQL 语句。

```
DROP  ROLE  'monitor'@'localhost';
```

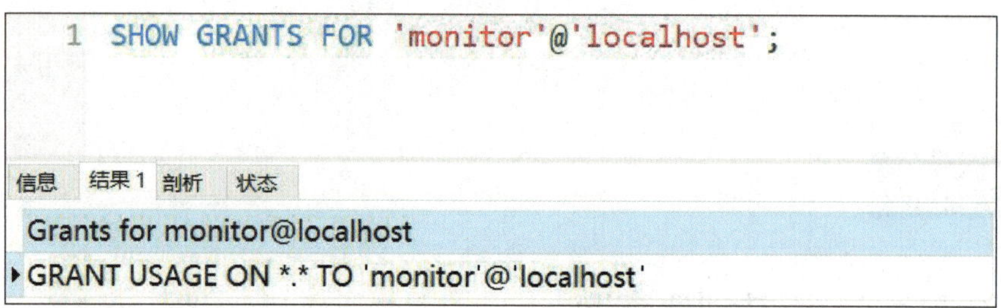

图 9-3-9　查看角色当前权限

单击“运行”按钮，在“信息”选项卡中运行结果显示“OK”表示代码执行成功，效果如图 9-3-2 所示。

6. 查询表“user”，确认角色是否成功删除

角色和用户都存储在系统数据库“mysql”的表“user”中，在查询页面中输入 SQL 语句如下。

```
SELECT * FROM mysql.user;
```

单击“运行”按钮，在“结果 1”选项卡中查看系统数据库“mysql”下的“user”表中的所有信息，若字段“User”中不存在值“monitor”则表示角色删除成功，执行效果如图 9-3-10 所示。

```
1 SELECT * FROM mysql.user;
```

信息　摘要　结果 1　剖析　状态

Host	User	Select_priv	Insert_priv	Update_priv	Delete_priv
localhost	mysql.infoschema	Y	N	N	N
localhost	mysql.session	N	N	N	N
localhost	mysql.sys	N	N	N	N
localhost	root	Y	Y	Y	Y

图 9-3-10　查询表“user”

1. 为用户“xiaoming”分配教师角色，并授予该角色对学生表进行增、删、查、改的权限。

2. 简述用户和角色的区别。

3. 简述收回角色权限对用户的影响。

项目十　数据库备份与恢复

备份对于数据库而言是至关重要的。当数据文件损坏、MySQL 服务错误、系统内核崩溃、计算机硬件损坏或者数据被误删等事件发生时，使用一种有效的数据备份方案，能将损失降到最低。MySQL 提供了多种备份方案，包括物理备份和逻辑备份，选择使用最合适的方式备份数据可以大大降低数据库维护成本，提高更新效率。

本项目包括“使用 mysqldump 工具对数据库进行备份”“使用 MySQL 命令进行数据恢复”“使用可视化方式对数据库进行备份与恢复”3 个任务，通过完成任务实例来掌握数据库备份与恢复操作。通过学习数据库备份和恢复，可以尽量避免数据库文件损坏带来的严重后果，保证数据的安全性。

任务 1　使用 mysqldump 工具对数据库进行备份

学习目标

1. 了解数据库的备份类型和备份策略。
2. 掌握使用 mysqldump 命令备份数据库和数据表的语法格式。
3. 了解 mysqldump 工具的常用选项。
4. 能运用 mysqldump 命令备份数据库和数据表。

数据备份是防范数据丢失的重要手段之一。使用 mysqldump 工具可以将数据库备份成一个文本文件，该文本文件中实际上包含了多个 CREATE 语句和 INSERT 语句，使用这些语句

可以重新创建表结构和插入数据，进而完成数据恢复操作。

本任务要求使用 mysqldump 工具将数据库“schoolsys”备份为“bak.sql”文件。结果如图 10–1–1 所示。

bak.sql	2022/7/25 1:04	Microsoft SQL Serv...	18 KB

图 10–1–1　备份数据库

一、数据库备份的类型

1. 物理备份

（1）冷备份（脱机备份）是指在完全关闭数据库下进行的离线备份操作。

（2）热备份（联机备份）是指数据库处于运行状态下，依赖事务日志实现的实时备份。

（3）温备份是指在数据库锁定表格（不可写入但可读）的状态下进行的备份操作。

2. 逻辑备份

逻辑备份通过导出 SQL 语句实现数据重现。逻辑备份的恢复速度慢，但占用空间小，更加灵活。MySQL 中常用的逻辑备份工具为 mysqldump。

二、数据库备份的策略

1. 完全备份

完全备份是对数据库所有数据和结构进行完整备份。

2. 差异备份

差异备份只备份自从上次完全备份之后发生变化的数据。

3. 增量备份

增量备份只备份上一次备份（完全备份或增量备份）以来发生变化的数据。

三、数据库备份的 SQL 语法格式

执行 mysqldump 命令，可以将数据库中的数据表结构和数据存储生成一个文本文件。使用 mysqldump 备份数据库语句的 SQL 语法格式如下。

```
mysqldump -u <用户名> -p <待备份的数据库名> > <备份文件名>.sql
```

提示

1. mysqldump 命令为 MySQL 外部命令，需在操作系统终端（非 MySQL 客户端）执行。

2. 建议通过 -p 参数交互式输入密码，如果直接在命令中输入密码，会失去密码保护措施。

3. 数据库备份文件的存储位置必须已存在，如果需要放入特定文件夹中，需要提前创建该文件夹，否则将提示错误信息“系统找不到指定的路径”。

四、数据表备份的 SQL 语法格式

mysqldump 命令可以对某个数据库执行备份操作，也可以对指定数据库中某个数据表执行备份操作。使用 mysqldump 工具备份数据表的 SQL 语法格式如下。

```
mysqldump -u <用户名> -p <待备份的数据库名> [<表名 1> <表名 2>...] > <备份文件名称>.sql
```

【案例 10-1-1】备份数据库“schoolsys”中的班级表“tb_class”

打开命令提示符窗口，执行备份数据表的 mysqldump 命令，具体输入的 SQL 语句如下。

```
mysqldump -u root -p schoolsys tb_class>d:\\book.sql
```

执行上述代码，输入用户“root”的密码后，运行结果如图 10-1-2 所示。

```
C:\Windows\system32>mysqldump -u root -p schoolsys tb_class > d:\\book.sql
Enter password: ******
```

图 10-1-2　执行备份表格命令

执行上述代码且无报错后，打开保存路径查看是否存在对应的文本文件，若存在图 10-1-3 所示的文本文件，则表示执行备份数据表操作成功。

使用文本文件查看器打开该文本文件，可以看到其文件内容，部分内容如图 10-1-4 所示。

图 10-1-3　班级表备份文本文件

```
DROP TABLE IF EXISTS `tb_class`;
/*!40101 SET @saved_cs_client     = @@character_set_client */;
/*!50503 SET character_set_client = utf8mb4 */;
CREATE TABLE `tb_class` (
  `cla_id` varchar(255) CHARACTER SET utf8mb4 COLLATE utf8mb4_general_ci NOT NULL,
  `cla_name` varchar(255) CHARACTER SET utf8mb4 COLLATE utf8mb4_general_ci NOT NULL,
  `dpm_id` varchar(255) CHARACTER SET utf8mb4 COLLATE utf8mb4_general_ci NOT NULL,
  PRIMARY KEY (`cla_id`) USING BTREE,
  KEY `departmentid` (`dpm_id`) USING BTREE,
  CONSTRAINT `dpmid` FOREIGN KEY (`dpm_id`) REFERENCES `tb_department` (`dpm_id`) ON
DELETE RESTRICT ON UPDATE RESTRICT
) ENGINE=InnoDB DEFAULT CHARSET=utf8mb3 ROW_FORMAT=DYNAMIC;
/*!40101 SET character_set_client = @saved_cs_client */;

--
-- Dumping data for table `tb_class`
--

LOCK TABLES `tb_class` WRITE;
/*!40000 ALTER TABLE `tb_class` DISABLE KEYS */;
INSERT INTO `tb_class` VALUES ('B0002      ','本软件设计111班      ','X01        '),('B0003
','本数媒111班          ','X01        '),('B0006      ','本电信111班          ','X05        '),
('B0007      ','本自动化111班        ','X05        '),('B0008      ','本国贸111班          ','X02
        '),('B0010      ','本财管111班          ','X02        '),('B0011      ','本财管112班
  ','X02        '),('B0012      ','本经济111班          ','X02        '),('B0013      ','本经济
112班          ','X02        '),('B0014      ','本经济113班          ','X02        '),('B0020
  ','本土木111班          ','X04        '),('B0021      ','本土木112班          ','X04        '),
('B0022      ','本土木113班          ','X04        '),('B0023      ','本国物111班          ','X03
        '),('B0024      ','本国物112班          ','X03        '),('B0025      ','本人资111班
  ','X03        '),('B0026      ','本营销客户111班      ','X03        '),('Z0001      ','多媒
体111班          ','X01        '),('Z0004      ','金融111班            ','X02        '),('Z0005
      ','电会111班            ','X02        '),('Z0027      ','营销111班            ','X03
'),('Z0028      ','人资111班            ','X03        '),('Z0029      ','物流111班
','X03        ');
```

图 10-1-4　备份文本文件部分数据

提示

备份文件包含该数据表的 CREATE TABLE 语句和 INSERT 语句，本质是通过 SQL 语句重现表结构和数据。

五、mysqldump 工具的常用选项及主要用途

mysqldump 工具的常用选项及主要用途见表 10-1-1。

表 10-1-1　mysqldump 工具的常用选项及主要用途

常用选项	主要用途
-h hostname,--host=hostname	指定 MySQL 服务器的 IP 地址或主机名
-u username,--user=username	连接 MySQL 服务器的用户名
-p,--password[=username]	连接 MySQL 服务器的密码
-A,--all-databases	备份 MySQL 服务器上的所有数据库
-B,--databases	备份指定的多个数据库（多个数据库名用空格分隔）
--tables	备份指定数据库中的表
--add-drop-table	在每个 CREATE TABLE 语句前添加 DROP TABLE 语句
-c,--complete-insert	生成包括完整字段名的 INSERT 语句，以提高兼容性
-f,--force	即使出现 SQL 错误仍继续执行备份
--log-error= 文件路径	附加警告和错误信息到指定文件
--max_allowed_packet= 大小	设置服务器能发送和接收的最大数据包大小

1. 打开命令提示符窗口

使用 Win+R 组合快捷键打开“运行”对话框，如图 10-1-5 所示，在弹出的“运行”对话框中输入“cmd”后单击“确定”按钮，即可进入命令提示符窗口。

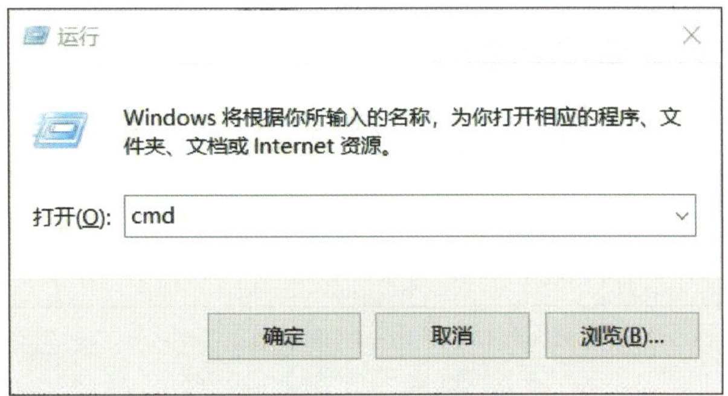

图 10-1-5　“运行”对话框

2. 输入 mysqldump 命令备份数据库

在命令提示符窗口中输入如下命令。

```
mysqldump  -u  root  -p  schoolsys > d:\\bak.sql
```

3. 执行命令

在命令提示符窗口中使用 Enter 键执行命令，根据提示输入 MySQL 用户密码，执行效果如图 10-1-6 所示。

```
Microsoft Windows [版本 10.0.19045.2965]
(c) Microsoft Corporation。保留所有权利。

C:\Windows\system32>mysqldump -u root -p schoolsys > d:\\bak.sql
Enter password: ******

C:\Windows\system32>
```

图 10-1-6　执行 mysqldump 命令

4. 查看文本文件

打开指定存储路径，检查是否生成 bak.sql 文件。若该文件存在，如图 10-1-1 所示，则表示上述操作成功。

5. 打开文本文件，查看数据

使用文本编辑器打开备份文件，可以看到数据库版本、表结构和数据等内容，部分内容如图 10–1–7 所示。

```
-- MySQL dump 10.13  Distrib 8.0.28, for Win64 (x86_64)
--
-- Host: localhost    Database: schoolsys
-- ------------------------------------------------------
-- Server version	8.0.28

/*!40101 SET @OLD_CHARACTER_SET_CLIENT=@@CHARACTER_SET_CLIENT */;
/*!40101 SET @OLD_CHARACTER_SET_RESULTS=@@CHARACTER_SET_RESULTS */;
/*!40101 SET @OLD_COLLATION_CONNECTION=@@COLLATION_CONNECTION */;
/*!50503 SET NAMES utf8mb4 */;
/*!40103 SET @OLD_TIME_ZONE=@@TIME_ZONE */;
/*!40103 SET TIME_ZONE='+00:00' */;
/*!40014 SET @OLD_UNIQUE_CHECKS=@@UNIQUE_CHECKS, UNIQUE_CHECKS=0 */;
/*!40014 SET @OLD_FOREIGN_KEY_CHECKS=@@FOREIGN_KEY_CHECKS, FOREIGN_KEY_CHECKS=0 */;
/*!40101 SET @OLD_SQL_MODE=@@SQL_MODE, SQL_MODE='NO_AUTO_VALUE_ON_ZERO' */;
/*!40111 SET @OLD_SQL_NOTES=@@SQL_NOTES, SQL_NOTES=0 */;

--
-- Table structure for table `tb_account`
--

DROP TABLE IF EXISTS `tb_account`;
/*!40101 SET @saved_cs_client     = @@character_set_client */;
/*!50503 SET character_set_client = utf8mb4 */;
CREATE TABLE `tb_account` (
  `user_id` int NOT NULL AUTO_INCREMENT,
  `user_name` varchar(255) CHARACTER SET utf8mb4 COLLATE utf8mb4_general_ci NOT NULL,
  `user_pwd` varchar(255) CHARACTER SET utf8mb4 COLLATE utf8mb4_general_ci NOT NULL,
  PRIMARY KEY (`user_id`) USING BTREE
) ENGINE=InnoDB AUTO_INCREMENT=2 DEFAULT CHARSET=utf8mb3 ROW_FORMAT=DYNAMIC;
/*!40101 SET character_set_client = @saved_cs_client */;

--
```

图 10-1-7　数据库备份文本文件数据（部分）

1. 在命令提示符窗口中使用 mysqldump 工具同时备份数据库“schoolsys”中的学生表和班级表。

2. 简述 mysqldump 工具的工作原理。

3. 简述在“使用 mysqldump 工具将指定两个数据库中的表 1 和表 2 在不受错误影响下备份文本文件”的操作中设置了 mysqldump 工具的哪些选项。

1. 了解恢复数据库所使用的 MySQL 命令。
2. 能使用 MySQL 命令恢复数据库。

通过 mysqldump 工具生成的备份文件中包含了多个 CREATE TABLE 语句和 INSERT 语句。而恢复数据库数据的操作就是使用对应的 MySQL 命令行工具或可视化工具执行这些 SQL 语句，重建表结构并插入数据，进而完成数据库数据恢复。

本任务要求使用 MySQL 命令行工具将备份文件“bak.sql”恢复至数据库“schoolsys”中，恢复后的数据库数据如图 10-2-1 所示。

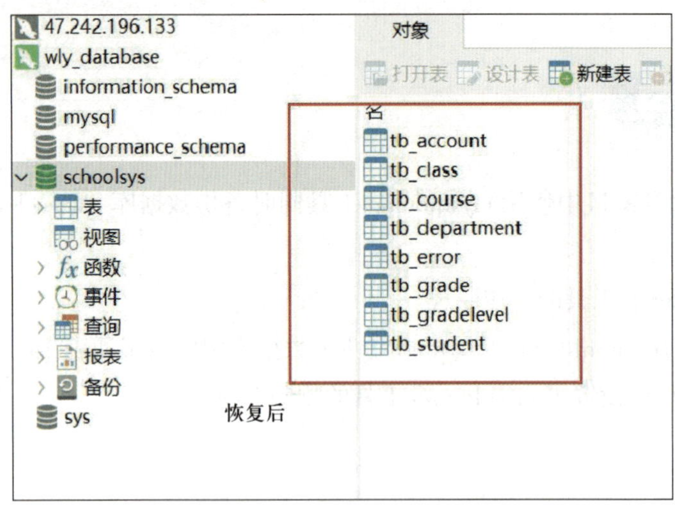

图 10-2-1　恢复后的数据库数据

一、从单库备份中恢复单库数据

本项目任务 1 的数据库备份文件仅包含单个数据库的数据，使用以下 MySQL 命令恢复数据。

```
mysql -u <用户名> -p <数据库名> < <备份文件名>.sql
```

提示

1. “<数据库名>”是恢复的目标数据库，可与备份时的源数据库同名或不同名。
2. 若备份文件为单个数据表，执行命令后会在指定数据库中重建该表并插入数据。

二、从完全备份中恢复单库数据

当需要备份多个数据库时，可使用完全备份，将所有数据库合并至一个脚本文件中。

完全备份需要使用到 mysqldump 工具的常用选项“--all-databases”，备份所有数据库的语法格式如下。

```
mysqldump -u <用户名> -p --all-databases> <备份文件名>.sql
```

恢复单个数据库的语法格式如下。

```
mysql -u <用户名> -p <目标数据库名> --one-database <<备份文件名>.sql
```

【案例 10-2-1】创建完全备份后恢复数据库“schoolsys”的数据

要进行完全备份，得到“all_databases.sql”脚本文件，在 Windows 操作系统的命令提示符窗口中输入如下 mysqldump 命令。

```
mysqldump -u root -p --all-databases> d:\all_databases.sql
```

执行结果如图 10-2-2 所示，输入用户“root”的密码后即备份成功。

```
C:\Windows\system32>mysqldump -u root -p --all-databases > d:\\all_databases.sql
Enter password: ******
```

图 10-2-2　执行完全备份操作

在 D 盘中可以得到完全备份后的文件“all_databases.sql”，如图 10-2-3 所示。

图 10-2-3　完全备份文件

得到完全备份脚本文件后，假设当前使用的数据库“schoolsys”损坏，需要从完全备份脚本文件中进行恢复操作，使用的 MySQL 命令如下。

```
mysql -u root -p schoolsys --one-database <d:\all_databases.sql
```

执行结果如图 10-2-4 所示，输入用户“root”的密码后即可将该数据库的数据恢复成功。

```
C:\Windows\system32>mysql -u root -p schoolsys --one-database < d:\\all_databases.sql
Enter password: ******

C:\Windows\system32>
```

图 10-2-4　执行恢复数据库操作

完成操作后重新进入 MySQL 查看数据库和数据表，即可看到数据库“schoolsys”下存在相应的数据表。

1. 删除数据库中的数据表

使用 Win+R 组合快捷键打开“运行”对话框，在弹出的“运行”对话框中输入“cmd”后单击“确定”按钮，即可进入命令提示符窗口。

2. 使用 MySQL 命令恢复数据库

在运行的 Navicat 左侧列表中双击“schoolsys”数据库，选中全部数据表，单击“删除表”按钮删除全部数据表，执行效果如图 10-2-5 所示。

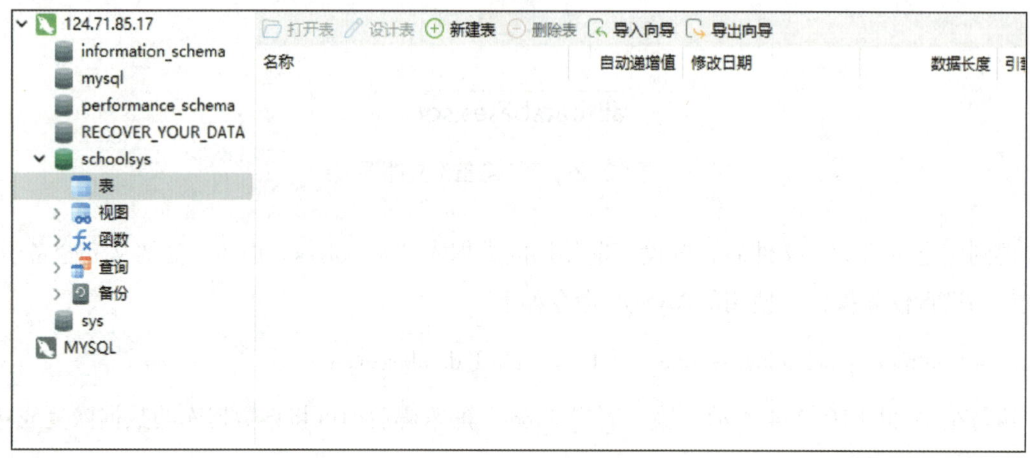

图 10-2-5　删除数据表

打开命令提示符窗口并输入如下命令，进行备份文件“bak.sql”的恢复。

```
mysql -u root -p schoolsys < d:\bak.sql
```

3. 执行命令

在命令提示符窗口中使用 Enter 键执行命令后，根据提示输入 MySQL 用户密码，执行效果如图 10-2-6 所示。

```
Microsoft Windows [版本 10.0.19045.3208]
(c) Microsoft Corporation。保留所有权利。

C:\Windows\system32>mysql -u root -p schoolsys < d:\\bak.sql
Enter password: ******

C:\Windows\system32>
```

图 10-2-6　执行 MySQL 命令

4. 打开 Navicat，查看数据

在运行的 Navicat 的左侧列表中双击数据库“schoolsys”，在右侧对话框中出现对应数据表则表示数据库恢复成功，效果如图 10-2-1 所示。

1. 在命令提示符窗口中执行 MySQL 命令，要求使用 tb_stu_cour.sql 文件恢复数据库“schoolsys”中的学生表和班级表。
2. 简述使用 MySQL 命令恢复数据的原理。
3. 简述从单库备份和完全备份中恢复数据库的区别。

任务 3 使用可视化方式对数据库进行备份和恢复

学习目标

1. 能使用 Navicat 对数据库进行备份和恢复。
2. 能使用 Workbench 对数据库进行备份和恢复。

任务描述

可视化管理工具对 MySQL 中各种复杂的操作进行了简化，其中包括数据的备份与恢复。

本任务要求使用 MySQL Workbench 工具对数据库“schoolsys”进行备份后，在 Navicat 中恢复其数据。恢复后的数据库如图 10-3-1 所示。

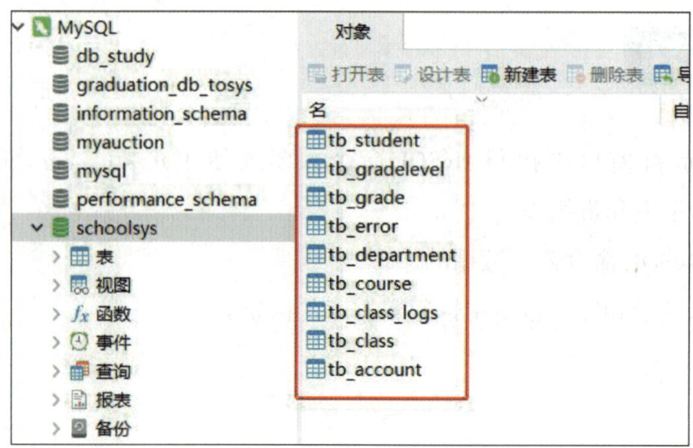

图 10-3-1 恢复后的数据库

一、使用 MySQL Workbench 工具进行数据库备份和恢复

1. 备份

打开 MySQL Workbench 工具，成功连接数据库后，在左侧“Navigator”面板中选择下方的“Administration”选项卡，可以看到“Data Export”（数据导出）和“Data Import/Restore”（数据导入 / 恢复）按钮，如图 10–3–2 所示。

要将目标数据库以文件的形式备份，需单击“Data Export”按钮，在弹出的“Administration–Data Export”对话框中先选择目标数据库，然后选中“Export to Self–Contained File”（导出到自包含文件）单选框，并在其后的文本框中输入备份文件名，单击“Start Export”按钮开始备份数据，效果如图 10–3–3 所示。

打开 D 盘对应的文件夹，若存在对应的 .sql 文件即表示该数据库备份成功，效果如图 10–3–4 所示。

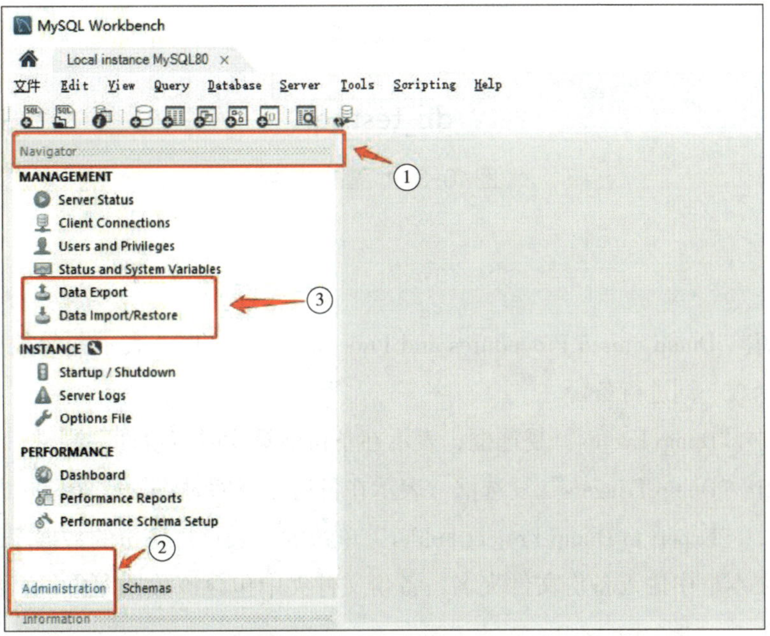

图 10–3–2　“Administration”选项卡中的导入和导出按钮

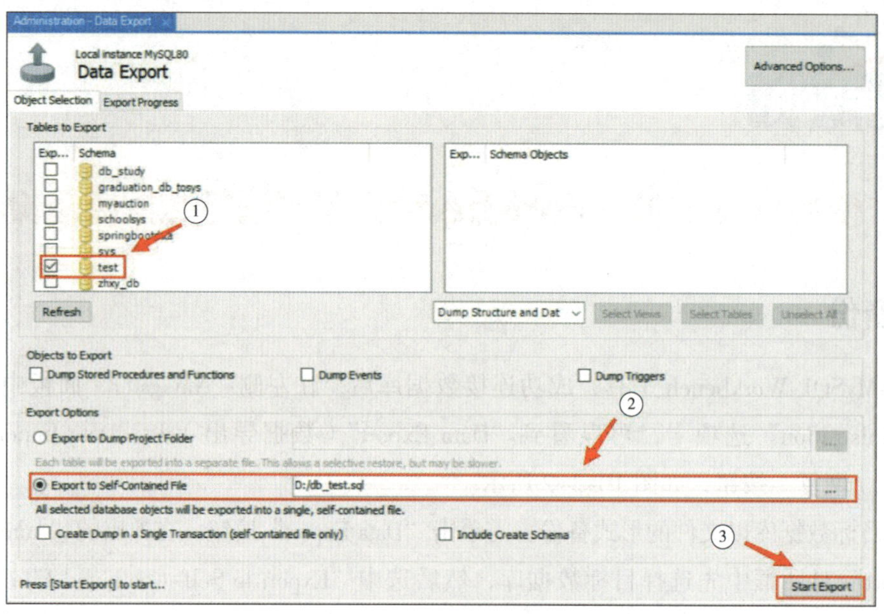

图 10-3-3　将目标数据库导出为单个文件

db_test.sql

图 10-3-4　备份文件

提示

1. 若选中“Dump Stored Procedures and Functions”复选框，表示备份数据库时将存储过程和存储函数一同进行备份。

2. 若选中“Dump Events”复选框，表示在备份数据库时将事件一同进行备份。

3. 若选中“Dump Triggers”复选框，表示在备份数据库时将触发器一同进行备份。

4. 若选中“Export to Dump Project Folder”单选框，表示将备份的数据库以文件夹的形式保存，在文本框中输入备份文件夹名，备份文件夹中包含该数据库中每个数据表单独备份的 .sql 文件。

2. 恢复数据库

在 MySQL　Workbench 工具中，使用“Data Import/Restore”按钮可对数据库进行恢复操作。

单击“Data Import/Restore”按钮，在弹出的“Administration–Data Import/Restore”对话框的“Import Options”选项卡中选择“Import from Dump Project Folder”（从转储项目文件夹导入）或“Import from Self–Contained File”（从自包含文件导入），选择备份文件夹或替换文件，在“Default Schema to be Imported To”（要导入到的默认数据库）区域中选择要还原的数据库，选择“Dump Structure and Data”（转储结构和数据）选项后单击“Start Import”按钮即可开始恢复，效果如图 10–3–5 所示。

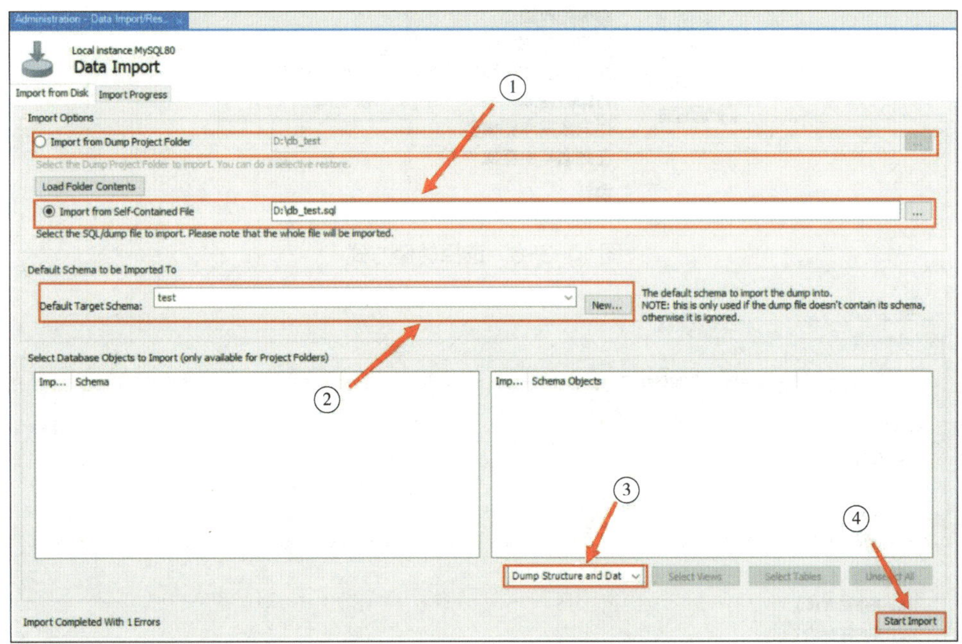

图 10–3–5　导入 / 恢复数据库

二、使用 Navicat 进行数据库备份和恢复

1. 备份数据库

打开 Navicat 连接数据库后，选择需要备份的数据库后单击鼠标右键，在弹出的快捷菜单中选择“转储 SQL 文件”选项，并选择“结构和数据”或者“仅结构”的转储方式，如

图 10-3-6 所示。

在弹出的“另存为”对话框中选择存储位置后，输入备份文件的文件名，并选择“保存类型”（默认为 .sql 格式），单击“保存”按钮即可完成对该数据库的备份，如图 10-3-7 所示。

在指定文件夹中查看是否存在对应的备份文件，若存在即表示备份数据库成功。

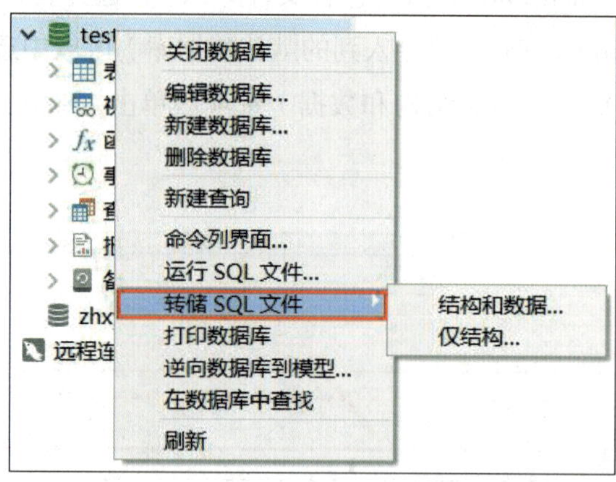

图 10-3-6　选择转储方式

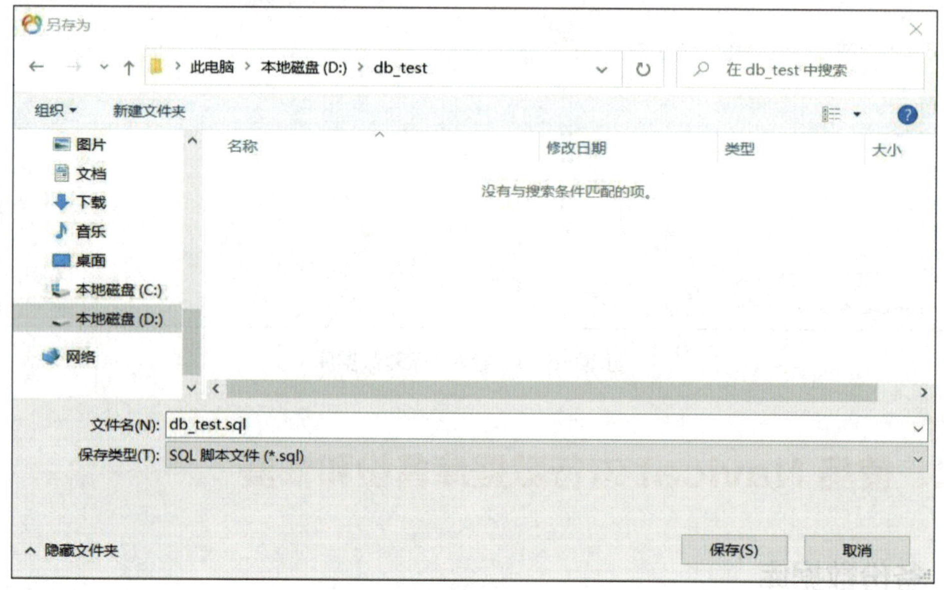

图 10-3-7　“另存为”对话框

2. 恢复数据库

打开 Navicat 连接数据库后，选择需要恢复的目标数据库后单击鼠标右键，在弹出的快捷菜单中选择“运行 SQL 文件”选项，如图 10–3–8 所示。

在弹出的“运行 SQL 文件”对话框的“文件”框中选择备份文件，其他选项选择默认设置，单击“开始”按钮对数据进行恢复，如图 10–3–9 所示。单击“开始”按钮后，会跳转至“信息日志”选项卡并显示完成进度，进度完成后单击“关闭”按钮，返回主菜单，表示数据恢复完成。

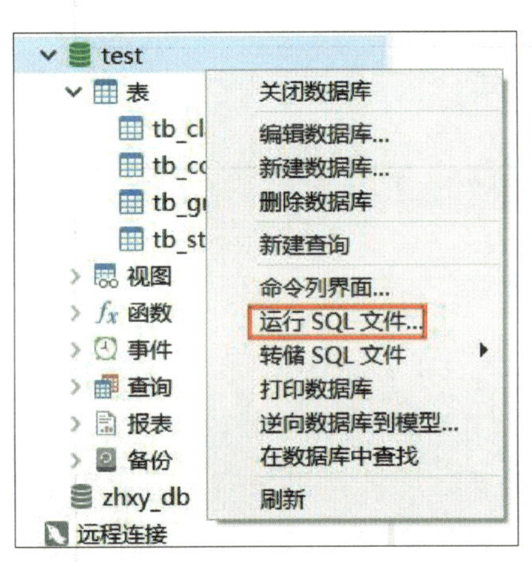

图 10–3–8　运行 SQL 文件

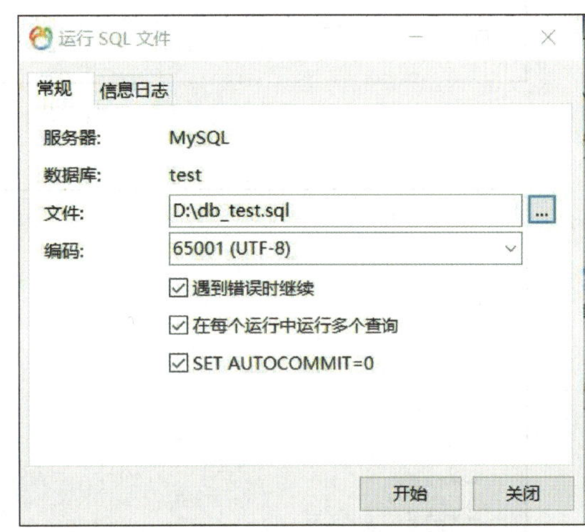

图 10–3–9　“运行 SQL 文件”对话框

完成数据库恢复操作后，刷新数据库，查看数据恢复情况。

三、使用 Navicat 进行数据库备份与损坏数据库的恢复

1. 备份数据库

打开 Navicat 连接数据库后，选择需要备份的数据库后单击鼠标右键，在弹出的快捷菜单中选择“转储 SQL 文件”选项，并选择“结构和数据”或者“仅结构”的转储方式，如图 10–3–10 所示。

在弹出的“另存为”对话框中选择存储位置后，输入备份文件的文件名，并选择“保存类型”（默认为 .sql 格式），单击“保存”按钮即可完成对该数据库的备份，如图 10–3–11 所示。

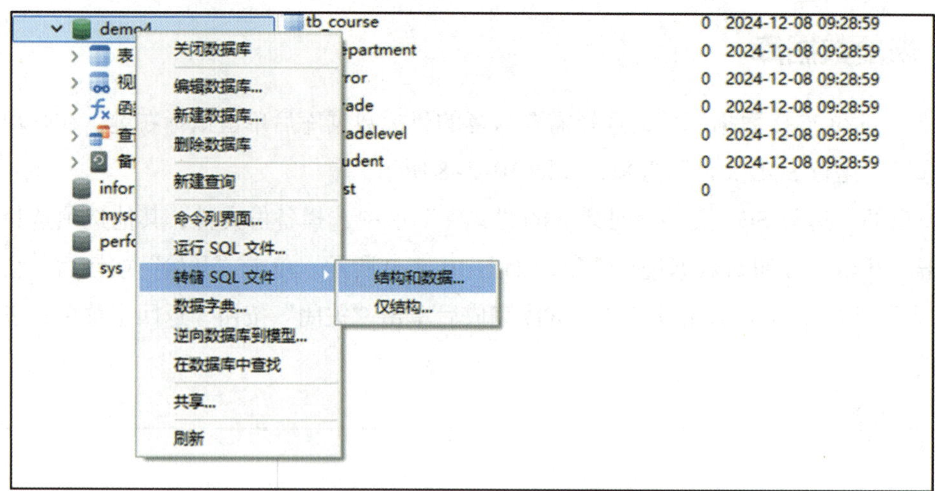

图 10-3-10　选择转储方式

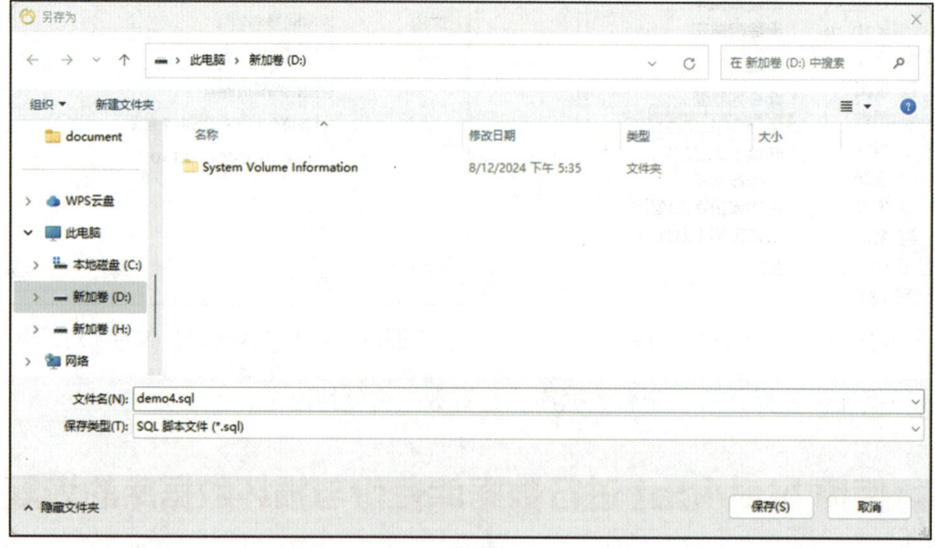

图 10-3-11　“另存为”对话框

在指定文件夹中查看是否存在对应的备份文件，若存在即表示备份成功。

2. 模拟数据库文件损坏

选择数据库“demo4”中的数据表“tb_grade”后单击鼠标右键，在弹出的快捷菜单中选择“删除表”选项，在弹出的“确认删除”对话框中勾选上“我了解此操作是永久性的且无法撤销”选项后单击“删除”选项，删除数据表“tb_grade”，删除成功后数据库“demo4”中的数据表如图 10–3–12 所示，至此完成模拟数据库文件损坏操作。

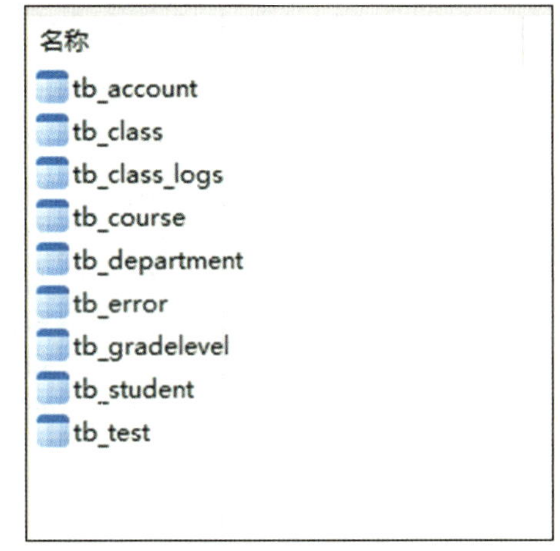

图 10–3–12　模拟数据库文件损坏

3. 恢复数据库

打开 Navicat 连接数据库后，选择需要恢复的目标数据库后单击鼠标右键，在弹出的快捷菜单中选择“运行 SQL 文件”选项，如图 10–3–13 所示。

在弹出的“运行 SQL 文件”对话框中的“文件”框中选择备份文件，其他选项选择默认设置，单击“开始”按钮对数据进行恢复，如图 10–3–14 所示。单击“开始”按钮后，会跳转至“信息日志”选项卡并显示完成进度，完成后单击“关闭”按钮，返回主菜单，表示数据恢复完成。

4. 查看数据库恢复情况

使用 SELECT 语句对数据表“tb_grade”进行查询，如果该数据表中有数据，表示损坏的数据库成功恢复，查询结果如图 10–3–15 所示。

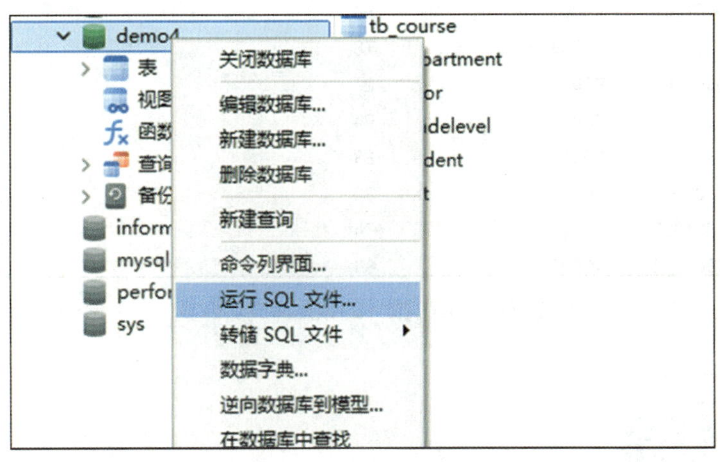

图 10–3–13　运行 SQL 文件

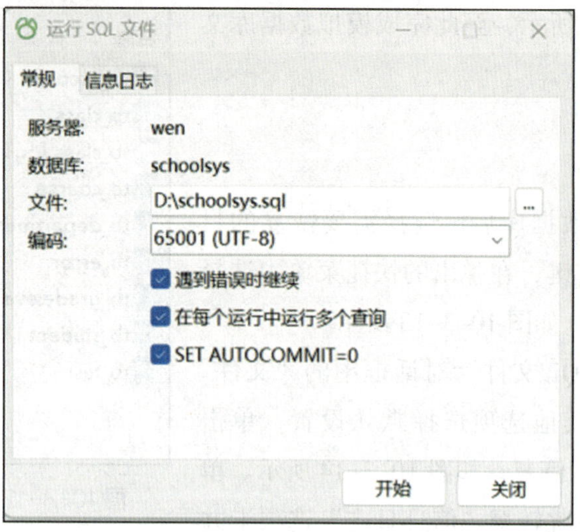

图 10-3-14 “运行 SQL 文件”对话框

```
42  SELECT * FROM tb_grade;
```

消息 摘要 结果 1

数据 信息

stu_id	cou_id	gra_score
20110301001	K0001	84
20110301001	K0003	78
20110301001	K0005	27
20110301001	K0016	94
20110301001	K0017	85
20110301002	K0001	80
20110301002	K0003	74
20110301002	K0005	89

图 10-3-15 损坏的数据库成功恢复

1. 使用 MySQL Workbench 备份数据库“schoolsys”

打开 MySQL Workbench，成功连接数据库后，在“Navigator”面板中选择下方的“Administration”选项卡，单击“Data Export”按钮，在弹出“Administration–Data Export”对话框中选择数据库

“schoolsys”，选中“Export to Self-Contained File”（导出到自包含文件）单选框，并在其后的文本框中输入备份文件名“D: /bench_db_schoolsys.sql”，单击“Start Export”按钮开始导出数据，效果如图 10-3-16 所示。

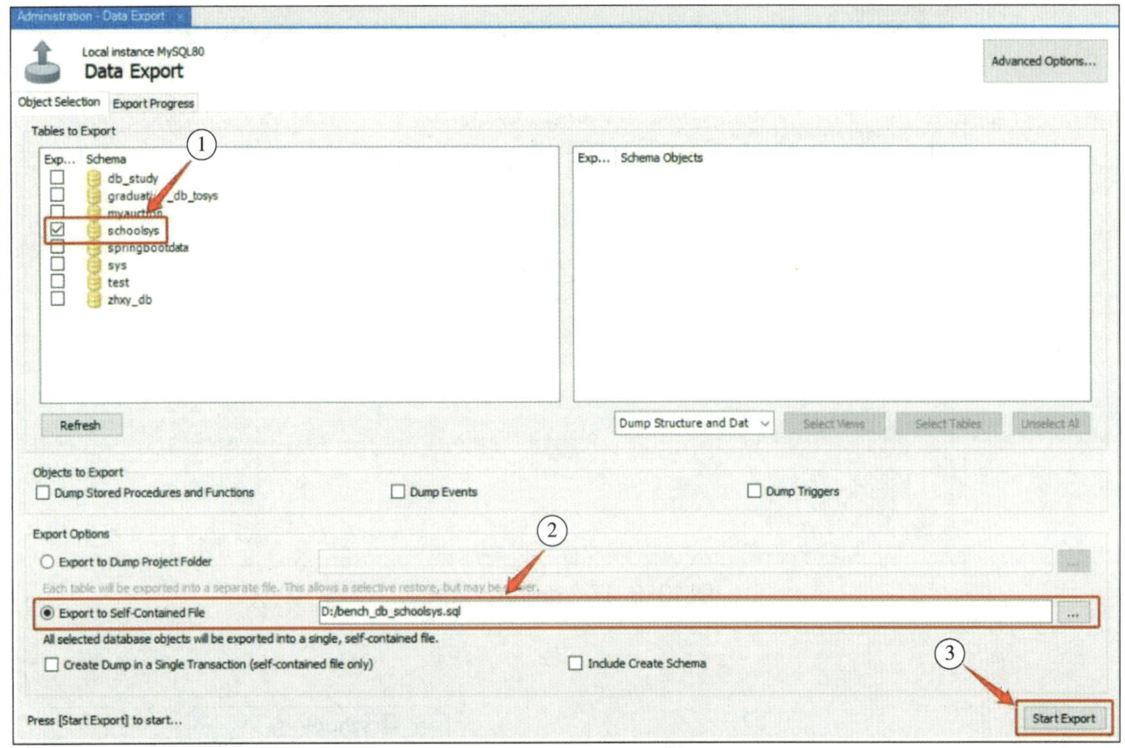

图 10-3-16　备份数据库

2. 导出数据并查看数据库备份文件

“Export Progress”选项卡中显示数据库备份的过程与结果，效果如图 10-3-17 所示。

打开 D 盘，查看是否存在对应的数据库备份文件，若存在即表示执行成功，备份文件如图 10-3-18 所示。

3. 使用 Navicat 恢复数据库“schoolsys”

打开 Navicat 连接数据库后，选择数据库“schoolsys”后单击鼠标右键，在弹出的快捷菜单中选择“运行 SQL 文件”选项，如图 10-3-19 所示。

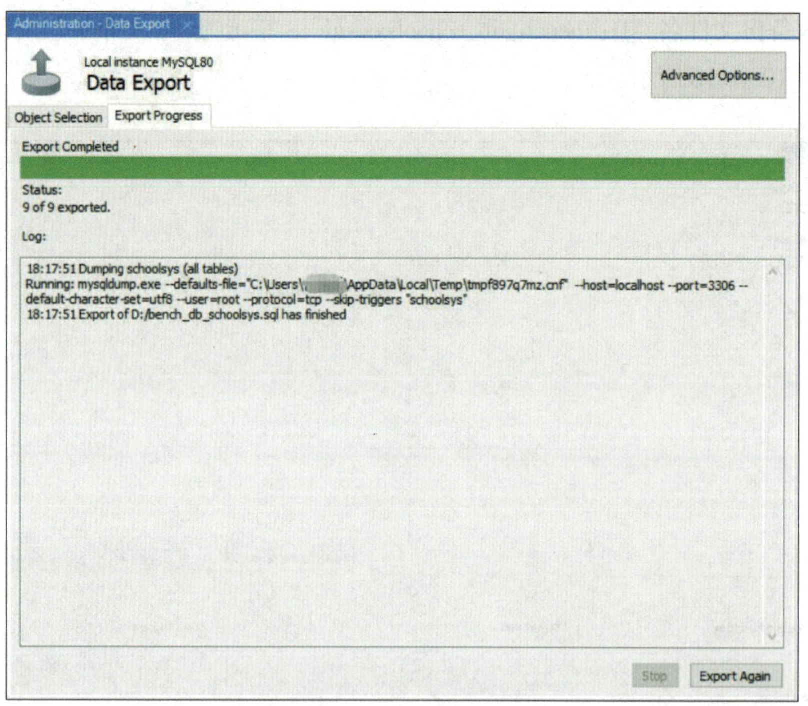

图 10-3-17　备份执行效果

图 10-3-18　使用 MySQL Workbench 导出的备份文件

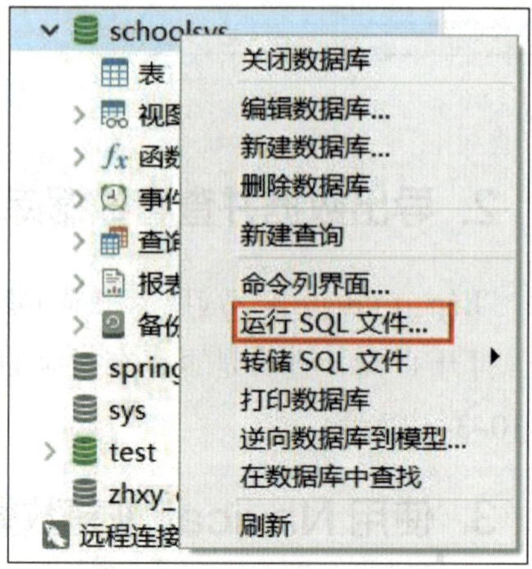

图 10-3-19　运行 SQL 文件

在弹出的“运行 SQL 文件”对话框中，在“文件”框中选择上一步骤得到的备份脚本文件，其他选项选择默认设置，效果如图 10-3-20 所示。

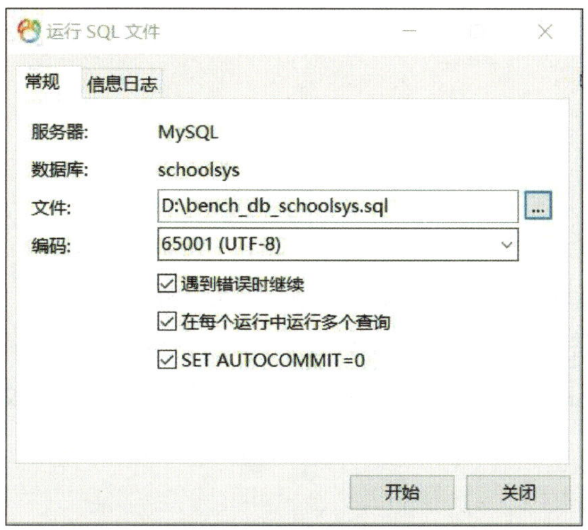

图 10-3-20　“运行 SQL 文件”对话框

4. 进行数据库恢复并查看数据

单击“开始”按钮后，会跳转至“信息日志”选项卡并显示完成进度，执行效果如图 10-3-21 所示，进度完成后单击“关闭”按钮，返回主菜单，此时完成数据恢复。

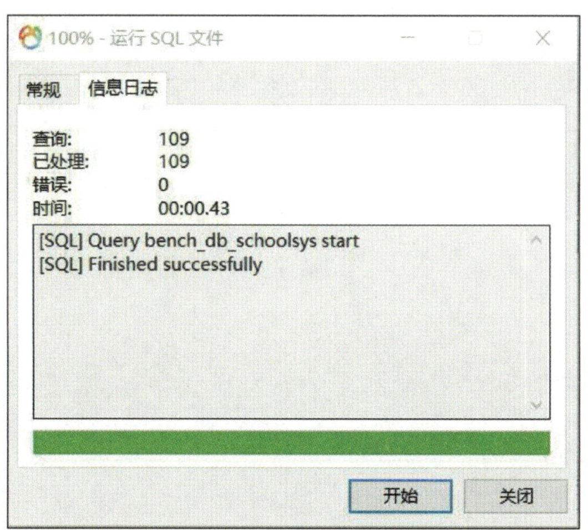

图 10-3-21　执行数据恢复

单击“关闭”按钮，刷新数据库后，若存在数据表，则表示备份文件导入成功，如图 10-3-1 所示。

1. 使用 Navicat 备份一个数据库。

2. 使用 MySQL Workbench 工具将数据库的备份文件导入。

3. 仔细观察并回答在使用 MySQL Workbench 工具备份数据库时选中“Export to Self-Contained File”和“Export to Dump Project Folder”单选框备份得到的文件区别。

4. 简述使用 Navicat 备份并恢复数据时选择“结构和数据”或者“仅结构”的转储方式的区别。

项目十一　政务平台数据库设计

某政府决定引入新的政务平台来提高公共服务的效率和透明度。该政务平台将整合多个部门的数据与服务，使公众能更加便捷和高效地办理业务。

在技术上，该政府采用领先的数据库管理系统，以满足高性能和可扩展的需求，实现多种数据整合与多功能服务。

本项目将使用 Navicat，设计并创建政务平台数据库，通过政务平台数据库的需求分析，实现政务平台数据库的存储、整理和检索功能。

任务 1　设计政务平台数据库 E-R 图

1. 掌握政务平台数据库的需求分析。
2. 掌握政务平台数据库的 E-R 图的构成。
3. 能绘制政务平台数据库 E-R 图。

在政务平台数据库设计中，E-R 图起着至关重要的作用。它通过图形化的方式展示数据库中的实体、属性和它们之间的关系，为开发人员和数据库设计者提供了清晰的视觉参考。E-R 图能准确传达业务需求，帮助设计数据库结构，确保数据库的合理性和一致性。

本任务要求访问 draw.io 的官方网站（https://app.diagrams.net/），在其提供的可编辑平台中绘制出政务平台数据库 E-R 图，如图 11-1-1 所示。

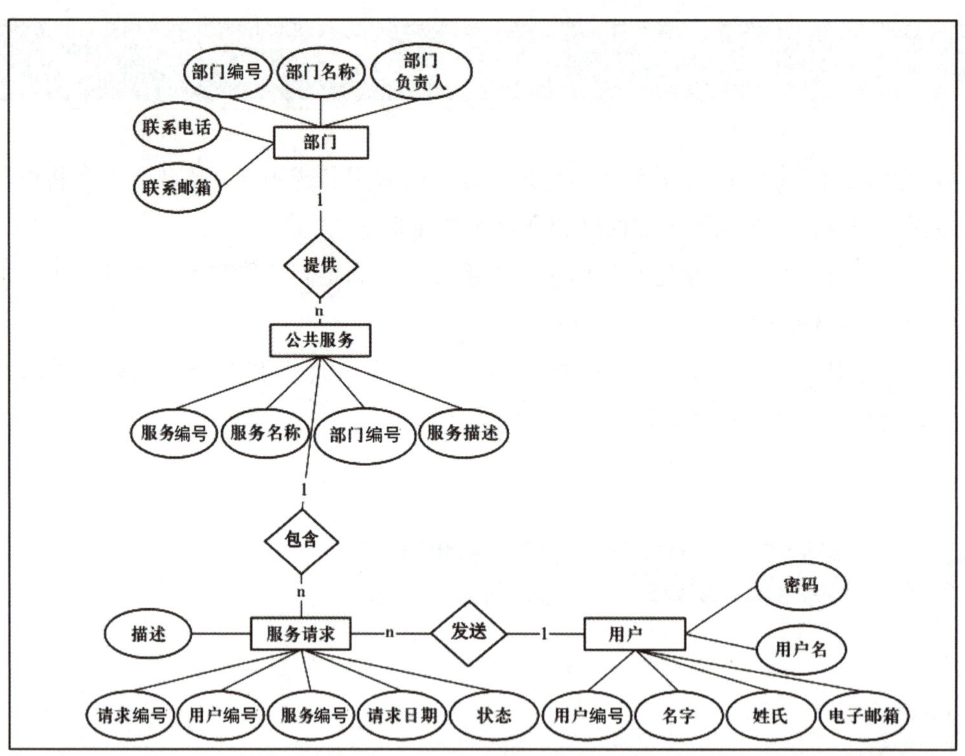

图 11-1-1　政务平台数据库 E-R 图

一、政务平台数据库的需求分析

政务平台数据库的需求分析是为了明确系统所需功能、性能和其他特性，以满足政府机构、公共服务场景和公众的需求。以下是其详细的需求分析。

1. 部门管理

政务平台需要支持政府部门的管理，记录部门信息，包括部门编号、部门名称、部门负责人、联系电话、联系邮箱等。部门与公共服务之间存在一对多关系，一个部门提供多种公共服务，通过部门表存储上述信息并关联公共服务表。

2. 公共服务管理

政务平台需要管理不同部门提供的公共服务，记录公共服务信息，包括服务编号、服务名称、服务描述、部门编号等。公共服务与部门之间存在多对一关系，多种公共服务隶属于同一个部门，公共服务与服务请求之间存在一对多关系，一种公共服务对应多个服务请求，通过公共服务表存储上述信息并关联部门表和服务请求表。

3. 用户管理

政务平台需要管理用户信息，支持用户注册、登录、个人资料维护和密码重置，记录用户编号、用户名、密码、电子邮箱、名字、姓氏，用户与服务请求之间存在一对多关系，一个用户可发送多个服务请求，通过用户表存储用户信息并关联服务请求表。

4. 服务请求和处理

政务平台可允许公众发送服务请求，政府部门能接收、处理和跟踪服务请求状态，记录请求编号、用户编号、服务编号、请求日期、描述、状态，服务请求与用户之间存在多对一关系，多个服务请求对应一个用户；服务请求与公共服务之间存在多对一关系，多个服务请求对应一种公共服务，通过服务请求表存储上述信息并关联用户表和公共服务表。

二、政务平台数据库 E-R 图的详细介绍

1. 实体

在政务平台中，实体包括部门、公共服务、用户和服务请求。

2. 属性

在政务平台中，部门实体的属性包括部门编号、部门名称、部门负责人、联系邮箱和联系电话；公共服务实体的属性包括服务编号、服务名称、部门编号和服务描述；服务请求实体的属性包括请求编号、用户编号、服务编号、请求日期、描述和状态；用户实体的属性包括用户编号、名字、姓氏、电子邮箱、用户名和密码。

3. 关系

在政务平台中，关系包括一个部门可以提供多种公共服务，一个用户可以发送多个服务请求，一种公共服务可以包含多个服务请求。

4. 主键

在政务平台中，部门表的主键为部门编号，公共服务表的主键为服务编号，用户表的主键为用户编号，服务请求表的主键为请求编号。

5. 外键

在公共服务与部门中，公共服务中的“部门编号”作为外键，指向部门表的“部门编号”；在服务请求与用户中，服务请求中的“用户编号”作为外键，指向用户表的“用户编号”；在服务请求与公共服务中，服务请求中的“服务编号”作为外键，指向公共服务表的“服务编号”。

1. 访问 draw.io 官方网站

进入 draw.io 的官方网站（https://app.diagrams.net/），单击“设备”按钮，在弹出的“设备”对话框中单击“创建新绘图”按钮，如图 11-1-2 所示。

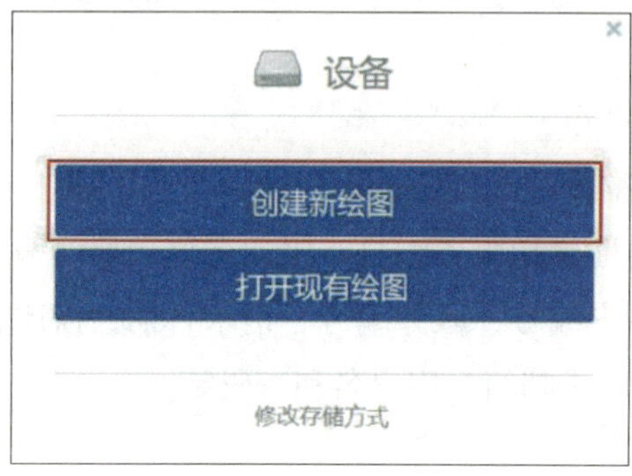

图 11-1-2　访问 draw.io 网站

2. 创建政务平台数据库 E–R 图的模板

在弹出的“创建”对话框的“文件名”框中输入“政务平台数据库”，然后选择“E–R图”模板，再单击“创建”按钮创建 E–R 模板，如图 11–1–3 所示。

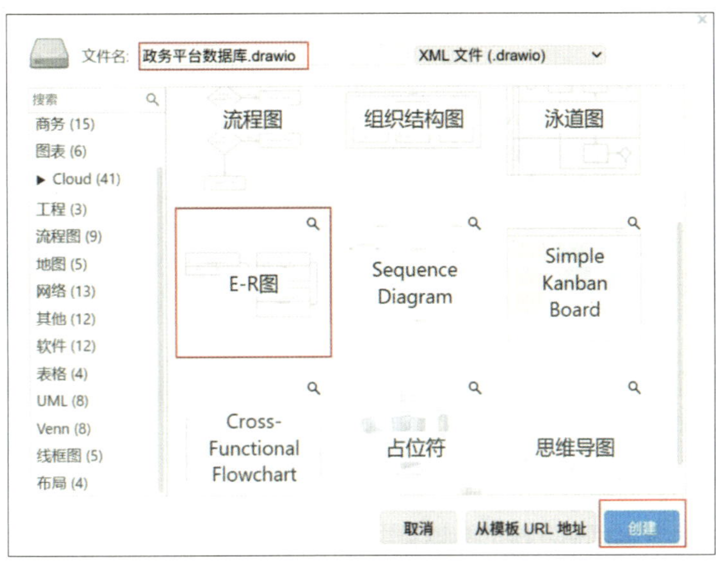

图 11–1–3　选择模板

3. 绘制政务平台数据库 E–R 图

模板创建成功后，进入 E–R 图模板页面，如图 11–1–4 所示。根据政务平台需求，单击“通用”下拉列表，选择合适的图形绘制政务平台数据库 E–R 图。部门、公共服务、用户和服务请求等实体用长方形表示，实体的属性用椭圆形表示，实体之间的关系用菱形表示，关系的方向用线段表示。政务平台数据库 E–R 图绘制完成效果如图 11–1–1 所示。

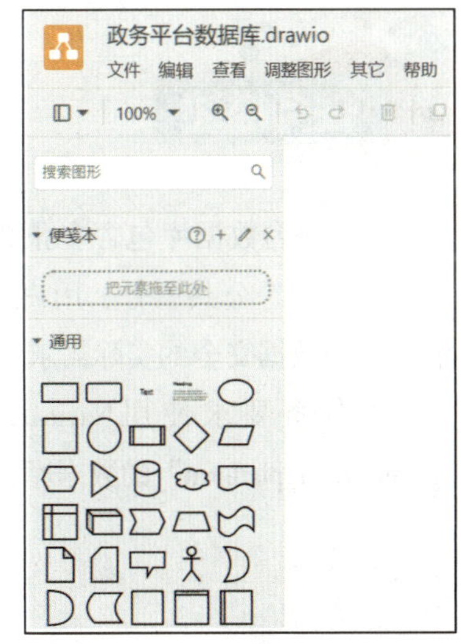

图 11–1–4　创建 E–R 图模板

巩固与练习

1. 简述政务平台数据库的功能。
2. 简述绘制政务平台数据库 E–R 图时，实体、属性和关系的形状。

任务 2 创建政务平台数据库

学习目标

1. 了解政务平台数据库的关系模型。
2. 掌握政务平台数据库各字段的数据类型和约束条件。
3. 能创建政务平台数据库。

任务描述

政务平台数据库包含多张数据表，通过主键和外键关系实现数据之间的关联，目的是支持政府部门、公共服务、用户及服务请求的管理与优化，同时满足信息共享、效率提升、决策支持和数据安全的实际需求。

本任务要求使用 Navicat，根据提供的政务平台数据库 E–R 图，设计并创建名为“government_platform”的数据库，并完成相关数据表的详细设计与实现，如图 11–2–1 所示。

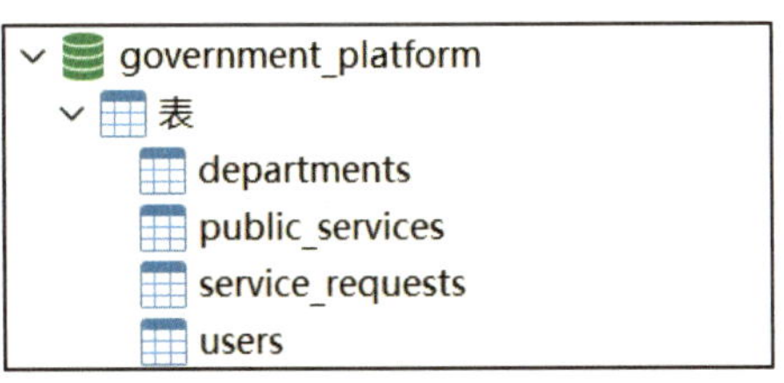

图 11-2-1　政务平台数据库中的数据表

一、政务平台数据库的逻辑结构

政务平台数据库的逻辑结构是基于其 E-R 图和需求分析，采用关系型数据库模型精心设计的。

government_platform 数据库的设计如下：departments 表用于存储部门信息，作为政府管理的基础数据；public_services 表记录公共服务的详细信息，通过外键 department_id 与部门表建立关联；users 表负责管理用户信息，为用户身份认证和操作提供支持；service_requests 表用于处理服务请求，通过外键 user_id、service_id 分别与用户表、公共服务表建立关联，实现多方数据的联动管理。

数据库的多张表之间的关系严格遵循规范化设计原则，通常满足第三范式要求，以避免数据冗余，并保证数据一致性。外键约束确保了引用的完整性，例如，服务请求表中的多字段外键保证了服务请求与用户、公共服务和部门之间的准确对应关系。整体结构旨在满足政务平台的运营效率和决策分析需求。

二、政务平台数据库的物理结构

政务平台数据库的物理结构即将逻辑结构中优化过的关系模式转化成数据库中的多张关系表，每个属性用合适的数据类型和长度存储，并设置是否为 NULL 值和约束。将政务平台数据库命名为“government_platform”，根据关系模式将新建部门表、公共服务表、用户表和服务请求表。

1. 部门表

部门表 departments 由部门编号、部门名称、联系电话、部门负责人和联系邮箱这 5 个字段组成，并将部门编号设置为主键，详细可见表 11-2-1。

表 11-2-1　部门表

字段名称	数据类型	是否为 NULL 值	约束	描述
department_id	INT	否	主键	部门编号，作为表的主键，唯一标识每个部门
department_name	VARCHAR(100)	否		部门名称，表示政府部门的正式名称
contact_phone	VARCHAR(20)	是		联系电话，存储部门的联系电话号码
department_head	VARCHAR(50)	是		部门负责人，记录负责该部门的主要负责人的姓名
contact_email	VARCHAR(100)	是		联系邮箱，存储部门的官方电子邮件地址

2. 公共服务表

公共服务表 public_services 由服务编号、服务名称、部门编号和服务描述这 4 个字段组成，并将服务编号设置为主键，将部门编号设置为外键（与部门表中的部门编号保持一致），详细可见表 11-2-2。

表 11-2-2　公共服务表

字段名称	数据类型	是否为 NULL 值	约束	描述
service_id	INT	否	主键	服务编号，作为表的主键，用于唯一标识每项公共服务
service_name	VARCHAR(100)	否		服务名称，记录公共服务的具体名称
department_id	INT	是	外键	部门编号，作为外键，引用部门表的部门编号，用于标识该服务所属的部门
description	TEXT	是		服务描述，详细说明服务的具体内容、流程或要求

3. 用户表

用户表 users 由用户编号、名字、姓氏、电子邮箱、用户名、密码这 6 个字段组成，并将用户编号设置为主键，详细可见表 11-2-3。

表 11-2-3　用户表

字段名称	数据类型	是否为 NULL 值	约束	描述
user_id	INT	否	主键	用户编号，作为表的主键，用于唯一标识每位用户
first_name	VARCHAR(50)	是		名字，记录用户的名字部分
last_name	VARCHAR(50)	是		姓氏，记录用户的姓氏部分
email	VARCHAR(100)	是		电子邮箱，存储用户的电子邮件地址
username	VARCHAR(50)	是		用户名，记录用户用于登录的唯一标识
password	VARCHAR(100)	是		密码，存储用户的登录密码

4. 服务请求表

服务请求表 service_requests 由请求编号、用户编号、服务编号、请求日期、状态和描述这 6 个字段组成，其中请求编号为主键，用户编号、服务编号为外键（两个外键分别与用户表的用户编号和公共服务表的服务编号保持一致），详细可见表 11-2-4。

表 11-2-4　服务请求表

字段名称	数据类型	是否为 NULL 值	约束	描述
request_id	INT	否	主键	请求编号，作为表的主键，用于唯一标识每项服务请求
user_id	INT	否	外键	用户编号，作为外键，引用用户表的用户编号，标识提交该请求的用户
service_id	INT	否	外键	服务编号，作为外键，引用公共服务表的服务编号，标识该请求对应的服务

续表

字段名称	数据类型	是否为 NULL 值	约束	描述
request_date	DATE	是		请求日期，记录用户提交请求的日期
status	VARCHAR(50)	是		状态，记录服务请求的当前状态
description	TEXT	是		描述，详细记录请求的具体内容或处理情况

1. 打开 Navicat 并运行数据库

打开 Navicat，连接数据库。在左侧列表中双击运行目标数据库，当对应数据库的光标亮起则表示该数据库处于运行状态，效果如图 11-2-2 所示。

图 11-2-2　运行目标数据库

2. 创建部门表 departments

在新建页中，输入创建部门表结构的 SQL 语句如下。

```
CREATE TABLE departments(
    department_id INT PRIMARY KEY NOT NULL,
    department_name VARCHAR(100) NOT NULL,
    department_head VARCHAR(50),
    contact_email VARCHAR(100),
    contact_phone VARCHAR(20)
);
```

确认语法无误后，单击“运行”按钮执行上述代码，在“信息”选项卡中显示“OK”表示该代码执行成功。执行成功后，在左侧列表的目标数据库上单击鼠标右键，在弹出的快捷菜单中选择“刷新”选项后，双击运行目标数据库，单击“表”选项弹出部门表 departments，如图 11-2-3 所示。

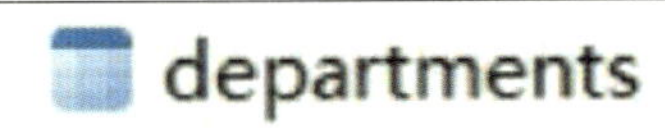

图 11-2-3　创建部门表 departments

3. 创建公共服务表 public_services

在新建页中输入创建公共服务表结构的 SQL 语句如下。

```
CREATE TABLE public_services(
    service_id INT PRIMARY KEY NOT NULL,
    service_name VARCHAR(100) NOT NULL,
    department_id INT,
    description TEXT,
     CONSTRAINT FK_Department FOREIGN KEY (department_id) REFERENCES depart-
ments(department_id)
);
```

确认语法无误后，单击“运行”按钮执行上述代码，在“信息”选项卡中显示“OK”表示该代码执行成功。执行成功后，在左侧列表的目标数据库上单击鼠标右键，在弹出的快捷菜单中选择“刷新”选项后，双击运行目标数据库，单击“表”选项弹出公共服务表 public_services，如图 11-2-4 所示。

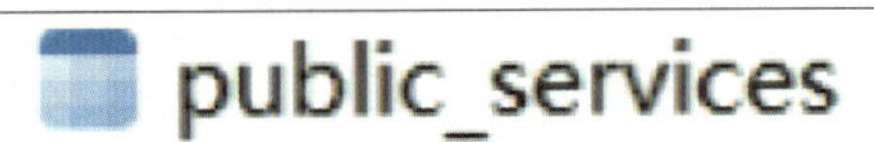

图 11-2-4　创建公共服务表 public_services

4. 创建用户表 users

在新建页中输入创建用户表结构的 SQL 语句如下。

```
CREATE TABLE users(
    user_id INT PRIMARY KEY NOT NULL,
    first_name VARCHAR(50),
    last_name VARCHAR(50),
```

```
    email VARCHAR(100),
    username VARCHAR(50),
    password VARCHAR(100)
);
```

确认语法无误后，单击“运行”按钮执行上述代码，在“信息”选项卡中显示“OK”表示该代码执行成功。执行成功后，在左侧列表的目标数据库上单击鼠标右键，在弹出的快捷菜单中选择“刷新”选项后，双击运行目标数据库，单击“表”选项弹出用户表 users，如图 11-2-5 所示。

图 11-2-5　创建用户表 users

5. 创建服务请求表 service_requests

在新建页中输入创建服务请求表结构的 SQL 语句如下。

```
CREATE TABLE service_requests(
    request_id INT PRIMARY KEY NOT NULL,
    user_id INT NOT NULL,
    service_id INT NOT NULL,
    request_date DATE,
    status VARCHAR(50),
    description TEXT,
    CONSTRAINT FK_User_Service FOREIGN KEY(user_id) REFERENCES users(user_id),
    CONSTRAINT FK_Service FOREIGN KEY(service_id) REFERENCES public_services(ser-
vice_id)
);
```

确认语法无误后，单击“运行”按钮执行上述代码，在“信息”选项卡中显示“OK”表示该代码执行成功。执行成功后，在左侧列表的目标数据库上单击鼠标右键，在弹出的快捷菜单中选择“刷新”选项，双击运行目标数据库，单击“表”选项，弹出服务请求表 service_requests，如图 11-2-6 所示。

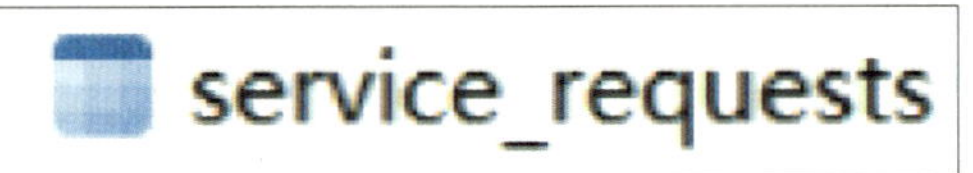

图 11-2-6　创建服务请求表 service_requests

6. 检验政务平台的数据表是否创建成功

在数据库 government_platform 的“表”上单击鼠标右键，在弹出的快捷菜单中选择“刷新”选项，此时数据库“government_platform”中的“表”列表下将新增 departments、public_services、users 和 service_requests 数据表，则表示数据表创建成功。创建结果如图 11-2-7 所示。

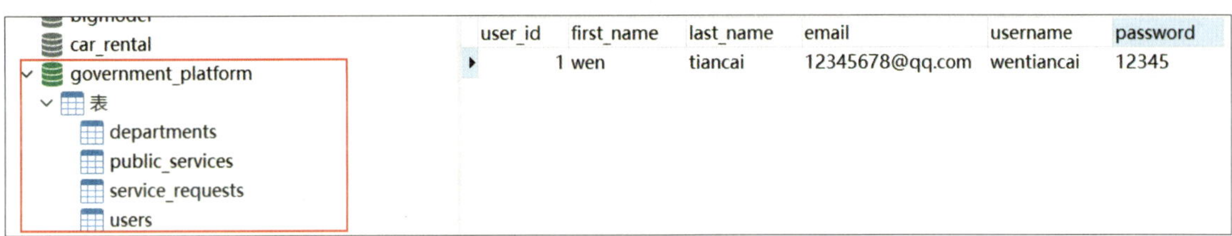

图 11-2-7　成功创建政务平台的数据表

1. 在政务平台数据库中创建政策信息表 policies。
2. 在政务平台数据库中创建日志表 logs。